高职高专"十二五"规划教材

"三废"处理与循环经济

先元华　　　　主　编
周　宁　梁宗余
辜义洪　曾碧涛　　副主编

化学工业出版社
·北京·

本书主要介绍了"废水"、"废气"、"固体废物"三方面的技术处理与循环经济知识，具体内容包括环境问题和环境污染、"三废"污染控制技术、工业废水处理与再生利用、工业固体废物的处理与资源化、工业废气处理与资源化、城市污水处理与回用、城市生活固体废物处理与资源化、农村生活污水处理与回用、农业固体废物处理与回用、环境保护管理机制、可持续发展理论。

本书可作为高职高专院校化工类、环境类、食品类的环境保护知识教材，也可以作为环境保护工作人员的培训教材以及从事环境保护工作技术人员的参考资料。

图书在版编目（CIP）数据

"三废"处理与循环经济/先元华主编．—北京：化学工业出版社，2014.4（2024.11重印）

高职高专"十二五"规划教材

ISBN 978-7-122-19888-4

Ⅰ.①三… Ⅱ.①先… Ⅲ.①废物处理-高等职业教育-教材②废物综合利用-高等职业教育-教材 Ⅳ.①X7

中国版本图书馆CIP数据核字（2014）第035906号

责任编辑：旷英姿　　　　　　　　　　　文字编辑：林　媛
责任校对：宋　玮　　　　　　　　　　　装帧设计：王晓宇

出版发行：化学工业出版社（北京市东城区青年湖南街13号　邮政编码100011）
印　　装：北京科印技术咨询服务有限公司数码印刷分部
787mm×1092mm　1/16　印张17½　字数429千字　2024年11月北京第1版第7次印刷

购书咨询：010-64518888　　　　　　　　售后服务：010-64518899
网　　址：http://www.cip.com.cn

凡购买本书，如有缺损质量问题，本社销售中心负责调换。

定　　价：49.00元　　　　　　　　　　　　　　　　　　　　　　版权所有　违者必究

前 言
FOREWORD

"废气"、"废水"、"固体废物"如未达到规定的排放标准而排放到环境中，不仅会对环境产生污染，而且这些物质还会通过不同的途径（呼吸道、消化道、皮肤等）进入人的体内，有的直接产生危害，有的还有蓄积作用，严重危害人的健康。这些被排放的物质，其实它们也是资源，绝大部分是可以实现循环、再生、利用的，其处理的原则是资源使用的减量化、再利用、资源化再循环。因此"三废"的处理和实现循环经济具有重要意义。

本教材是学习和掌握环境保护知识的实用教材。全书共分十一章，主要内容有：环境问题和环境污染、"三废"污染控制技术、工业废水处理与再生利用、工业固体废物处理与资源化、工业废气处理与资源化、城市污水处理与回用、城市生活固体废物处理与资源化、农村生活污水处理与回用、农业固体废物处理与回用、环境保护管理机制、可持续发展理论等。教材内容力求理论与技术相结合，理论与实际相结合，注重技能培养，具有较强的可读性。为方便教学，本书还配套有电子课件。

本书由宜宾职业技术学院先元华主编，江苏食品职业技术学院周宁、宜宾职业技术学院曾碧涛、梁宗余、辜义洪副主编。具体编写分工如下：第一、第二章由梁宗余和宜宾职业技术学院沈红编写，第三、第四章由周宁和宜宾职业技术学院邓梅编写，第五、第六章由辜义洪编写，第七至第九章由先元华编写，第十章、第十一章由曾碧涛编写。全书由先元华统稿。

本书得到四川宜宾五粮液集团股份有限公司范建中、宜宾职业技术学院潘涛等的大力支持，在此一并表示感谢！

由于编者水平和时间因素，本书还存在许多不足，欢迎广大师生及其他读者批评指正。

本书可作为高职高专院校化工类、环境类、食品类的环境保护知识教材，也可以作为环境保护工作人员的培训教材以及从事环境保护工作技术人员的参考资料。

编者
2013 年 12 月

目录

CONTENTS

第一章　环境问题和环境污染 ··· 1
 第一节　全球性环境问题 ··· 1
  一、环境的概念 ·· 1
  二、酸雨 ·· 1
  三、温室效应 ·· 3
  四、森林的减少与土地荒漠化 ··· 5
  五、城市发展与人口问题 ··· 6
  六、臭氧层空洞 ··· 7
 第二节　大气污染 ·· 8
  一、大气污染源 ··· 8
  二、大气主要污染物 ··· 8
  三、室内空气污染 ·· 9
  四、大气污染的危害 ··· 11
  五、大气污染物排放 ··· 11
 第三节　固体废物污染 ·· 12
  一、固体废物的来源 ··· 12
  二、固体废物的分类 ··· 12
  三、危害 ·· 15
  四、我国固体废物污染现状 ·· 16
 第四节　水体污染 ·· 16
  一、水资源分布 ··· 16
  二、我国淡水水体污染 ·· 17
  三、我国海洋水体污染 ·· 19
  四、水体污染的危害 ··· 19
 第五节　环境保护的重要性 ·· 20
  一、环境与人类的关系 ·· 20
  二、环境污染与人体健康 ··· 21
  三、世界环境保护的发展历程 ··· 22
  四、我国环境保护的发展历程 ··· 23
 阅读资料　因环境污染引起的多起事件 ······························· 25

第二章　"三废"污染控制技术 ·· 26
 第一节　气体污染控制技术 ·· 26

        一、大气环境质量标准 ………………………………………………………… 26
        二、颗粒污染物的净化 ………………………………………………………… 28
        三、硫氧化物的净化技术 ……………………………………………………… 30
        四、氮氧化物净化技术 ………………………………………………………… 30
    第二节　固体废物的处理技术 ……………………………………………………… 32
        一、固体废物的性质 …………………………………………………………… 32
        二、固体废物的处理方法 ……………………………………………………… 33
        三、固体废物处理原则 ………………………………………………………… 34
    第三节　工业废水处理技术 ………………………………………………………… 35
        一、工业废水的分类 …………………………………………………………… 35
        二、工业废水对环境的污染 …………………………………………………… 35
        三、工业废水中的主要污染物与污染指标 …………………………………… 36
        四、污染源调查 ………………………………………………………………… 38
        五、工业废水的处理方法 ……………………………………………………… 38
        六、工业废水处理的基本原则 ………………………………………………… 43
    阅读资料　世界环境污染最著名的事件 …………………………………………… 44

第三章　工业废水处理与再生利用 …………………………………………………… 45
    第一节　工业废水的处理 …………………………………………………………… 45
        一、工业废水污染源控制途径 ………………………………………………… 45
        二、工业废水处理方法的选择 ………………………………………………… 46
        三、主要工业废水处理工艺 …………………………………………………… 47
    第二节　典型工业废水处理与资源化 ……………………………………………… 49
        一、制浆造纸废水处理与资源化 ……………………………………………… 49
        二、纺织印染废水处理及再生利用 …………………………………………… 52
        三、白酒废水处理与再生利用 ………………………………………………… 54
        四、啤酒废水处理及回用工程 ………………………………………………… 55
        五、氯碱生产废水处理与再生利用 …………………………………………… 58
    第三节　其他工业废水处理及再生利用 …………………………………………… 59
        一、炼油工业废水处理及再生利用 …………………………………………… 59
        二、煤炭工业废水处理及再生利用 …………………………………………… 60
    阅读资料　我国资源的人均占有量情况 …………………………………………… 61

第四章　工业固体废物的处理与资源化 ……………………………………………… 62
    第一节　工业固体废物的分类 ……………………………………………………… 62
    第二节　化学工业固体废物的处理与资源化 ……………………………………… 63
        一、化学工业固体废物概述 …………………………………………………… 63
        二、化工固体废物的处理和利用 ……………………………………………… 65
    第三节　矿业固体废物的处理与资源化 …………………………………………… 70
        一、矿业固体废物的来源 ……………………………………………………… 70
        二、矿业固体废物的危害 ……………………………………………………… 71

  三、矿业固体废物的处理 …… 71
  四、资源化处理方法及其工艺流程 …… 72
  五、主要矿业固体废物资源化工艺 …… 73
  六、清洁生产与工业产业园 …… 77
 第四节　典型固体废物资源化 …… 79
  一、氯碱企业废弃物的资源化 …… 79
  二、废橡胶的回收处理与再生利用 …… 80
  三、废塑料的回收利用和处理 …… 82
 阅读资料　日本垃圾分类和焚烧发电对我国的启示 …… 83

第五章　工业废气处理与资源化 …… 84
 第一节　工业废气概述 …… 84
  一、工业废气的来源 …… 84
  二、工业废气的危害 …… 85
 第二节　工业废气处理与资源化 …… 86
  一、消烟除尘 …… 86
  二、硫氧化物的净化工艺 …… 92
  三、氮氧化物的净化工艺 …… 97
  四、挥发性有机废气净化工艺 …… 102
 第三节　典型工业废气处理工艺 …… 103
  一、双碱法烟气脱硫与资源化 …… 103
  二、密闭电石生产尾气除尘与资源化 …… 108
  三、NO_x 废气治理工程实例 …… 110
 阅读资料　$PM_{2.5}$ 与雾霾 …… 112

第六章　城市污水处理与回用 …… 114
 第一节　城市污水处理概述 …… 114
  一、城市污水来源 …… 114
  二、城市污水分类 …… 115
  三、城市污水处理现状 …… 115
  四、城市污水的性质与指标 …… 116
  五、城市污水污染物 …… 118
  六、城市污水的特点 …… 118
  七、城市污水排放标准 …… 119
  八、城市污水的危害 …… 120
 第二节　城市污水处理方法 …… 120
  一、城市污水处理基本方法 …… 120
  二、城市污水处理级别 …… 121
 第三节　城市污水处理工艺 …… 123
  一、活性污泥工艺 …… 123
  二、生物脱氮除磷工艺 …… 129

        三、氧化沟工艺 ··· 133
        四、SBR 活性污泥法工艺 ··· 134
        五、AB 法工艺 ·· 136
        六、生物膜法工艺 ·· 137
        七、城市污水处理厂污泥处理工艺 ·· 142
    第四节　城市污水回用 ··· 143
        一、工艺现状 ··· 144
        二、污水回用水质标准 ·· 144
        三、污水回用系统 ·· 145
        四、回用途径与工艺 ··· 145
    阅读资料　淮河沿岸癌症村现场调查 ·· 149

第七章　城市生活固体废物处理与资源化 ·· 152
    第一节　城市生活固体废物概述 ·· 152
        一、国外城市生活固体废物现状 ··· 152
        二、我国城市生活固体废物现状 ··· 153
        三、我国城市生活固体废物产生量影响因素 ··· 154
        四、城市生活固体废物的危害 ·· 155
        五、城市生活固体废物的分类与特点 ··· 157
        六、城市生活固体废物的处理 ·· 158
    第二节　废物生活垃圾的收集与运输 ·· 159
        一、生活垃圾的收集与分类 ·· 159
        二、城市生活垃圾的贮存容器 ·· 162
        三、城市生活垃圾的清运 ·· 164
        四、固体生活废弃物的压实 ·· 169
        五、固体废物分选 ·· 170
    第三节　城市生活固体废物卫生填埋 ·· 174
        一、生活垃圾卫生填埋技术 ·· 174
        二、填埋工艺 ··· 175
    第四节　固体废物焚烧技术 ··· 182
        一、焚烧技术的发展历史 ·· 183
        二、垃圾焚烧技术的特点 ·· 184
        三、垃圾焚烧工艺流程 ·· 185
    第五节　餐厨垃圾资源化 ·· 187
        一、餐厨垃圾现状 ·· 187
        二、餐厨垃圾主要成分与特性 ·· 188
        三、餐厨垃圾的危害 ··· 188
        四、餐厨垃圾资源化及处理技术 ··· 189
    阅读资料　垃圾回收的意义 ·· 193

第八章　农村生活污水处理与回用 ·· 194
    第一节　农村生活污水处理 ·· 194
        一、我国农村生活污水现状 ·· 194

  二、农村生活污水的分类 ·· 196
  三、我国农村生活污水的处理方式 ···························· 196
  四、农村生活污水处理技术 ···································· 197
  五、农村生活污水处理流程 ···································· 200
 第二节 沼气的发酵原理与工艺流程 ································ 202
  一、沼气发展概况 ·· 202
  二、沼气发酵原理 ·· 204
  三、沼气发酵的基本条件 ·· 207
  四、农村沼气基本工艺流程 ···································· 209
  五、农村沼气工艺的运行管理 ································· 213
  六、沼气发酵产物的综合利用 ································· 215
 第三节 农村生活污水典型处理工艺 ································ 217
  一、生物法处理工艺 ·· 217
  二、厌氧-跌水充氧接触氧化-人工湿地污水处理工艺 ······ 218
  三、厌氧滤池-氧化塘-生态渠污水处理工艺 ················ 219
  四、厌氧池-人工湿地污水处理工艺 ·························· 219
  五、地埋式微动力氧化沟污水处理工艺 ····················· 220
  六、导流曝气生物过滤污水处理工艺 ························ 220
 阅读资料 我国农村水污染现状 ··· 222

第九章 农业固体废物处理与回用 ·································· 224
 第一节 农业固体废物来源 ·· 224
  一、畜禽养殖废弃物 ·· 224
  二、农作物秸秆 ·· 225
  三、农用塑料残膜 ·· 226
  四、农村生活垃圾 ·· 228
  五、农业废弃物资源化利用的意义 ··························· 228
 第二节 农业固体废物的预处理 ······································ 229
  一、农业固体废物的特点 ·· 229
  二、农业固体废物的处理现状 ································· 229
  三、农业固体废物的预处理 ···································· 229
  四、农业固体废物收集运输 ···································· 231
 第三节 农业固体废物的资源化处理 ······························· 232
  一、农村生活垃圾资源化处理 ································· 232
  二、农村畜禽粪便资源化处理 ································· 233
  三、农作物秸秆资源化处理 ···································· 234
  四、农用塑料残膜的资源处理 ································· 237
 阅读资料 我们为拯救地球应做些什么 ······························· 239

第十章 环境保护管理机制 ··· 240
 第一节 环境管理 ·· 240

一、环境管理的含义及内容 …………………………………………………… 240
　　二、环境管理的基本职能 ……………………………………………………… 241
　　三、环境管理的基本方法 ……………………………………………………… 242
　　四、中国环境管理制度 ………………………………………………………… 242
　第二节　环境保护法规 …………………………………………………………… 244
　　一、环境保护法的基本概念 …………………………………………………… 244
　　二、环境保护法本质、目的和任务 …………………………………………… 245
　　三、中国环境保护法律体系 …………………………………………………… 246
　　四、环境保护法适用范围 ……………………………………………………… 246
　　五、环境保护法的法律责任 …………………………………………………… 247
　第三节　环境标准 ………………………………………………………………… 249
　　一、环境标准及其作用 ………………………………………………………… 249
　　二、环境标准体系 ……………………………………………………………… 250
　　三、制定环境标准的原则 ……………………………………………………… 251
　　四、环境标准的实施与监督 …………………………………………………… 252
　阅读资料　人口、资源与环境问题 ……………………………………………… 254

第十一章　可持续发展理论 …………………………………………………………… 255
　第一节　低碳经济概述 …………………………………………………………… 255
　　一、低碳经济概述 ……………………………………………………………… 255
　　二、低碳经济的发展模式与途径 ……………………………………………… 256
　　三、低碳经济发展的历程 ……………………………………………………… 257
　第二节　可持续发展理论 ………………………………………………………… 260
　　一、可持续发展理论的产生 …………………………………………………… 260
　　二、可持续发展的内涵及思想 ………………………………………………… 261
　　三、自然资源的可持续利用 …………………………………………………… 261
　　四、环境保护与可持续发展 …………………………………………………… 267
　阅读资料　可持续发展的历史渊源 ……………………………………………… 267

参考文献 …………………………………………………………………………………… 268

第一章 环境问题和环境污染

环境是相对于某项中心事物而言的周围情况。环境与健康所研究的环境是人类生存的环境,它是人类生存发展的物质基础,也是与人类健康密切相关的重要条件。

本章主要讲述环境问题、大气污染、固体废物污染、水体污染以及环境保护的重要性等几个方面内容。

第一节 全球性环境问题

一、环境的概念

与人类健康关系密切的环境包括自然环境与社会环境。

1. 社会环境

社会环境是指人类在自然环境的基础上,为不断提高物质和精神生活水平,通过长期有计划、有目的地发展,逐步创造和建立起来的人工环境,如城市、农村、工矿区等。

社会环境的发展和演替,受经济规律、自然规律以及社会规律的支配和制约,其质量是人类物质文明建设和精神文明建设的标志之一。

2. 自然环境

自然环境是指环绕于人类周围的自然界。它包括大气、水、土壤、生物和各种矿物资源等。

自然环境是人类赖以生存和发展的物质基础。在自然地理学上,通常把这些构成自然环境总体的因素,分别划分为大气圈、水圈、生物圈、土圈和岩石圈五个自然圈。

二、酸雨

酸雨是指 pH 值小于 5.6 的雨雪或其他形式的降水。雨、雪等在形成和降落过程中,吸收并溶解了空气中的 SO_2、NO_x 等物质,形成了 pH 小于 5.6 的酸性降水。

酸雨主要是人为的向大气中排放大量酸性物质所造成的。

1. 酸雨的分布

据统计,全球每年排放进大气的 SO_2 约 1 亿吨,NO_2 约 5000 万吨,所以,酸雨主要是人类生产活动和生活造成的。目前,全球已形成三大酸雨区,即北美酸雨区、西欧酸雨区、中国西南四川盆地酸雨区。近年来,我国的酸雨已覆盖四川、贵州、广东、广西、湖南、湖北、江西、浙江、江苏和青岛等省市部分地区,面积达 200 多万平方公里,酸雨区面积扩大之快、降水酸化率之高,在世界上是罕见的。

中国是个燃煤大国,煤炭占能源消费总量的 75%。1980 年全国煤炭消耗量还不过 6 亿吨,但随着经济建设的发展,到 1995 年已达 12.8 亿吨,15 年间增加了一倍还多。随着耗煤量的增加,SO_2 的排放量也不断增长。中国的酸雨主要因大量燃烧含硫量高的煤而形成的,多为硫酸雨,少为硝酸雨。此外,各种机动车排放的尾气也是形成酸雨的重要原因。

我国一些地区已经成为酸雨多发区,我国三大酸雨区分别为以下 3 个。

① 西南酸雨区　是仅次于华中酸雨区的降水污染严重区域。

② 华中酸雨区　目前它已成为全国酸雨污染范围最大、中心强度最高的酸雨污染区。

③ 华东沿海酸雨区　它的污染强度低于华中、西南酸雨区。

2. 酸雨的形成

酸雨是工业高度发展而出现的副产物,由于人类大量使用煤、石油、天然气等化石燃料,燃烧后产生的硫氧化物或氮氧化物,在大气中经过复杂的化学反应,形成硫酸或硝酸气溶胶,降到地面成为酸雨。如果形成酸性物质时没有云雨,则酸性物质会以重力沉降等形式逐渐降落在地面上,这叫做干性沉降,如果形成酸性物质时有云,则落到地面上的酸雨形式叫湿性沉降。干性沉降物在地面遇水时复合成酸,酸云和酸雾中的酸性由于没有得到直径大得多的雨滴的稀释,因此它们的酸性要比酸雨强得多。高山区由于经常有云雾缭绕,因此酸雨区高山上森林受害最重,常成片死亡。

酸雨的形成过程见图 1-1。

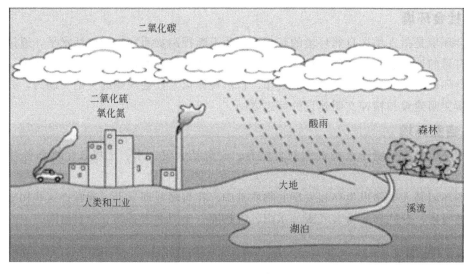

图 1-1　酸雨的形成过程

酸雨形成的化学反应过程有以下几种。

(1) 酸雨多成于化石燃料的燃烧

① 含有硫的煤燃烧生成二氧化硫

$$S + O_2 \longrightarrow SO_2$$

② 二氧化硫和水作用生成亚硫酸

$$SO_2 + H_2O \longrightarrow H_2SO_3$$

③ 亚硫酸在空气中可氧化成硫酸

$$2H_2SO_3 + O_2 \longrightarrow 2H_2SO_4$$

(2) 氮氧化物溶于水形成酸 雷雨闪电时，大气中常有少量的二氧化氮产生。

① 闪电时氮气与氧气化合生成一氧化氮

$$N_2 + O_2 \longrightarrow 2NO$$

② 一氧化氮结构上不稳定，空气中氧化成 NO_2

$$2NO + O_2 \longrightarrow 2NO_2$$

③ 二氧化氮和水作用生成硝酸

$$3NO_2 + H_2O \longrightarrow 2HNO_3 + NO$$

(3) 酸雨与大理石反应

$$CaCO_3 + H_2SO_4 \longrightarrow CaSO_4 + H_2O + CO_2\uparrow$$

$$CaSO_3 + SO_2 + H_2O \longrightarrow Ca(HSO_3)_2$$

此外还有其他酸性气体溶于水导致酸雨，例如氟化氢、氟气、氯气、硫化氢等其他酸性气体。

3. 酸雨的危害

酸雨会对环境带来广泛的危害，造成巨大的经济损失。危害主要有以下方面。

(1) 腐蚀建筑物和工业设备 酸雨容易腐蚀水泥、大理石，并能使铁金属表面生锈，因此，建筑物容易受损，公园中的雕刻、古代遗迹以及工业设备设施也容易受腐蚀。

(2) 破坏露天的文物古迹 文物古迹多数都是石刻，主要成分是碳酸盐，酸雨会与碳酸盐发生化学反应，会导致露天的文物古迹破坏。世界上许多古建筑和石雕艺术品遭酸雨腐蚀而严重损坏，如我国的乐山大佛。

(3) 损坏植物叶面，导致森林死亡 下酸雨时，树叶会受到严重侵蚀，树木的生存受到严重危害。土壤中的营养成分被酸溶解后会流失掉，这也构成了对树木的危害。在加拿大和欧洲，有15%~60%的森林受到不同程度的酸雨侵蚀而大面积枯萎。若如此下去，在不久的将来，森林就将会全部消失。

(4) 使湖泊中鱼虾死亡 酸雨进入水域后，改变了水体的pH，导体水体酸碱性发生改变，因而湖泊中的鱼虾难以生存，严重会导致死亡。

(5) 破坏土壤成分，使农作物减产甚至死亡 在土壤中生长着许许多多的细菌生物，这些生物对植物的生长有着极为重要的作用。例如，在黑土里生长着种类与世界人口一样多的细菌。若土壤被酸雨侵蚀，除一少部分外，土壤里面的大多数细菌都将无法存活。因此土壤由于受到酸性侵蚀，会引起农作物减产甚至死亡。

(6) 对人体有害 眼角膜和呼吸道黏膜对酸类十分敏感，酸雨或酸雾对这些器官有明显刺激作用，导致红眼病和支气管炎，咳嗽不止，甚至可能诱发肺病，这是酸雨对人体健康的直接影响。

三、温室效应

温室效应是大气保温效应的俗称。大气能使太阳短波辐射到达地面，但地表向外放出的长波热辐射线却被大气吸收，这样就使地表与低层大气温度增高，因其作用类似于栽培农作物的温室，故名温室效应。

1. 产生原因

自工业革命以来，人类向大气中排入的CO_2等吸热性强的温室气体逐年增加，大气的温室效应也随之增强，已引起全球气候变暖等一系列严重问题，引起了全世界各国的关注。

CO_2是数量最多的温室气体，约占大气总容量的0.03%，此除之外，能引起温室效应的气体还有甲烷、臭氧、氯氟烃以及水汽等。随着人口的急剧增加，工业的迅速发展，排入大气中的CO_2相应增多；又由于森林被大量砍伐，大气中应被森林吸收的二氧化碳没有被吸收，由于二氧化碳逐渐增加，温室效应也不断增强。温室效应形成过程见图1-2。

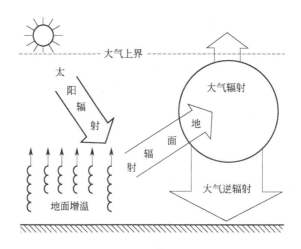

图1-2 温室效应形成的过程

2. 温室效应的危害

(1) 全球变暖 温室气体浓度的增加会减少红外线辐射放射到太空外，地球的气候因此需要转变来使吸取和释放辐射的分量达至新的平衡。这转变可包括"全球性"的地球表面及大气低层变暖，因为这样可以将过剩的辐射排放出外。

(2) 地球上的病虫害增加 温室效应可使史前致命病毒威胁人类，美国科学家近日发出警告，由于全球气温上升令北极冰层融化，被冰封十几万年的史前致命病毒可能会重见天日，导致全球陷入疫症恐慌，人类生命受到严重威胁。

(3) 海平面上升 假若"全球变暖"正在发生，有两种过程会导致海平面升高。第一种是海水受热膨胀令水平面上升。第二种是冰川和冰块溶解使海洋水分增加。1900~2100年地球的平均海平面上升幅度介乎0.09~0.88m之间。全球暖化会使南北极的冰层迅速融化，海平面上升对岛屿国家和沿海低洼地区带来的灾害是显而易见的，突出的是淹没土地、侵蚀海岸。

(4) 气候反常 气候反常，极端天气多是因为全球性温室效应，即二氧化碳这种温室气体浓度增加，使热量不能发散到外太空，使地球变成一个保温瓶，而且还是不断加温的保温瓶。全球温度升高，使得南北极冰川大量融化，海平面上升，导致海啸、台风、气候反常、极端天气多。

(5) 对人类健康的影响 人类健康取决于良好的生态环境，全球变暖将成为21世纪影响人类健康的一个主要因素。极端高温下人类发病率和死亡率增加，某些目前主要发生在热带地区的疾病可能随着气候变暖向中纬度地区传播。

四、森林的减少与土地荒漠化

1. 森林的减少

全世界森林面积在 1990~2000 年的十年间，每年平均减少 940 万公顷。专家指出，这一现象已经给人类赖以生存的自然环境造成了严重影响。据法国 2002 年的《科学与未来》杂志报道，目前，全世界森林面积已经下降到 38.7 亿公顷，占地球表面积的 30%，相当于人均 $0.6hm^2$。该杂志援引联合国有关机构公布的统计数字说，在过去的十年间，全世界森林自然增长及植树面积每年仅为 520 万公顷，而森林砍伐面积却高达 1460 万公顷，出现严重的"入不敷出"。

森林面积减少受诸多因素的影响，比如人口增加、当地环境因素、政府发展农业开发土地的政策等，此外，森林火灾损失亦不可低估。但导致森林面积减少最主要的因素则是开发森林生产木材及林产品。由于消费国大量消耗木材及林产品，因而全球森林面积的减少不仅仅是某一个国家的内部问题，它已成为一个国际问题。毫无疑问，发达国家是木材消耗最大的群体。当然，一部分发展中国家对木材的消耗亦不可忽视。

没有森林，地表水的蒸发量将显著增加，引起地表热平衡层和对流层内热分布的变化，地面附近气温上升，降雨时空分布相应发生变化。由此造成降雨减少，风沙增加等气候异常情况发生。森林减少，森林吸收二氧化碳的能力也大大减少了。

2. 土地荒漠化

土地荒漠化是指由于气候变化和人类不合理的经济活动等因素，使干旱、半干旱和具有干旱灾害的半湿润地区的土地发生了退化，即土地退化，也叫"沙漠化"。在人类诸多的环境问题中，荒漠化是最为严重的灾难之一，它给人类带来贫困和社会不稳定。

土地荒漠化见图 1-3。

图 1-3　土地荒漠化

土地荒漠化是一个全球性的环境问题。有历史记载以来，中国已有 1200 万公顷的土地变成了沙漠，特别是近 50 年来形成的"现代沙漠化土地"就有 500 万公顷。据联合国环境规划署调查，在撒哈拉沙漠的南部，沙漠每年大约向外扩展 150 万公顷。全世界每年有 600 万公顷的土地发生沙漠化。每年给农业生产造成的损失达 260 亿美元。从 1968~1984 年，非洲撒哈拉沙漠的南缘地区发生了震惊世界的持续 17 年的大旱，给这些国家造成了巨大经济损失和灾难，死亡人数达 200 多万。沙漠化使生物界的生存空间不断缩小，已引起科学界和各国政府的高度重视。

土地荒漠化的危害表现在许多方面，已成为严重制约中国经济社会可持续发展的重大环境问题。据统计，中国每年因荒漠化造成的直接经济损失达 540 亿元，相当于 1996 年西北五省区财政收入总和的 3 倍，平均每天损失近 1.5 亿元。新中国成立以来，全国共有 1000 万公顷的耕地不同程度地沙化，造成粮食损失每年高达 30 多亿公斤。在风沙危害严重的地区，许多农田因风沙毁种，粮食产量长期低而不稳，群众形象地称为"种一坡，拉一车，打一箩，蒸一锅"。在内蒙古自治区鄂托克旗，30 年间流沙压埋房屋 2200 多间，近 700 户村民被迫迁移他乡。荒漠化已经不再是一个单纯的生态环境问题，而且演变为经济问题和社会问题，它给人类带来贫困和社会不稳定。在人类诸多的环境问题中，荒漠化是最为严重的灾难之一。荒漠化意味着人类将失去最基本的生存基础——有生产能力的土地。

五、城市发展与人口问题

伴随着地球的人口增多以及社会经济、科学技术的不断发展，全球加快了城市化发展的进程。在比较一个国家、一个地区的文明与发展水平时，城市化是一个重要标志。然而在城市化过程中以及城市化后给人们提供现代科技、现代文明、现代生活等种种好处的同时，也给环境和环境生物形成了强大的污染压力。环境保护部有关负责人向媒体发布的 2013 年 9 月份京津冀、长三角、珠三角区域及直辖市、省会城市和计划单列市等 74 个城市空气质量状况，结果为城市达标天数比例范围为 13.3%～100%，平均为 67.2%。平均超标天数比例为 32.8%，其中轻度污染占 23.7%，中度污染占 6.0%，重度污染占 2.9%，严重污染占 0.2%。

1. 空气污染严重

由于城市化因素，人口和工业集中，致使大气污染严重。多数城市的大气含有各种污染物，既有高浓度常见污染物，又有低浓度高毒性有机污染物。目前全国约五分之一的城市大气污染严重。113 个重点城市中，1/3 以上空气质量达不到国家二级标准。机动车排放成为部分大中城市大气污染的主要来源。由于脱硫力度的不断加大，二氧化硫的排放量在一定程度上得到抑制，但是氮氧化物却呈现增长态势。

2. 水污染严重及水资源短缺

有资料显示，我国是一个严重缺水的国家，人均可利用水资源量仅为 $900m^3$，人均淡水资源仅为世界平均水平的 1/4，在世界上名列 110 位，是全球人均水资源最贫乏的国家之一，并且分布极不均衡。另外，城市的水体污染严重。各种废水未经处理，直接排入江河湖海，造成水体污染。多数城市地下水受到一定程度的污染，并且有逐年加重的趋势。

3. 电磁辐射污染严重

在科学技术迅猛发展的今天，高频与微波技术已经广泛应用于国民经济各个领域。如微波通信、气象观测、环境监测、医疗卫生以及家用电器等。因此，在众多电器被广泛应用的同时，也难免使生产和生活环境受到电磁辐射的污染，直接接触和受其影响的人员日益增多，特别是在这些设备的功率逐步加大、频率日益增高的状况下，电磁辐射已经成为直接影响接触人员和附近居民健康的一种物理性有害因素。

4. 城市绿地面积逐渐减少

城市绿地是城市生态系统的重要组成部分，对促进城市生产的发展和保证居民生活有着不可替代的作用。但由于城市发展建设，自然环境被开发利用建设工厂、住宅、道路、广场、果园、菜地等，自然环境中的植被被不断地砍伐、清除，代之以稠密的建筑物。城市绿地的多种环境功能正在逐步丧失，已经成为尖锐的环境课题。20 世纪 50 年代以来，全国由于城市用地平均每年净减少耕地 48 万亩；1981~1985 年，全国每年减少约 100 万亩；90 年代以后，全国每年减少约 500 万亩。

六、臭氧层空洞

臭氧在大气中从地面到 70km 的高空都有分布，其最大浓度在中纬度 24km 的高空，向极地缓慢降低，最小浓度在极地 17km 的高空。臭氧层是大气平流层中臭氧浓度最大处，是地球的一个保护层，太阳紫外线辐射大部被其吸收。臭氧层空洞是大气平流层中臭氧浓度大量减少的空域。

1. 臭氧层减少原因

导致大气中臭氧减少和耗竭的物质，主要是平流层内超音速飞机排放的大量 NO，以及人类大量生产与使用的氯氟烃化合物（氟里昂），如 $CFCl_3$（氟里昂-11）、CF_2Cl_2（氟里昂-12）等。1973 年，全球这两种氟里昂的产量达 480 万吨，其大部分进入低层大气，再进入臭氧层。氟里昂在对流层内性质稳定，但进入臭氧层后，易与臭氧发生反应而消耗臭氧，以致降低臭氧层中 O_3 浓度。

图 1-4 为南极上空的臭氧层空洞。

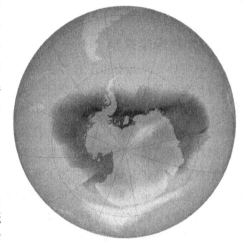

图 1-4 南极上空臭氧层空洞

2. 危害

经研究，10 多年来大气中的臭氧每减少 1%，照射到地面的紫外线就增加 2%，人患皮肤癌的概率就增加 3%。现在居住在距南极洲较近的智利南端海伦娜岬角的居民，已尝到苦头，只要走出家门，就要在衣服遮不住的肤面，涂上防晒油，戴上太阳眼镜，否则 0.5h 后，皮肤就晒成鲜艳的粉红色，并伴有痒痛。

臭氧层空洞还导致生态破坏，主要表现在以下几个方面。

(1) 农产品减产　试验 200 种作物对紫外线辐射增加的敏感性，结果 2/3 有影响，尤其是大米、小麦、棉花、大豆、水果和洋白菜等人类经常食用的作物。估计臭氧减少 1%，大豆减产 1%。

(2) 减少渔业产量　紫外线辐射可杀死 10m 水深内的单细胞海洋浮游生物。实验表明，臭氧减少 10%，紫外线辐射增加 20%，将会在 15 天内杀死所有生活在 10m 水深内的鳗鱼幼鱼。

(3) 影响工业产品　除了影响人类健康和生态外，因臭氧减少而造成的紫外辐射增多还会造成对工业生产的影响，如使塑料及其他高分子聚合物加速老化。

第二节 大气污染

大气污染通常是指由于人类活动和自然过程引起某种物质进入大气中，呈现出足够的浓度，达到了足够的时间并因此而危害人体健康或危害环境的现象。

一、大气污染源

1. 特点

大气污染主要发生在离地面约12km的范围内，随大气环流和风向的移动而漂移，使大气污染成为一种流动性污染，具有扩散速度快、传播范围广、持续时间长、造成损失大等特点。

2. 分类

大气污染源可分为自然污染源和人为污染源两大类。自然污染源是由于自然原因（如火山爆发，森林火灾等）而形成，人为污染源是由于人们从事生产和生活活动而形成。在人为污染源中，又可分为固定的（如烟囱、工业排气筒等）和移动的（如汽车、火车、飞机、轮船等）两种。由于人为污染源普通和经常地存在，所以比起自然污染源来更为人们所密切关注。

3. 大气污染来源

大气主要污染源有以下几种。

(1) 生活用炉 在市民生活区，人口相对集中，大量的民用生活炉灶和采暖锅炉也需要耗用大量的煤炭，煤炭在燃烧过程中要释放大量的灰尘、二氧化硫、一氧化碳等有害物质污染大气。特别在冬季采暖时间，往往使受污染地区烟雾弥漫，造成大气污染。

(2) 交通运输 随着交通运输事业的发展，城市行驶的汽车日益增多，轮船、飞机等客货运输频繁，这些又给城市增加了新的大气污染源。特别是汽车排出的污染物距人们的呼吸带很近，能直接被人吸入。汽车内燃机排出的废气中主要含有一氧化碳、氮氧化物、烃类（碳氢化合物）、硫化物、铅化合物等。

(3) 工业企业 工业企业是大气污染的主要来源，也是环境保护重点之一。随着工业的迅速发展，大气污染物的种类和数量日益增多。由于工业企业的性质、规模、工艺过程、原料和产品种类等不同，其对大气污染的程度也不同。目前主要有烟尘、硫的氧化物、氮的氧化物、有机化合物、卤化物、碳化合物等。其中有的是烟尘，有的是气体。

(4) 农业污染源 农业生产过程对大气的污染主要来自农药和化肥的使用。有些有机氯农药如DDT，施用后能在水面悬浮，并同水分子一起蒸发而进入大气；氮肥在施用后，可直接从土壤表面挥发成气体进入大气；而以有机氮或无机氮进入土壤内的氮肥，在土壤微生物作用下可转化为氮氧化物进入大气，从而增加了大气中氮氧化物的含量。此外，稻田释放的甲烷，也会对大气造成污染。

二、大气主要污染物

大气污染物是指由于人类活动或自然过程排入大气的并对人和环境产生有害影响的那些物质。

大气污染物的种类很多，按其存在状态可概括为两大类：气溶胶状态污染物、气态污染物。

1. 气溶胶污染物

在大气污染中，气溶胶是指沉降速度可以忽略的小固体粒子、液体粒子或它们在气体介质中的悬浮体系。气溶胶污染物主要分为如下几种。

(1) 粉尘 粉尘是指悬浮于气体介质中的小固体颗粒，受重力作用能发生沉降，但在一段时间内能保持悬浮状态。它通常是由于固体物质的破碎、研磨、分级、输送等机械过程，或土壤、岩石的风化等自然过程形成的。颗粒的形状往往是不规则的。颗粒的尺寸范围一般为 $1\sim200\mu m$。属于粉尘类的大气污染物的种类很多，如黏土粉尘、石英粉尘、煤粉、水泥粉尘、金属粉尘等。

(2) 烟 烟一般是指由冶金过程形成的固体颗粒的气溶胶。它是由熔融物质挥发后生成的气态物质的冷凝物，在生成过程中总是伴有诸如氧化之类的化学反应。烟颗粒的尺寸很小，一般为 $0.01\sim1\mu m$。如有色金属冶炼过程中产生的氧化铅烟、氧化锌烟，在核燃料后处理厂中的氧化钙烟等。

(3) 飞灰 飞灰是指随燃料燃烧产生的烟气排出的分散得较细的灰。

(4) 黑烟 黑烟一般是指由燃料燃烧产生的能见气溶胶。在某些情况下，粉尘、烟、飞灰、黑烟等小固体颗粒气溶胶的界限很难明显区分开，在各种文献特别是工程中用得较混乱。根据我国的习惯，一般可将冶金过程和化学过程形成的固体颗粒气溶胶称为烟尘；将燃料燃烧过程产生的飞灰和黑烟，在不需仔细区分时也称为烟尘。在其他情况下，或泛指小固体颗粒的气溶胶时，则通称粉尘。

(5) 雾 雾是气体中液滴悬浮体的总称。在气象中指造成能见度小于1km的小水滴悬浮体。

2. 气态污染物

气态污染物是以分子状态存在的污染物。气态污染物主要有以下几种。

(1) SO_2 SO_2是目前大气污染物中数量较大、影响范围广的一种气态污染物。SO_2主要来自化石燃料的燃烧过程，以及硫化物矿石的焙烧、冶炼等热过程。

(2) NO_x NO_x污染大气的主要是 NO、NO_2。NO 毒性不太大，但进入大气后可被缓慢地氧化成 NO_2。NO_2的毒性约为 NO 的 5 倍。人类活动产生的 NO_2主要来自各种炉窑、机动车和柴油机的排气，其次是硝酸生产、硝化过程、炸药生产及金属表面处理等过程。其中由燃料燃烧产生的 NO 约占 83%。

(3) 碳氧化物 CO 和 CO_2是各种污染物中发生量最大的一类污染物，主要来自于原料燃烧和汽车尾气排放。CO 是一种窒息性气体，进入大气后，由于大气的扩散，一般对人体没有伤害作用。

(4) 硫酸烟雾 硫酸烟雾是大气中的 SO_2等硫氧化物，在有水雾、含有重金属的悬浮颗粒物或氮氧化物存在时，发生一系列化学或光化学反应而生成的硫酸雾或硫酸盐气溶胶。硫酸烟雾引起的刺激作用和生理反应等危害，要比 SO_2气体大得多。

三、室内空气污染

随着生活水平的提高，装饰装修和室内设施的现代化引起了严重的室内空气污染。良莠不齐的建筑材料、装饰装修材料的不断涌现，以及越来越多的现代化办公设备和家用电器进驻室内，使得室内成分更加复杂，室内甲醛、苯系物、氨气、臭氧和氡气等污染物浓度水平远远高于室外。室内空气污染源由此越来越受到人们的广泛关注。

1. 室内空气污染物

室内空气污染物主要有：①生物性污染物，如细菌；②化学性污染物，如甲醛、氨气、苯、一氧化碳、二氧化碳、氮氧化物、二氧化硫等；③放射性污染物氡气及其子体。

2. 来源

室内环境空气污染的主要来源有：①室外大气污染物通过空气对流、扩散进入室内；②室内燃料的燃烧，烹饪；③建筑物结构中相关建材、人造板材、室内装饰物（如墙纸、地毯、隔热材料等）和现代家具等的有害物释放；④与人在室内一切活动有关的人为排放源（如衣着、吸烟、化妆品、杀虫剂、空气清新剂、厨房油烟气等）；⑤涂料、油漆中挥发物。

3. 室内空气污染物的危害

(1) 游离甲醛 甲醛是一种无色的强烈刺激性气体，已被世界卫生组织确定为致癌和致畸形物质。甲醛释放污染，会造成眼睛流泪，眼角膜、结膜充血发炎，皮肤过敏，鼻咽不适、咳嗽、急慢性支气管炎等呼吸系统疾病，亦可造成恶心、呕吐、肠胃功能紊乱。严重时还会引起持久性头痛、肺炎、肺水肿、丧失食欲，甚至导致死亡。长期接触低剂量甲醛，可引起慢性呼吸道疾病、眼部疾病、女性月经不调和紊乱、妊娠综合征、新生儿畸形、精神抑郁症等。

(2) 苯 苯为无色透明、有芳香味、易挥发的有毒液体，是煤焦油蒸馏或石油裂化的产物，常温下即可挥发形成苯蒸气，温度愈高，挥发量愈大。短时间大量吸入可造成急性轻度中毒，表现为头痛、咳嗽、胸闷、步态蹒跚等。长期低浓度接触可发生慢性中毒，症状逐渐出现，以血液系统和神经衰弱症候群为主，表现为白细胞和红细胞减少、记忆力下降、失眠等，严重者可发生再生障碍性贫血，甚至白血病、死亡。

(3) 氡 氡是由镭衰变产生的自然界唯一的一种无色、无味、无臭的天然惰性气体。氡是一种放射性气体，普遍存在于人们的生活环境中。从20世纪60年代末期首次发现室内氡的危害至今，科学研究已经发现，氡对人体的辐射伤害占人体所受到的全部环境辐射中的55%以上，对人体健康威胁极大，其发病潜伏期大多都在15年以上，因此我们必须高度重视室内氡的危害。

(4) 氨 氨是一种无色且具有强烈刺激性臭味的气体，比空气轻（相对密度为0.5）。氨是一种碱性物质，它对所接触的皮肤组织都有腐蚀和刺激作用，可以吸收皮肤组织中的水分，使组织蛋白变性，并使组织脂肪皂化，破坏细胞膜结构。浓度过高时除腐蚀作用外，还可通过三叉神经末梢的反向作用而引起心脏停搏和呼吸停止。氨通常以气体形式吸入人体进入肺泡内，氨被吸入肺后容易通过肺泡进入血液，与血红蛋白结合，破坏运氧功能。氨的溶解度极高，所以主要对动物或人体的上呼吸道有刺激和腐蚀作用，减弱人体对疾病的抵抗力。人长期接触氨可能会出现皮肤色素沉积或手指溃疡等症状；短期内吸入大量氨气后可出现流泪、咽痛、声音嘶哑、咳嗽、痰带血丝胸闷、呼吸困难，可伴有头晕、恶心、呕吐、乏力等症状，严重者可发生肺水肿。

(5) 总挥发性有机化合物（TVOC） 挥发性有机物常用VOC表示，但有时也用总挥发性有机物TVOC来表示。TVOC主要是包括多环芳烃、挥发性有机物和醛类化合物等的混合物。VOC是指室温下饱和蒸气压超过了133.32Pa的有机物,其沸点在50～250℃,在常温下可以蒸发的形式存在于空气中,它的毒性、刺激性、致癌性和特殊的气味性,会影响皮肤和黏膜,对人体产生急性损害。TVOC有刺激性,而且有些化合物具有毒性。TVOC能引起机体免疫水平失调,影响中枢神经系统功能,出现头晕、头痛、嗜睡、无力、胸闷等自觉症状,还可能影响消化系统,出现食欲不振、恶心等,严重时可损伤肝脏和造血系统,出现变态反应等。

四、大气污染的危害

大气污染的危害主要有以下几个方面:

1. 对人体健康的危害

一个成年人每天呼吸大约2万多次,吸入空气达$15\sim20m^3$,因此,被污染了的空气对人体健康有直接的影响。大气污染物对人体的危害是多方面的,主要表现是呼吸道疾病与生理机能障碍以及眼鼻等黏膜组织受到刺激而患病。大气中污染物的浓度很高时,会造成急性污染中毒或使病状恶化,甚至在几天内夺去人的生命。

2. 对植物的危害

大气污染物,尤其是SO_2、氟化物等对植物的危害是十分严重的。当污染物浓度很高时,会对植物产生急性危害,使植物叶表面产生伤斑或者直接使叶枯萎脱落;当污染物浓度不高时,会对植物产生慢性危害,使植物叶片褪绿或者表面上看不见什么危害症状,但植物的生理机能已受到了影响,造成植物产量下降,品质变坏。

3. 对气候的影响

大气污染物对天气和气候的影响是十分显著的,主要表现在以下几方面。

(1) 减少到达地面的太阳辐射量 从工厂、发电站、汽车、家庭取暖设备向大气中排放的大量烟尘微粒,使空气变得非常浑浊,遮挡了阳光,使得到达地面的太阳辐射量减少。据观测统计,在大工业城市烟雾不散的日子里,太阳光直接照射到地面的量比没有烟雾的日子减少近40%。

(2) 增加大气降水量 从大工业城市排出来的微粒,其中有很多具有水汽凝结核的作用。因此,当大气中有其他一些降水条件与之配合的时候,就会出现降水天气。在大工业城市的下风地区,降水量更多。

(3) 产生酸雨 酸雨是大气中的污染物SO_2经过氧化形成硫酸,随自然界的降水下落形成的。酸雨能使大片森林和农作物毁坏,能使纸品、纺织品、皮革制品等腐蚀破碎,能使金属的防锈涂料变质而降低保护作用,还会腐蚀、污染建筑物。

(4) 增高大气温度 在大工业城市上空,由于有大量废热排放到空中,导致近地面空气的温度比四周郊区要高一些,这种现象在气象学中称做"热岛效应"。

(5) 对全球气候的影响 从地球上无数烟囱和其他种种废气管道排放到大气中的大量CO_2,约有50%留在大气里。CO_2能吸收来自地面的长波辐射,使近地面层空气温度增高,这叫做"温室效应"。

五、大气污染物排放

随着我国经济的快速发展工业化和城市化突飞猛进,环境问题日益严重。我国的空气污染仍以煤烟型为主，主要污染物是二氧化硫和烟尘。据统计，1990 年全国煤炭消耗量 10.52 亿吨，到 1995 年煤炭消耗量增至 12.8 亿吨，二氧化硫排放量达 2232 万吨。1997 年，二氧化硫排放总量为 2346 万吨，比 1995 年增加 114 万吨，烟尘排放总量为 1873 万吨，比 1995 年减少 111 万吨。据 2007 年国家环境保护总局空气质量日报 86 个城市的空气污染指数资料，大气污染冬季最严重，其次为春秋季节，夏季最好，污染总体上北方重于南方。城市大气污染由人类活动及当地特殊的地理位置综合影响形成，沙尘天气加重了北方大气污染。

1. SO_2

随着我国社会经济的发展，全国煤炭消耗量从 1990 年的 10.52 亿吨增加到 1995 年的 12.8 亿吨，SO_2 排放总量随着煤炭消费量的增长而急剧增加。到 1995 年全国 SO_2 排放总量达到 2232 万吨。

在各类二氧化硫排放源中，电厂和工业锅炉排放量占到 70%，成为排放大户。各类污染源排放 SO_2 的情况：民用灶具 12%、工业窑炉 11%、工业锅炉 34%、电站锅炉 35%、其他 8%。

2. 烟尘、粉尘

1995 年全国燃煤排放的烟尘总量为 1478 万吨，其中火电厂和工业锅炉排放量占 70% 以上。在火电厂排放中，地方电厂由于基本上使用的是低效除尘器，吨煤排放烟尘是国家电厂的 5~10 倍，其排放量占到电厂总排放量的 65%。1995 年全国工业粉尘排放量约为 639 万吨，其中钢铁生产排尘占总量的 15%，水泥生产排尘占总量的 70%。在水泥生产排尘中，地方水泥厂排尘占到 80%，成为工业排尘的主要排放源。

3. 机动车排气污染现状

自 20 世纪 80 年代以后，受经济增长的推动，我国机动车数量增长迅速。全国汽车保有量年增长率保持在 13%，特别是在大城市如北京、广州、成都、上海等市机动车数量增长速率远远高于全国平均水平。到 1995 年，全国汽车保有量已超过 1050 万辆，比 1990 年增加 420 万辆。汽车排放的氮氧化物、一氧化碳和烃类化合物排放总量逐年上升。

第三节　固体废物污染

一、固体废物的来源

固体废物主要来源于人类的生产和消费活动。人们在资源开发和产品制造过程中，必然有废物产生，任何产品经过使用和消费后，也都会变成废物。

表 1-1 列出了从各类发生源产生的主要固体废物。

二、固体废物的分类

固体废物分类方法很多，按组成可分为有机废物和无机废物；按形态可分为固体（块状、粒状、粉状）的和泥状（污泥）的废物；按来源可分为工业废物、生活废物、矿业废物、城市垃圾、农业废物和放射性废物；按其危害状况可分为有害废物和一般废物，但较多的是按来源分类。

表 1-1　固体废物种类、组成及其来源

废物种类	主要组成	来源
生活垃圾	纸屑、木屑、废塑胶、废皮革、包装废物、灰烬等	家庭、餐厅、市场、食堂、宾馆、机关、学校、商店
	保洁垃圾	户外空地、水域
餐厨垃圾	厨余垃圾(准备、烹调与膳后的废弃物，菜市场有机废弃物)	家庭、农贸市场与超市
	餐饮垃圾(泔水、剩饭剩菜等)	餐饮业、规模非营利食堂
	食品废弃物(食品贮存、加工、销售、消费过程的过期食品、腐变食品等)	食品及其半成品经营企业、家庭、餐饮业、规模非营利食堂
大件垃圾	大件家具、电器	家庭、餐厅、市场、食堂、机关、学校、商店
建筑废弃物	工程拆除物(拆除建筑物或工程的木材、钢材、混凝土、砖、石块、下挖土及其他)、营建废料(木材、钢材及其他营建的废料)	拆建场地、新建工程、装修
城镇水和污水处理厂污泥	筛除物、沉砂、浮渣、污泥	净水厂、污水厂
绿化垃圾	枝叶、花草	住宅区、商业区、户外空地、水域、工业区、农业区
粪渣	粪便及其残余物	粪坑、化粪池
动物尸骸	鸡、鸭、猫、狗、猪、牛、羊、马等尸骸	家庭、养殖场、户外空地水域
医疗垃圾	废注射器、伤口包扎物、带血废物	医院、门诊、科研机构
电子垃圾	冰箱、空调、洗衣机、电视机、计算机、手机、废电子元器件	家庭、餐厅、市场、商店、学校、机关、电子电器工厂
废弃车辆	汽车等机动车、脚踏车	家庭、企事业单位等
工业废弃物	废渣、废屑、废塑胶、废弃化学品、污泥、尾矿、包装废物	各类工业、矿厂、火力电厂
农业废弃物	农资废弃物、农作物废弃物	田野、农场、林场、禽畜养殖场、牛奶场、牧场

1. 工业固体废物

工业固体废物是指工业生产活动（包括科研）中产生的固体废物，包括工业废渣、废屑、污泥、尾矿等废弃物。

工业废渣主要包括以下几个方面。

(1) 冶金废渣　金属冶炼过程中或冶炼后排出的所有残渣废物，比如有高炉矿渣、钢渣、有色金属渣、粉尘、污泥、废屑等。

冶金废渣占工业废渣很大比例。仅以钢铁厂为例，每炼 1t 生铁产生 300～900kg 高炉矿渣，每炼 1t 钢产生 200～300kg 钢渣。这样大量的炉渣从体积上看，等于钢铁产量所占体积的四倍之多。我国每年排放的冶金废渣达 3800 多万吨。

(2) 采矿废渣　在各种矿石、煤炭的开采过程中产生的矿渣数量是极其庞大的，包括的范围很广，有矿山的剥离废渣、掘进废石、各种尾矿等。例如每采 1t 原煤要排煤矸石 0.2t 左右，若包括掘进矸石，则平均产矸石 1t。矿石精选精矿粉后，剩余的废渣称为尾矿，每选 1t 精矿粉要产生 0.5～1.0t 尾矿。我国每年排放的煤矸石达 1.1 亿吨，金属尾矿 1 亿吨。

(3) 燃料废渣 主要是工业锅炉,特别是燃煤的火力发电厂排出大量粉煤灰和煤渣。每1万千瓦时发电机组每年的灰渣量约为0.9万～1.0万吨。我国每年排放的粉煤灰和煤渣达1.15亿吨。

(4) 化工废渣 化学工业生产中排出的工业废渣主要包括电石渣、碱渣、磷渣、盐泥、铬渣、废催化剂、绝热材料、废塑料、油泥等。这类废渣往往含大量的有毒物质,对环境的危害极大。

我国每年排放的化工废渣达1700多万吨。

2. 生活废弃物

生活废弃物是指在日常生活中或者为日常生活提供服务的活动中产生的固体废物由日常生活垃圾和保洁垃圾、商业垃圾、医疗服务垃圾、城镇污水处理厂污泥、文化娱乐业垃圾等组成。城市生活垃圾是生活废弃物的主要组成部分。

城市生活垃圾主要有以下几方面。

(1) 生活垃圾 生活垃圾主要包括在日常生活中废弃的电器、塑料、煤灰渣等。

(2) 城建渣土 建材生产中排出的废渣有：水泥、黏土、玻璃废渣、砂石、陶瓷、纤维废渣等。在工业固体废物中,还包括机械工业的金属切削物、型砂等；食品工业的肉、骨、水果、蔬菜等废弃物；轻纺工业的布头、纤维、染料；建筑业的建筑废料等。我国每年排放的这些废渣达1.3亿吨。

(3) 商业固体废物 主要为废弃的包装材料、丢弃的食品等,每年约800万吨。

(4) 粪便 主要为城市居民、农村居民生活排遗。图1-5为垃圾的分类处理情况。

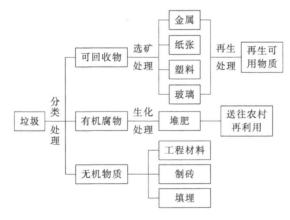

图1-5 垃圾的分类处理

3. 农业固体废物

农业固体废物是指农业生产活动中产生的固体废物,包括种植业、林业、畜牧业、渔业、副业五种农牧产业产生的废弃物。

4. 放射性固体废物

放射性固体废物包括核燃料生产及加工、同位素应用、核电站、核研究机构、医疗单位、放射性废物处理设施产生的废物。如尾矿、污染的废旧设备、仪器、防护用品、废树脂、水处理污泥以及蒸发残渣等。

图1-6表示固体废物与人类疾病的关系。

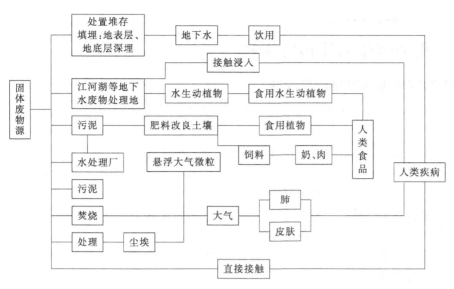

图1-6 固体废物与人类疾病的关系

三、危害

1. 侵占土地

我国历年堆存的废渣和尾矿达60亿吨，占地约59万亩，平均每1万吨渣占1亩地，侵占大量农田，与农业争地问题十分突出。

2. 污染水体

水体的污染主要表现在以下几个方面。

（1）淤塞水域　不少国家直接将固体废物倾倒入河流、湖泊、海洋，甚至把向海洋投弃作为一种处置方法。美国20世纪70年代末将15％的污泥等固体废物投弃于海洋。中国由于向水体投弃固体废物，导致80年代的江湖水面比50年代减少了2000多万亩。

（2）破坏水体　固体废物投入水体，污染水质，直接影响和危害水生生物的生存和水资源的利用。堆积的固体废物，经过雨水浸淋及自身的分解，渗出液和滤液亦会污染江河、湖泊，甚至污染地下水。废渣对水域的污染，以冶炼废渣和化工废渣最为突出，目前世界上的原子能反应堆的废渣及向深海投弃的放射性废物已严重地污染了海洋。

3. 污染大气

大气的污染主要表现在以下几个方面。

① 废物中的微粒与粉末能随风飞扬，使道路的能见度下降。

② 废渣和垃圾在堆放过程中，在周围温度、水分的作用下，使某些有机物质发生分解，产生有害气体和腐败的垃圾废物散发出的腥臭味，可对空气造成污染。

③ 有害物质本身还会散发大量毒气，使大气受到严重污染。

4. 影响环境卫生，传播疾病

由于人口剧增，使垃圾排放量也大大增加，若未经过处理直接排入周围环境，则易造成环境污染（病菌、病毒、蚊、蝇等）。1983年夏季贵阳市哈马井和望城坡垃圾堆放场所在地区同时发生痢疾流行，其原因是地下水被垃圾场渗透液污染，大肠杆菌超过饮用水标准770

倍以上，含菌量超标 2600 倍。

四、我国固体废物污染现状

1. 中国城市生活垃圾污染现状

(1) 污染生活环境　垃圾露天堆放大量氨、硫化物等有害气体释放，严重污染了大气和城市的生活环境。

(2) 严重污染水体　垃圾不但含有病原微生物，在堆放腐败过程中还会产生大量的酸性和碱性有机污染物，并会将垃圾中的重金属溶解出来，形成有机物质，重金属和病原微生物三位一体的污染源，雨水淋入产生的渗滤液必然会造成地表水和地下水的严重污染。

(3) 生物性污染　垃圾中有许多致病微生物，同时垃圾往往是蚊、蝇、蟑螂和老鼠的孳生地，这些必然危害着广大市民的身体健康。

(4) 侵占大量土地　据初步调查，2003 年全国 668 座城市中已有 2/3 被垃圾带所包围，全国垃圾存占地累计 80 万亩。

(5) 垃圾爆炸事故不断发生　随着城市中有机物含量的提高和由露天分散堆放变为集中堆存，只采用简单覆盖易造成产生甲烷气体的厌氧环境，易燃易爆。

2. 中国有毒化学固体废物污染现状

有害固体废物长期堆存，经过雨雪淋溶，可溶成分随水从地表向下渗透，向土壤迁移转化，富集有害物质，使堆场附近土质酸化、碱化、硬化，甚至发生重金属型污染。例如，一般的有色金属冶炼厂附近的土壤里，铅含量为正常土壤中含量的 10～40 倍，铜含量为 5～200 倍，锌含量为 5～50 倍。这些有毒物质一方面通过土壤进入水体，另一方面在土壤中发生积累而被植物吸收，毒害农作物。

3. 中国白色污染现状

2012 年我国塑料制品规模以上企业总产量达 5781 万吨，工业总产值近 1.7 万亿元。目前塑料加工业成为我国轻工业第一大行业，中国已成为世界上最大的塑料制品生产和消费国家。包装用塑料的大部分以废旧薄膜、塑料袋和泡沫塑料餐具的形式，被丢弃在环境中。这些废旧塑料包装物散落在市区、风景旅游区、水体、道路两侧，不仅影响景观，造成"视觉污染"，而且因其难以降解对生态环境造成潜在危害。

第四节　水　体　污　染

水是地球上赖以生存的基础，水是生命的起源。当今世界，经济在高速发展，人们对于水需求更大，然而人们却在面临前所未有的水危机。

一、水资源分布

1. 世界水资源分布

陆地上的淡水资源储量只占地球上水体总量的 2.53%，其中固体冰川约占淡水总储量的 68.69%。主要分布在两极地区，人类在目前的技术水平下，还难以利用。目前人类比较容易利用的淡水资源，主要是河流水、淡水湖泊水以及浅层地下水，储量约占全球淡水总储量的 0.3%，只占全球总储水量的十万分之七。

从各大洲水资源的分布来看,年径流量亚洲最多,其次为南美洲、北美洲、非洲、欧洲、大洋洲。从人均径流量的角度看,全世界河流径流总量按人平均,每人约合 $10000m^3$。在各大洲中,大洋洲人均径流量最多,其次为南美洲、北美洲、非洲、欧洲、亚洲。

2. 我国水资源及其分布

中国水资源总量为 2.8 万亿立方米。其中地表水 2.7 万亿立方米,地下水 0.83 万亿立方米,居世界第六位。著名的大河有长江、黄河、黑龙江、雅鲁藏布江、珠江、淮河等。新疆的塔里木河是中国最长的内流河,长 2100 多公里,由于它流过干旱的沙漠,亦被称为"生命之河"。

由于中国的主要河流多发源于青藏高原,落差很大,因此水能资源非常丰富,蕴藏量约 6.8 亿千瓦,居世界第一位。但中国水能资源的地区分布很不平衡,70%分布在西南地区。按河流统计,以长江水系为最多,占全国的近 40%,其次是雅鲁藏布江水系。黄河水系和珠江水系也有较多的水能蕴藏量。中国主要水系水能蕴藏量见表 1-2。

表 1-2 中国主要水系水能蕴藏量

水 系 名 称	水能蕴藏量/亿千瓦	比例/%
全国	6.8	100
长江	2.7	40
黄河	0.4	0.6
珠江	0.3	0.4
黑龙江	0.1	0.1
雅鲁藏布江及西藏其他河流	1.6	24

我国水资源总数多,居世界第四位,但人均占有量却相当少,仅为世界平均值的 1/4,日本的 1/2,美国的 1/4,俄罗斯的 1/12,我国属世界 13 个缺水国家之一。

除此之外,我国的水资源区域分布还极不均衡,全国 80%的水资源分布在长江流域及其以南地区,人均水资源量 $3490m^3$,亩均水资源量 $4300m^3$,属于人多、地少,经济发达,水资源相对丰富的地区。长江流域以北广大地区的水资源量仅占全国 14.7%,人均水资源量 $770m^3$,亩均约 $471m^3$,属于人多、地多,经济相对发达,水资源短缺的地区。

目前全国 600 多个城市中目前大约一半的城市缺水,水污染的恶化更使水短缺雪上加霜:我国江河湖泊普遍遭受污染,全国 75%的湖泊出现了不同程度的富营养化;90%的城市水域污染严重,南方城市总缺水量的 60%~70%是由于水污染造成的;对我国 118 个大中城市的地下水调查显示,有 115 个城市地下水受到污染,其中重度污染约占 40%。水污染降低了水体的使用功能,加剧了水资源短缺,对我国可持续发展战略的实施带来了负面影响。

二、我国淡水水体污染

中国目前日排放污水已近 1.7 亿吨,其中 80%以上未经任何处理即直接排入水体,使江河湖泊及近海海域普遍受到污染,城镇和工业区及其附近地区的地下水也普遍遭受污染。2001 年东海已发生 28 次大规模红潮,污染面积最大达 $8000km^2$。

经济发达的长江、海滦河流域和珠江流域废水排放量较大,污染严重,污径比分别为 12.8%、5.3%和 3.4%。1980 年全国废水排放总量为 315 亿吨;1995 年为 365 亿吨,北方地区已有 70%以上的河段为劣Ⅳ类水质;2001 年,全国废水排放总量达 620 亿吨,比 1980

年的几乎翻了一倍,综合水质评估80%的河段水质为劣Ⅳ类,仅能用于灌溉用水,表明水体污染依然在加剧。

我国监测的197条河流的407个断面中,Ⅰ～Ⅲ类,Ⅳ、Ⅴ类和劣Ⅴ类水质的断面比例分别为49.9%、26.5%和23.6%。七大水系中,只有珠江、长江总体水质良好,松花江为轻度污染,黄河、淮河为中度污染,辽河、海河为重度污染。

1992～1995年我国各大流域水质状况见表1-3。

表1-3 1992～1995年我国各大流域水质状况　　　　　　　　　　　　　单位:%

流域	符合Ⅰ、Ⅱ类标准				符合Ⅲ类标准				符合Ⅳ、Ⅴ类标准			
	1992年	1993年	1994年	1995年	1992年	1993年	1994年	1995年	1992年	1993年	1994年	1995年
长江	58	37	42	45	22	31	29	31	20	32	29	24
黄河	24	13	7	5	6	18	27	35	70	69	66	60
珠江	47	29	39	31	6	40	43	47	47	31	18	22
淮河	13	18	16	27	20	16	40	22	67	66	44	51
松花江	0	0	6	4	26	38	23	29	74	62	71	67
辽河	0	0	6	4	14	13	23	29	86	87	71	67
海河	16	0	32	42	10	50	24	17	74	50	44	41
内陆河	67	60	66	61	1	30	13	29	32	10	21	10

母亲河黄河1972年第一次断流,1997年断流226天,近700公里河床干涸。海河300条支流,无河不干,无河不臭。华北地下水严重超采,形成面积7万多平方公里的世界上最大的地下水漏斗区,地面下沉,海水入侵。全国668个城市中,有400多个供水不足,100多个严重缺水。20世纪90年代末以来,土地沙化速度上升到每年3400多平方公里。更可怕的是,中国水资源总量还在下降。1997年总量为27855亿立方米,而2004年就降到24130亿立方米。从20世纪50年代以来,长江上游20多条河流平均萎缩了37.1%。

超强度的人类开发对水文系统、自然环境和生态系统产生了严重的干扰甚至破坏。江河断流、水质污染、水土流失加剧、湖泊萎缩和水质咸化、土地退化和沙漠化加剧、地面沉陷、次生盐渍化、陆地水生生态环境破坏和物种灭绝等人为灾害层出不穷,不仅严重地威胁着水资源的持续利用,也极大地威胁着人类自身的生存环境安全。

一些工业废水中的主要污染物见表1-4。

表1-4 一些工业废水中的主要污染物

工业部门	废水中主要污染物
化学工业	各种盐类、Hg、As、Cd、氰化物、苯类、酚类、醛类、醇类、油类、多环芳烃化合物等
石油化学工业	油类、有机物、硫化物
有色金属冶炼	酸,重金属Cu、Pb、Zn、Hg、Cd、As等
钢铁工业	酚、氰化物、多环芳香烃化合物、油、酸
纺织印染工业	染料、酸、碱、硫化物、各种纤维素悬浮物
制革工业	铬、硫化物、盐、硫酸、有机物
造纸工业	碱、木质素、酸、悬浮物等
采矿工业	重金属、酸、悬浮物等
火力发电	冷却水的热污染、悬浮物
核电站	放射性物质、热污染
建材工业	悬浮物
食品加工工业	有机物、细菌、病毒
机械制造工业	酸,重金属Cr、Cd、Ni、Cu、Zn等,油类

三、我国海洋水体污染

海洋污染通常是指人类改变了海洋原来的状态,使海洋生态系统遭到破坏。有害物质进入海洋环境而造成的污染,会损害生物资源,危害人类健康,妨碍捕鱼和人类在海上的其他活动,损坏海水质量和环境质量等。

随着城市化的快速发展和人口数量的增长,我国海洋污染日益严重,入海流域周边的生活污水、工业废水、石油产品泄漏、海上石油开采、海水养殖的添加剂对我国近海造成了严重的污染。四大海区近岸海域中,黄海、南海近岸海域水质良,渤海水质一般,东海水质差。

据不完全统计,我国沿海自1980年以来共发生赤潮300多次,其中1989年发生的一次持续达72天的赤潮,造成经济损失4亿元,仅河北黄骅一地6666.67hm^{2}对虾就减产上万吨。

四、水体污染的危害

水体的污染,不仅影响人民生活,破坏生态,直接危害人的健康,同时还严重影响农业生产、工业生产、渔业生产。水体污染的危害见图1-7～图1-10。

图1-7 纸厂污水污染河流

图1-8 污染水体使渔业受损

图1-9 被污染的河流

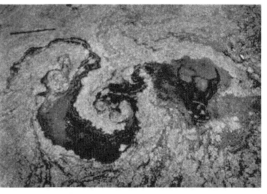

图1-10 污染水体使动物受损

1. 对人体的危害

水污染后，通过饮水或食物链，污染物进入人体，容易使人急性或慢性中毒。主要表现在：①水体中含有砷、铬、铵类、苯并[a]芘等，还可诱发癌症；②被寄生虫、病毒或其他致病菌污染的水，会引起多种传染病和寄生虫病；③重金属污染的水，对人的健康均有危害。例如被镉污染的水、食物，人饮食后，会造成肾、骨骼病变，摄入硫酸镉20mg，就会造成死亡；铅造成的中毒，会引起贫血、神经错乱；Cr(Ⅵ)化合物有很大毒性，引起皮肤溃疡，还有致癌作用。世界上80%的疾病与水有关，例如伤寒、霍乱、胃肠炎、痢疾、传染性肝类是人类五大疾病，均由水的不洁引起。

2. 对农业的危害

农业使用污水，使作物减产，品质降低，甚至使人畜受害，大片农田遭受污染，降低土壤质量。

3. 对动物的危害

含有大量氮、磷、钾的生活污水的排放，大量有机物在水中降解放出营养元素，促进水中藻类丛生，植物疯长，使水体通气不良，溶解氧下降，甚至出现无氧层，致使水生植物大量死亡，水面发黑，水体发臭形成"死湖"、"死河"、"死海"，进而变成沼泽。这种现象称为"水的富营养化"。

4. 对工业生产的影响

水质受到污染会影响工业产品的产量和质量，造成严重的经济损失。此外，水质污染还会使工业用水的处理费用增加，并可能对设备厂房、下水道等产生腐蚀，也影响正常的工业生产。

第五节　环境保护的重要性

随着人类改造自然的力量日渐强大，人类对环境的破坏变得日益严重，人地关系矛盾加剧，现已危及人类自身的生存。

一、环境与人类的关系

面对日益严重的人口、资源与环境问题，人类开始反思以往的行为对自然环境所造成的严重后果，重新认识人类与环境的关系。

1. 人类社会与自然环境的对立

人类社会与自然环境的对立，是指人类的主观需求和有目的的活动，同环境的客观属性和发展规律之间，不可避免地存在着矛盾。人类只有全面正确地认识环境，遵循环境的发展变化的内在规律来从事自身的生产和活动，才能保护好环境，促进生态平衡，否则环境问题就会随之产生。

人类在开发利用自然资源，创造高度物质文明之时，也同样给环境带来消极的副作用，伦敦烟雾事件、洛杉矶光化学事件、比利时马斯河谷事件，以至当今世界性的人口的剧增、森林锐减、臭氧层出现空洞等一系列的环境问题，无一不是大自然对人类的报复。

2. 人类社会与自然环境的统一

人类既是环境的产物，也是环境的塑造者，人类的活动不可能无止境地向环境索取，也不可能永远不加限制地向环境排放废弃物。当人类的行为遭到环境的报复而影响到人类本身的生存和发展时，人类就不得不调整自己的行为，以适应环境所能允许的范围。

随着危及人类生存的现代环境问题的出现，人类开始反省自己，并作出了一系列反应，诸如封山、造林、种草、建立自然保护区、重视对资源的控制开发和对环境的治理等，使人类的生存和发展更能适应环境的发展规律。特别是人类依靠自身的智慧和能力，不断地改造着环境，创造出更能适应人类生存发展又与环境协调的空间，以达到统一关系的最高境界。例如：英国的"雾都改观"、日本的"花园工厂"、中国的"三北"防护林带和700多处自然保护区，都说明了人类活动与环境关系的统一和改善。

人类社会与自然环境的对立统一关系，始终贯穿在人类社会发展过程之中，伴随着人类社会的发展和对环境资源需求的增长，这个关系也在不断地向前发展着，要解决人类同环境对立的矛盾，一方面有赖于生产力的发展、科学技术的进步，另一方面要大力提高全民的环境意识，实现人与环境的高度协调。

二、环境污染与人体健康

目前，人类活动造成的自然资源破坏和环境污染日益严重，全球性环境恶化已关系到人类的生存和发展，环境因素对人群健康的影响已成为人们关注的热点。

1. 大气污染对人体的危害

(1) 颗粒物 颗粒物中很大一部分比细菌还小，人眼观察不到，它可以几小时、几天或者几年浮游在大气中，其范围从几公里到几十公里，甚至上千公里。长期生活在可吸入颗粒物浓度高的环境中，呼吸系统发病率增高，特别是慢性阻塞性呼吸道疾病如气管炎、支气管炎、支气管哮喘、肺气肿和肺心病等发病率显著增高，且又可使这些患者的病情恶化，提早死亡。

(2) SO_2 SO_2是大气中主要污染物之一，是衡量大气污染的标志之一。世界上有许多城市发生过SO_2危害人群健康的事件，使很多人中毒或死亡。SO_2浓度达$20\mu L/L$时，引起咳嗽并刺激眼睛，若每天8h吸入浓度为$100\mu L/L$，支气管和肺部将出现明显的刺激症状，使肺组织受损，浓度达到$400\mu L/L$时可使人产生呼吸困难。

(3) 氟化物 氟的污染主要来源于铝的冶炼、磷矿石加工。磷肥生产、钢铁冶炼和煤炭燃烧过程的排放物。氟化氢和四氟化硅是主要的气态污染物。含氟烟尘的沉降或受降水的淋洗，会使土壤和地下水受污染。氟是积累性毒物，植物叶子、牧草能吸收氟，牛羊等牲畜吃了这种被污染饲料，会引起关节肿大、蹄甲变长、骨质变松，甚至瘫卧不起。人摄入过量的氟，在体内会干扰多种酶的活性，破坏钙、磷的代谢平衡，出现牙齿脆弱、生斑、骨骼和关节变形等症状的氟骨病。

2. 水体污染对人体的危害

水污染对人体健康带来的影响可概况为以下几个方面：水体受化学有毒物质污染后，通过饮水或食物链造成急、慢性中毒；水体受某些有致癌作用的化学物质污染，如砷、铬、镍、苯胺、苯并[a]芘等，可在悬浮物、底泥和水生生物体内蓄积，长期饮用这种水或通过食物链可能诱发癌症。

(1) 汞污染 金属汞中毒常以汞蒸气的形成引起，由于汞蒸气具有高度的扩散性和较大的脂溶性，通过呼吸道进入肺泡，经血液循环运至全身。血液中的金属汞进入脑组织后，被氧化成汞离子，逐渐在脑组织中积累，达到一定的程度就会对脑组织造成损害，另外一部分汞离子转移到肾脏。因此，慢性汞中毒临床表现主要是神经系统症状如头痛、头晕、肢体麻木和疼痛、肌体震颤、运动失调等。

（2）铬污染 铬是人体必需的微量元素，但大量的铬能危害人体健康。铬中毒主要指六价铬。由于铬的侵入途径不同。临床表现也不一样。饮用水被含铬工业废水污染，可造成腹部不适及腹泻等中毒症状；铬为皮肤变态反应原，引起过敏性皮炎或湿疹，湿疹的特征多呈小块、钱币状，以亚急性表现为主，呈红斑、浸润、渗出、脱屑、病程长，久而不愈；由呼吸道进入，可对呼吸道产生刺激和腐蚀作用，引起鼻炎、咽炎、支气管炎，严重时使鼻中膈糜烂、穿孔。

（3）砷污染 砷元素及其化合物广泛存在于环境中。有毒性的主要是砷的化合物，其中三氧化二砷即砒霜是剧毒物。一般情况下，土壤、水、空气、植物和人体都含有微量的砷。若因自然或人为因素，人体摄入砷的化合物超过自身的排泄量，如饮用水中含砷量过高，长期饮用会引起慢性中毒。若煤炭中含砷量过高，因烧煤造成的污染使人慢性中毒的事例在国内也有报道。砷及化合物进入人体后，蓄积于肾、肺、骨骼等部位，特别在毛发、指甲中贮存，砷在体内的毒性作用主要是与细胞中的酶系统结合，使许多酶的生物作用失掉活性造成代谢障碍。急性砷中毒多见于从消化道摄入，主要表现为剧烈腹疼、腹泻、恶心、呕吐，抢救不及时即造成死亡。

（4）酚污染 在酚类化合物中以苯酚毒性最大。炼焦、生产煤气、炼油等工业生产过程中所排废水中苯酚含量较高。酚类化合物侵犯神经中枢，刺激骨髓，进而导致全身中毒症状。如头昏、头痛、皮疹、皮肤瘙痒、精神不安、贫血及各种神经系统症状和食欲不振、吞咽困难、流涎、呕吐和腹泻等慢性消化道症状。这种慢性中毒经适当治疗，一般不会留下后遗症。

（5）氰化物 氰化物非常容易被人体吸收，经口、呼吸道或健康的皮肤都能进入人体内。经消化道进入在胃酸解离下，能立即水解为氢氰酸被吸收，这种物质进入血液循环后，血液中细胞色素氧化酶的 Fe^{3+}，与氰根结合，生成氰化高铁细胞色素氧化酶，丧失传递电子的能力，使呼吸链中断，细胞窒息。由于氰化物在类脂中的溶解度比较大，所以中枢神经系统首先受到危害，尤其呼吸中枢更为敏感。呼吸衰竭乃是氰化物急性中毒致死的主要原因。氰化物慢性中毒多见于吸入性中毒，经水污染引起人体慢性中毒的比较少见。

三、世界环境保护的发展历程

为了保护环境，世界各国尤其是发达国家大致经历了四个发展阶段。

1. 限制阶段

环境污染早在 19 世纪就已发生，如英国泰晤士河的污染，日本足尾铜矿的污染事件等。20 世纪 50 年代前后，相继发生了比利时马斯河谷烟雾、美国洛杉矶光化学烟雾、美国多诺拉镇烟雾、英国伦敦烟雾、日本水俣病和骨痛病、日本四日市大气污染和米糠油污染事件，即所谓的八大公害事件。由于当时尚未搞清这些公害事件产生的原因和机理，所以一般只是采取限制措施。如英国伦敦发生烟雾事件后，制定了法律，限制燃料使用量和污染物排放时间。

2. "三废"治理阶段

20世纪50年代末60年代初，发达国家环境污染问题日益突出，于是各发达国家相继成立环境保护专门机构。但因当时的环境问题还只是被看做工业污染问题，所以环境保护工作主要就是治理污染源、减少排污量。因此，在法律措施上，颁布了一系列环境保护的法规和标准，加强法治。在经济措施上，采取给工厂企业补助资金，帮助工厂企业建设净化设施；并通过征收排污费或实行"谁污染、谁治理"的原则，解决环境污染的治理费用问题。在这个阶段，投入了大量资金，尽管环境污染有所控制，环境质量有所改善，但所采取的尾部治理措施，从根本上来说是被动的，因而收效并不显著。

3. 综合防治阶段

1972年联合国召开了人类环境会议，并通过了《人类环境宣言》。这次会议成为人类环境保护工作的历史转折点，它加深了人们对环境问题的认识，扩大了环境问题的范围。宣言指出，环境问题不仅仅是环境污染问题，还应该包括生态破坏问题。另外，它冲破了以环境论环境的狭隘观点，把环境与人口、资源和发展联系在一起，从整体上来解决环境问题。对环境污染问题，也开始从单项治理发展到综合防治。

4. 规划管理阶段

20世纪80年代初，由于发达国家经济萧条和能源危机，各国都急需协调发展、就业和环境三者之间的关系，并寻求解决的方法和途径。该阶段环境保护工作的重点是：制定经济增长、合理开发利用自然资源与环境保护相协调的长期政策。要在不断发展经济的同时，不断改善和提高环境质量，但环境问题仍然是对城市社会经济发展的一个重要制约因素。1992年6月，联合国在里约热内卢召开了环境与发展大会，这标志着世界环境保护工作的新起点：探求环境与人类社会发展的协调方法，实现人类与环境的可持续发展。"和平、发展与保护环境是相互依存和不可分割的"。至此，环境保护工作已从单纯的污染问题扩展到人类生存发展、社会进步这个更广阔的范围，"环境与发展"成为世界环境保护工作的主题。

四、我国环境保护的发展历程

1. 主要发展历程

我国环境保护起步于1973年，大致可以分为5个阶段。

(1) 第一阶段（1973～1978年） 在1972年斯德哥尔摩的人类环境会议后，使中国比较深刻地了解到环境问题对经济社会发展的重大影响，意识到中国也存在着严重的环境问题，于1973年8月在北京召开了第一次全国环境保护会议，标志着中国环境保护事业的开始。提出了"全面规划、合理布局，综合利用、化害为利，依靠群众、大家动手，保护环境、造福人民"的32字环境保护方针。这一时期的环境保护工作主要有：①全国重点区域的污染源调查、环境质量评价及污染防治途径的研究；②以水、气污染治理和"三废"综合利用为重点的环保工作；③制定环境保护规划和计划；④逐步形成一些环境管理制度，制定了"三废"排放标准。

(2) 第二阶段（1978～1992年） 1983年12月，在北京召开的第二次全国环境保护会议确立了控制人口和环境保护是中国现代化建设中的一项基本国策；提出"经济建设、城乡建设和环境建设同步规划、同步实施、同步发展"的"三同步"和实现"经济效益、社会效益与环境效益的统一"的"三统一"战略方针。在这一时期，逐步形成和健全了我国环境保护的环保政策和法规体系，于1989年12月26日颁布《中华人民共和国环境保护法》，同期还制定了关于保护海洋、水、大气、森林、草原、渔业、矿产资源、野生动物等各方面的一系列法规文件。

(3) **第三阶段** (1992～2002年) 里约热内卢环境与发展大会两个月之后，党中央、国务院发布《中国关于环境与发展问题的十大对策》，把实施可持续发展确立为国家战略。1994年3月，我国政府率先制定实施《中国21世纪议程》。1996年，国务院召开第四次全国环境保护会议，发布《关于环境保护若干问题的决定》，大力推进"一控双达标"（控制主要污染物排放总量、工业污染源达标和重点城市的环境质量按功能区达标）工作，全面开展"三河"（淮河、海河、辽河）、"三湖"（太湖、滇池、巢湖）水污染防治，"两控区"（酸雨污染控制区和二氧化硫污染控制区）大气污染防治，一市（北京市）、"一海"（渤海）的污染防治。启动了退耕还林、退耕还草、保护天然林等一系列生态保护重大工程。

(4) **第四阶段** (2002～2012年) 党的十六大以来，党中央、国务院提出树立和落实科学发展观、构建社会主义和谐社会、建设资源节约型环境友好型社会、让江河湖泊休养生息、推进环境保护历史性转变、环境保护是重大民生问题、探索环境保护新路等新思想、新举措。2002年、2006年和2011年国务院先后召开第五次全国环境保护会议、第六次全国环保大会、第七次全国环保大会，作出一系列新的重大决策部署。把主要污染物减排作为经济社会发展的约束性指标，完善环境法制和经济政策，强化重点流域区域污染防治，提高环境执法监管能力，积极开展国际环境交流与合作。

(5) **第五阶段** （党的十八大以来） 党的十八大将生态文明建设纳入中国特色社会主义事业总体布局，把生态文明建设放在突出地位，要求融入经济建设、政治建设、文化建设、社会建设各方面和全过程，努力建设美丽中国，实现中华民族永续发展，走向社会主义生态文明新时代。这是具有里程碑意义的科学论断和战略抉择，标志着我们党对中国特色社会主义规律认识的进一步深化，昭示着要从建设生态文明的战略高度来认识和解决我国环境问题。

2. 主要成就

我国经过40多年的不懈努力，环境保护取得了可喜的成就，主要工作有：

(1) **环境污染防治取得重要进展** 2000年全国12种主要污染物排放量比"八五"末期下降了15%～25%，基本实现了总量控制的规划目标。1999年工业废水、SO_2、烟尘、粉尘和固体废物排放分别比1995年减少27.5%、23.3%、33.5%、28.3%和48.5%。

(2) **生态破坏的恢复工作取得进展** 加大了天然林保护工程的实施范围和保护力度；黄河、长江等七大流域加强了水土流失综合治理；启动严重荒漠化地区重点生态环境建设项目，逐步形成了合理的生态建设布局。

(3) **自然保护工作取得新的成就** 截至2000年，全国自然保护区达到了1227个，自然保护区总面积9820.8万公顷，占全国面积的9.85%。

(4) **改善农村生态环境初见成效** 目前，全国生态示范区建设试点单位总数已达213个，推动了区域经济的快速发展。

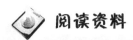 阅读资料

因环境污染引起的多起事件

一、1956年水俣病事件

日本熊本县水俣镇一家氮肥公司排放的废水中含有汞,这些废水排入海湾后经过某些生物的转化,形成甲基汞。这些汞在海水、底泥和鱼类中富集,又经过食物链使人中毒。当时,最先发病的是爱吃鱼的猫。中毒后的猫发疯痉挛,纷纷跳海自杀。没有几年,水俣地区连猫的踪影都不见了。1956年,出现了与猫的症状相似的病人。因为开始病因不清,所以用当地地名命名。1991年,日本环境厅公布的中毒病人仍有2248人,其中1004人死亡。

二、剧毒物污染莱茵河事件

1986年11月1日,瑞士巴塞尔市桑多兹化工厂仓库失火,近30t剧毒的硫化物、磷化物与含有水银的化工产品随灭火剂和水流入莱茵河。顺流而下150公里内,60多万条鱼被毒死,500公里以内河岸两侧的井水不能饮用,靠近河边的自来水厂关闭,啤酒厂停产。有毒物沉积在河底,使莱茵河遭受严重污染。

三、罗马尼亚水污染

2000年1月30日,罗马尼亚境内一处金矿污水沉淀池,因积水暴涨发生漫坝,10多万升含有大量氰化物、铜和铅等重金属的污水冲泄到多瑙河支流蒂萨河,并顺流南下,迅速汇入多瑙河向下游扩散,造成河鱼大量死亡,河水不能饮用。匈牙利、南斯拉夫等国深受其害,国民经济和人民生活都遭受一定的影响,严重破坏了多瑙河流域的生态环境,并引发了国际诉讼。

四、触目惊心的淮河水污染事件

1994年7月,淮河上游的河南境内突降暴雨,颍上水库水位急骤上涨超过防洪警戒线,因此开闸泄洪将积蓄于上游的2亿立方米水放了下来。水经之处河水泛浊,河面上泡沫密布,顿时鱼虾丧生。下游一些地方居民饮用了虽经自来水厂处理,但未能达到饮用标准的河水后,出现恶心、腹泻、呕吐等症状。经取样检验证实上游来水水质恶化,沿河各自来水厂被迫停止供水达54天之久,百万淮河民众饮水告急,不少地方花高价远途取水饮用,有些地方出现居民抢购矿泉水的场面,这就是震惊中外的"淮河水污染事件"。

第二章 "三废"污染控制技术

"三废"是指废气、废水、废渣（即固体废物）。本章主要讲述固体废物的处理、废水处理、废气处理三方面的控制技术。

第一节　气体污染控制技术

近年来，随着城市工业的发展，大气污染日益严重，空气质量进一步恶化。大气污染中首要污染物为可吸入颗粒物，由于它们直径很小，且夹杂着细菌，可以被人体吸入体内，引起疾病。加上工厂排出的 SO_x、NO_x 等有害气体，对人体的身心健康损害较大。图 2-1 为被污染了的天空。

图 2-1　被污染了的天空

一、大气环境质量标准

大气环境质量标准规定了大气环境中的各种污染物在一定的时间和空间范围内的容许含量。大气环境质量标准是大气环境保护的目标值，也是评价污染物是否达到排放标准的依据。这类标准反映了人群和生态系统对环境质量的综合要求，也反映了社会为控制污染危害在技术上实现的可能性和经济上可承担的能力。

1. 大气环境标准的种类和作用

大气环境标准按其用途可分为：大气环境质量标准、大气污染物排放标准、大气污染控制技术标准及大气污染警报标准。按其适用范围可分为：国家标准、地方标准和行业标准。

（1）大气环境质量标准 大气环境质量标准是以保障人体健康和正常生活条件为主要目标，规定出大气环境中某些主要污染物的最高允许浓度。它是进行大气污染评价，制定大气污染防治规划和大气污染物排放标准的依据，是进行大气环境管理的依据。

（2）大气污染物排放标准 以实现大气环境质量标准为目标，对污染源排入大气的污染物容许含量作出限制，是控制大气污染物的排放量和进行净化装置设计的依据，同时也是环境管理部门的执法依据。大气污染物排放标准可分为国家标准、地方标准和行业标准。

（3）大气污染控制技术标准 它根据大气污染物排放标准的要求，结合生产工艺特点、燃料、原料使用标准、净化装置选用标准、烟囱高度标准及卫生防护带标准等，都是为保证达到污染物排放标准而从某一方面作出的具体技术规定，目的是使生产、设计和管理人员易掌握和执行。

（4）大气污染警报标准 大气环境污染不致恶化或根据大气污染发展趋势，预防发生污染事故而规定的污染物含量的极限值。超过这一极限值时就发生警报，以便采取必要的措施。警报标准的制定，主要建立在对人体健康的影响和生物承受限度的综合研究基础之上。

2. 大气环境质量标准

（1）制定原则 首先，要考虑保障人体健康和保护生态环境这一大气质量目标。为此，需综合研究这一目标与大气中污染物浓度之间关系的资料，并进行定量的相关分析，以确定符合这一目标的污染物的容许浓度。

其次，标准的确定还应充分考虑地区的差异性原则。要充分注意各地区的人群构成、生态系统的结构功能、技术经济发展水平等的差异性。

除了制定国家标准外，还应根据各地区的特点，制定地方大气环境质量标准。

（2）我国的大气环境质量标准 我国于 2012 年制定 GB 3095—2012《环境空气质量标准》。列入了二氧化硫、二氧化氮、一氧化碳、臭氧（O_3）、颗粒物五种污染物的浓度标准。环境空气污染物基本项目限值见表 2-1。

表 2-1 环境空气污染物基本项目限值

序号	污染物项目	平均时间	浓度限值 一级	浓度限值 二级	单位
1	二氧化硫（SO_2）	年平均	20	60	$\mu g/m^3$
		24h 平均	50	150	
		1h 平均	150	500	
2	二氧化氮（NO_2）	年平均	40	40	
		24h 平均	80	80	
		1h 平均	200	200	
3	一氧化碳（CO）	24h 平均	4	4	mg/m^3
		1h 平均	10	10	
4	臭氧（O_3）	日最大 8h 平均	100	160	
		1h 平均	160	200	
5	颗粒物（粒径小于等于 10μm）	年平均	40	70	$\mu g/m^3$
		24h 平均	50	150	
	颗粒物（粒径小于等于 2.5μm）	年平均	15	35	
		24h 平均	35	75	

与此同时，GB 3095—2012《环境空气质量标准》还列入了环境空气污染物其他项目，总悬浮颗粒物（TSP）、氮氧化物、铅、苯并[a]芘（BaP）浓度限值，见表2-2。

表2-2 环境空气污染物其他项目浓度限值

序号	污染物项目	平均时间	浓度限值 一级	浓度限值 二级	单位
1	总悬浮颗粒物(TSP)	年平均	80	200	$\mu g/m^3$
		24h平均	120	300	
2	氮氧化物(NO_x)	年平均	50	50	
		24h平均	100	100	
		1h平均	250	250	
3	铅(Pb)	年平均	0.5	0.5	
		季平均	1	1	
4	苯并[a]芘(BaP)	年平均	0.001	0.001	
		24h平均	0.0025	0.0025	

根据环境质量基准，各地大气污染状况、国民经济发展规划和大气环境的规划目标，把环境空气按功能区分为两类：一类区为自然保护区、风景名胜区和其他需要特殊保护的区域；二类区为居住区、商业交通居民混合区、文化区、工业区和农村地区。一类区执行一级标准，二类区执行二级标准。

3. 大气污染物排放标准

制定大气污染物排放标准应遵循的原则是以大气环境质量标准为依据，综合考虑控制技术的可能性和地区的差异性。排放标准的制定方法，大体上有两种。

(1) 按最佳适用技术确定的方法 最佳适用技术是指在现阶段效果最好且经济合理的实际应用的污染物控制技术。按该技术确定污染物排放标准的方法，就是根据污染现状，最佳控制技术的效果和对现有控制得好的污染源进行损益分析来确定排放标准，这样确定的排放标准便于实施，便于监督，但有时不一定能满足大气环境质量标准，有时又可能显得过严。

(2) 按污染物在大气中的扩散规律推算的方法 按污染物在大气中扩散规律推算排放标准的方法，是以大气环境质量标准为依据，应用污染物在大气中的扩散模式推算出不同烟囱高度时的污染物容许排放量或排放浓度，或者根据污染物排放量推算出最低烟囱高度。这样确定的排放标准，由于计算式的准确性存在一定问题，各地区的自然环境条件和污染源密集程度等并不相同，对不同地区可能偏严或偏宽。

二、颗粒污染物的净化

颗粒污染物（烟尘）净化的目的是通过减少排放数量而减轻污染物对环境的影响。

1. 颗粒污染物分类

空气中颗粒污染物不仅要考虑烟尘而且要考虑气溶胶。颗粒污染物包括以下几类。

(1) 颗粒物 固体或液体细小颗粒状分布于空气流中，通常其粒径在$10\mu m$以下。

(2) 烟尘 固体颗粒由于受较大机械力作用，而暂时悬浮于介质中，通常比气溶胶颗粒大些，烟尘的直径在$0.5\sim500\mu m$之间。

(3) 气溶胶 固液微粒分散于气态介质体中，在可见状态叫做烟或雾。升华过程和冷凝过程以及通过化学反应（粒子的直径在$1.0\sim0.01\mu m$）都会产生气溶胶。实际上，气溶胶是悬浮于气体介质中的胶体。

2. 颗粒污染物性质

粉尘的粒径大小及分布对除尘机制、除尘器的设计及其运行效果都有很大影响。

(1) 粒径 一般情况下，颗粒是均匀球体，直径代表粒径。事实上颗粒大小不同，形状各异。污染物颗粒越大，处理越容易。

(2) 密度 密度主要分为堆积密度和真密度。堆积密度是自然堆积状态下，包括粉尘、附着气体及颗粒间气体在内的密度；真密度是排除吸附和内部空气后测得粉尘的密度。

(3) 比表面积 比表面积是指单位体积的粉尘具有的总表面积 S_p，单位是 cm^2/cm^3。粒子愈细，比表面积愈大，物理和化学活动性显著，如氧化、溶解、蒸发、吸附、催化等因细小颗粒比表面积大而被加速，引起粉尘的爆炸危险性和毒性增加。

(4) 润湿性 润湿性是指颗粒污染物能否与液体相互附着或附着难易的性质。

(5) 黏附性 黏附性是指颗粒相互附着或附着于固体表面上。粒径小、形状不规则、表面粗糙、含水率高、润湿性好及荷电量大易产生黏附现象。

(6) 荷电性 颗粒污染物因相互碰撞、摩擦、放射线照射、电晕放电以及接触带电体等原因而带有一定的电荷。粉尘荷电量随温度增高、表面积增大、含水量减少而增大。

(7) 电阻率 电阻率表示颗粒污染物的导电性能。电阻率是指电流通过面积为 $1cm^2$、厚度为 $1cm$ 的粉尘时具有的电阻值，单位是 $\Omega \cdot cm$。电除尘器的电阻率最适宜的范围是 $10^4 \sim 2 \times 10^{10} \Omega \cdot cm$。

(8) 爆炸性 某些粉尘（如煤粉等）达到一定浓度，就会在高温、明火、电火花、摩擦、撞击等条件下引起爆炸。颗粒污染物的粒径越小，比表面积越大，粉尘和空气的湿度越小，爆炸的危险性就越大。

3. 颗粒污染物的净化

常用的颗粒污染物的净化方法有机械法、湿法、过滤法和静电法。

(1) 机械式除尘器 机械式除尘器是指利用质量力（重力、惯性力和离心力等）分离粉尘的除尘器。常见的有重力沉降室、惯性除尘器、旋风除尘器等。

(2) 湿式除尘器 湿式除尘器是实现含尘气体与液体的密切接触，使颗粒污染物从气体中分离捕集的装置，能同时达到除尘和脱除部分气态污染物的效果，还能用于气体的降温和加湿。

湿式除尘器具有结构简单、造价低和净化效率高等优点，可以有效地除去直径为 $0.1 \sim 20\mu m$ 的液态或固态粒子，亦能脱除气态污染物。适宜净化非纤维性和非水硬性的各种粉尘，尤其是净化高温、易燃和易爆气体。选用湿式除尘器时要特别注意管道和设备的腐蚀、污水和污泥的处理、烟气抬升高度减小及冬季排气产生冷凝水雾等问题。

湿式除尘器分为高能和低能湿式除尘器。低能湿式除尘器的压力损失为 $0.25 \sim 1.5kPa$，对 $10\mu m$ 以上粉尘的净化效率可达 $90\% \sim 95\%$。高能湿式除尘器的压力损失为 $2.5 \sim 9.0kPa$，净化效率可达 99.5% 以上。

湿式除尘器常见的有喷雾塔洗涤器、旋风洗涤器、自激喷雾洗涤器、泡沫洗涤器、填料塔洗涤器、文丘里洗涤器、机械诱导喷雾洗涤器。

(3) 过滤式除尘器 过滤式除尘器是使含尘气流通过多孔过滤材料将粉尘分离捕集的装置。过滤式除尘器分为采用滤布的表面式过滤器，采用纤维、硅砂等的内部式过滤器。采用滤纸或纤维作滤料的空气过滤器，主要用于通风和空气调节工程的进气净化；采用滤布作滤料的袋式除尘器，主要用于工业废气的除尘；采用硅砂等作滤料的颗粒层除尘器，可用于高温烟气除尘。

(4) 电除尘器 电除尘器是利用静电力实现粒子与气流分离的一种除尘装置。电除尘器的能耗小，压力损失一般为200～500Pa，除尘效率高。最高可达99.99%。此外，处理气体量大，可以用于高温、高压的场合，能连续运行，并可完全实现自动控制。

电除尘器的主要缺点是初投资高，要求制造、安装和管理的技术水平较高。

电除尘器按集尘极形式不同分为管式和板式电除尘器；按气流流动方向分卧式和立式电除尘器；按电极在电除尘器内的布置分单区式和双区式电除尘器；按清灰方式分干式和湿式电除尘器。

三、硫氧化物的净化技术

硫氧化物是硫的氧化合物的总称。通常硫有四种氧化物，即 SO_2、SO_3、S_2O_3、SO。但是在大气中比较重要的还是 SO_2 和 SO_3，其混合物用 SO_x 表示。大气中的硫氧化物大部分来自煤和石油的燃烧，其余来自自然界中的有机物腐化。硫氧化物与水滴、粉尘并存于大气中，由于颗粒物中铁、锰等起催化氧化作用，而形成硫酸雾，严重时会发生煤烟型烟雾事件或造成酸性降雨。

目前世界各国开发的脱硫技术已达189种，这些技术根据在不同的阶段，可以分为首端控制、清洁燃烧、末端控制。

首端控制，是控制污染的先决一步，减排 SO_2 就是以燃料洁净加工为起点。煤的洁净加工包含物理的、化学的、生物的方法，以及多种技术联用的综合工艺，在研究这些工艺的时候，必须首先了解硫在煤中的赋存状态和煤的特性。用洁净燃料替换非洁净燃料，是最简捷有效的污染控制办法，但受到自然资源和客观条件的种种限制。

清洁燃烧技术包括型煤技术、水煤浆技术、循环硫化床技术、动力配煤与煤粉燃烧、炉内喷钙和氧化钙活化技术以及完全清洁燃烧方式，如：燃气-蒸汽联合循环和燃料电池。型煤工艺的特点就是能够调整挥发分的产率，控制可燃气体的均匀性，创造高温燃烧的条件，保证充足的氧气供应，有利于完全燃烧，实现提高热效率和减少污染排放的目标。

末端控制主要为烟气脱硫。按脱硫过程是否有水参加和脱硫产物的干湿形态，烟气脱硫可分为干法、半干法、湿法三类工艺。干法脱硫工艺包括：高能电子活化氧化法、荷电干粉喷射脱硫法等；半干法脱硫工艺包括：旋转喷雾干燥法、炉内喷钙增湿活化法、烟气循环流化床脱硫技术、增湿灰循环脱硫技术等；湿法脱硫工艺包括：石灰（石灰石）-石膏法、间接石灰（石灰石）-石膏法、钠碱法、氨吸收法、磷铵复合肥法、海水脱硫技术、活性炭法等。

四、氮氧化物净化技术

NO_x 是大气中的主要污染物之一，它是由化石燃料与空气在高温燃烧时产生的，主要包括 NO、NO_2 和 N_2O，其中 NO 占90%以上，NO_2 占5%～10%。NO_x 不仅危害人体健康，而且还是破坏环境、形成酸雨和光化学烟雾的重要物质。我国氮氧化物排放总量超过1900万吨，其中火力发电是最大来源，燃煤电厂排放700万吨，其次是工业和交通运输部门，分别贡献了23%和20%。

烟气脱硝技术分为气相反应法、等离子体活化法、吸附法、液体吸收法、微生物法等。

1. 气相反应法

(1) 选择性催化还原法（SCR） 该法是在一定的温度和催化剂作用下，利用氨或烃做还原剂可选择性地将 NO_x 还原为氮气和水的方法。此法对大气环境质量的影响不大，是目前脱硝效率较高，最为成熟，且应用最广的脱硝技术。

SCR 技术是还原剂（NH_3）在催化剂的作用下，将烟气中 NO_x 还原为氮气和水。"选择性"指氨有选择地将 NO_x 进行还原的反应。催化反应温度在 320～400℃。该技术无副产品，脱硝效率能达 80%～90% 以上。

(2) 选择性非催化还原法（SNCR） 选择性非催化还原法是在 900～1100℃ 温度范围内，无催化剂作用下，通过注入氨、尿素等化学还原剂可选择性地把烟气中的 NO_x 还原为 N_2 和 H_2O，达到去除的目的。在 SNCR 法中温度的控制是至关重要的。由于没有催化剂加速反应，故其操作温度高于 SCR 法。为避免 NH_3 被氧化，温度又不宜过高。目前的趋势是以尿素代替 NH_3 作还原剂。采用该方法一般可使 NO_x 降低 50%～60%。

2. 等离子体活化法

其特征是在烟气中产生自由基，可同时脱除 NO_x 和 SO_2。该法可分为两大类：电子束法（EBA）和脉冲电晕等离子法（PPCP）。

(1) 电子束法 该法是在烟气中加入氨的情况下，利用电子加速器产生的高能电子束辐照烟气，将烟气中的 SO_2 和 NO_x 转化成硫酸铵和硝酸铵的一种烟气脱硫脱硝技术。

(2) 脉冲电晕等离子法 脉冲电晕等离子法是靠脉冲高压电源在普通反应器中形成等离子体，产生高能电子。利用高能电子将烟气中 SO_2、NO_x、H_2O 和 O_2 等气体分子激活、电离甚至裂解，产生强氧化性基团，如—OH、—O—、O_3 等，这些活性基团与 SO_2 和 NO_x 分子作用，生成 SO_3 和 NO_2，在有氨注入的情况下，进一步生成硝酸铵等细粒气溶胶，然后由布袋过滤器或静电除尘器收集产物，从而达到净化烟气的目的。

3. 固体吸附法

固体吸附法主要包括分子筛法、泥煤法、硅胶法、活性炭法等。

(1) 分子筛法 常用的分子筛主要有丝光沸石。该物质对 N 有较高的吸附能力，在有氧条件下，能够将 NO 氧化为 NO_2 加以吸附。

(2) 泥煤法 国外采用泥煤作为吸附剂来处理 NO_x 废气，吸附 N 后的泥煤，可直接用作肥料不必再生，但是机理很复杂，气体通过床层的压力较大，目前仍处于实验阶段。

(3) 硅胶法 以硅胶作为吸附剂先将 NO 氧化为 NO_2。再加以吸附，经过加热便可解吸附，当 NO_2 的浓度高于 0.1%，NO 的浓度高于 1%～1.5% 时，效果良好，但是如果气体含固体杂质时，就不宜用此方法，因为固体杂质会堵塞吸附剂空隙而使吸附剂失去作用。

(4) 活性炭法 此法对 NO_x 的吸附过程伴有化学反应发生。NO_x 被吸附到活性炭表面后，活性炭对 NO_x 有还原作用，反应式如下：

$$C + 2NO \longrightarrow N_2 + CO_2$$

$$2C + 2NO_2 \longrightarrow 2CO_2 + N_2$$

缺点在于对 NO_x 的吸附容量小且解吸再生麻烦，处理不当又会造成二次污染，故实际应用有困难。

4. 液体吸收法

此法是利用氮氧化物通过液体介质时被溶解吸收的原理，除去 NO_x 废气。此方法设备简单、费用低、效果好，故被化工行业广泛采用。现主要方法如下。

(1) 稀硝酸吸收法　用稀硝酸作吸收剂对 NO_x 进行物理吸收与化学吸收。可以回收 NO_x，有一定的经济效益，但能耗较高。

(2) 碱液吸收法　比较各种碱液的吸收效果，以 NaOH 作为吸收液效果最好，但考虑到价格、来源、操作难易以及吸收效率等因素，工业上应用最多的吸收液是 Na_2CO_3。

(3) 氧化吸收法　对于含 NO 较高的 NO_x 废气，用浓 HNO_3、O_3、NaClO、$KMnO_4$ 等作氧化剂，先将 NO_x 吸收法中的 NO 部分氧化成 NO_2，然后再用碱性溶液吸收，以提高净化效率，费用较高。

5. 微生物法

微生物法是近年来国际上研究的一种新烟气脱硝技术。废气的生物化净化过程是利用脱氮菌的生命活动来去除废气中的 NO_x。在反硝化过程中，NO_x 通过反硝化细菌的同化反硝化还原成有机氮化物，成为菌体的一部分；异化反硝化，最终转化为 N_2。目前微生物治理技术的工业化应用是该技术研究的核心内容。主要包括反硝化、细菌去除、真菌去除和微藻去除。

目前，选择性催化还原（SCR）烟气脱硝技术因其较高的脱硝率成为燃煤电站锅炉控制 NO_x 排放的主要选择。在我国，脱硝技术处于刚起步的阶段，应在考虑需安装脱硝装置的地理位置和该单位经济技术条件的基础上选择经济且脱硝率相对较高的脱硝技术。

第二节　固体废物的处理技术

固体废物是指在生产建设、日常生活和其他活动中产生的污染环境的固态、半固态废弃物质。我国生活废物主要通过填埋、焚烧、堆肥等方式进行处理或处置，因此，也带来了占用农田，污染大气、地表水、地下水和土壤环境等大量的环境问题。

人类活动产生固体废弃物的主要原因有：

① 人类认识能力限制，导致自然环境破坏，如水土流失、森林枯死等；

② 规划水平、设计水平、制造水平、管理水平等限制，导致资源浪费，如机械加工边角边料、不合格产品等；

③ 物质变化规律限制，导致物品、物质功能的演变，如甘蔗渣、炉渣、尾矿等生产过程的副产品、报废产品、腐变食物等；

④ 虚荣心等心理限制，导致资源浪费，如过度包装等。

一、固体废物的性质

(1) 资源和废物的相对性　产品的生命周期中，生产使用过程中会产生废物，而产品使用和消耗后，再好的产品也会变成废物。固体废物具有鲜明的时间和空间特征，是错误时间放在错误地点的资源。

(2) 富集终态和污染源头的双重作用　废弃物既是各种污染物的终态，又是各种污染的源头。

(3) **危害具有潜在性、长期性和灾难性** 污染成分的迁移转化，如浸出液在土壤中的迁移，是一个十分缓慢的过程，其危害可能在数年以至数十年后才能发现。

(4) **固体废物呆滞性大，扩散性小。**

(5) **固体废物品种繁多，数量巨大。**

目前我国的固体废物主要集中在煤炭、电力、化工和冶金等四大部门，数量约占总体的10%左右。

二、固体废物的处理方法

固体废物处理指通过物理、化学、生物等不同方法，使固体废物适于运输、贮存、资源化利用，以及最终处置的过程。

固体废物的物理处理法包括破碎、分选、沉淀、过滤、离心分离等处理方式；化学处理包括热解、固化等处理方式；生物处理包括厌氧发酵、堆肥处理等方式。

固体废物处置是指固体废物的最终处理，目的在于给予固体废物一个最终的归宿。例如焚烧、综合利用、卫生填埋、安全填埋等。

1. 物理处理法

(1) **压实** 压实是一种通过对废物实行减容化，降低运输成本、延长填埋场寿命的预处理技术。压实是一种普遍采用的固体废物预处理方法。如汽车、易拉罐、塑料瓶等通常首先采用压实处理。适于压实减少体积处理的固体废物还有垃圾、松散废物、纸带、纸箱及某些纤维制品等。对于那些可能使压实设备损坏的废物不宜采用压实处理，某些可能引起操作问题的废弃物，如焦油、污泥或液体物料，一般也不宜作压实处理。

(2) **固体废物破碎** 固体废物的最大特点是体积庞大，成分复杂且不均匀，因此对固体废物进行破碎处理显得极为重要。破碎是通过人力或机械等外力的作用，破坏物体内部的凝聚力和分子间作用力而使物体破裂变碎的操作过程。

(3) **固体废物的分选** 固体废物分选是实现固体废物资源化、减量化的重要手段，通过分选将有用的充分选出来加以利用，将有害的充分分离出来；另一种是将不同粒度级别的废物加以分离。分选的基本原理是利用物料的某些性质方面的差异，将其分开。例如利用废弃物中的磁性和非磁性差别进行分离；利用粒径尺寸差别进行分离；利用密度差别进行分离等。根据不同性质，可以设计制造各种机械对固体废物进行分选。

分选包括手工捡选、筛选、重力分选、磁力分选、涡电流分选、光学分选等。

2. 化学处理法

(1) **固体废物的热解** 热解是利用有机物的热不稳定性，在无氧或缺氧条件下对之进行加热蒸馏，使有机物产生热裂解，生成小分子物质和固体残渣的不可逆的过程。通过对其进行热解处理，可以把固体废物的消极处理转变为积极的回收利用，从而把当今各国发展所遇到的两个共同难题——固体废物产量大和能源不足有机地协调起来。

(2) **固化/稳定化** 固化是指利用惰性基材（固化剂）与废物完全混合，使其生成结构完整、具有一定尺寸和机械强度的块状密实体（固化体）的过程。稳定化是指利用化学添加剂等技术手段，改变废物中有毒有害组分的赋存状态或化学组成形式，以降低毒性、溶解性和迁移性的过程。固化稳定化技术是处理重金属废物和其他非金属危险废物的重要手段，是危险废物管理中的一项重要技术，在区域性集中管理系统中占有重要的地位。

3. 生物处理法

(1) 厌氧发酵 厌氧发酵从生物学的角度来讲，是指在没有外加氧化剂的条件下，被分解的有机物作为还原剂被氧化，而另一部分有机物作为氧化剂被还原的生物学过程。厌氧发酵是一种普遍存在于自然界的微生物过程。凡是在有有机物和一定水分存在的地方，只要供氧条件不好或有机物含量多，都会发生厌氧发酵现象，使有机物经厌氧分解而产生 H_2、CH_4、CO_2 和 H_2S 等气体。

从环境污染治理的角度来说，发酵技术是指以废水或固体废物中的有机污染物为营养源，创造有利于微生物生长繁殖的良好环境，利用微生物的异化分解和同化合成的生理功能，使得这些有机污染物转化为无机物质和自身的细胞物质，从而达到消除污染、净化环境的目的。

(2) 堆肥化 堆肥化就是利用自然界广泛分布的细菌、放线菌、真菌等微生物，以及由人工培养的工程菌等，在一定的人工条件下，有控制地将有机垃圾固体废物进行生物稳定作用使可被生物降解的有机物转化为稳定的腐殖质的生物化学过程。固体废物经过堆肥化处理，制得的成品叫做堆肥。它是一类呈深褐色、质地疏松、有泥土气味的物质，形同泥炭，腐殖质含量很高，故也称为"腐殖土"，是一种具有一定肥效的土壤改良剂和调节剂。

三、固体废物处理原则

在国际上，固体废物的管理技术大约经历了 30 年的发展过程，已经从理论上和实践上确立了对固体废物，尤其是对危险性固体废物处理的原则。

1. "三化"原则

三化原则即资源化、无害化、减量化。

资源化是采取工艺措施从固体废物中回收有用的物质和能源，是固体废物的主要归属。产品生产过程中，最终产品仅占原料的 20%～30%，近 80% 的资源成为废物，同时由于其成品性质，使得开发利用固体废物有其可行性。

无害化是将固体废物通过工程处理，达到不损害人体健康，不污染周围环境的目的。如垃圾的焚烧、卫生填埋、堆废化、热处理等。在无害化处理过程中应该注意环境效应和经济效应。

减量化是通过适宜的手段减少和减小固体废物的数量和容积。对固体废物进行处理利用，属于末端处理，即固体废物的综合利用。如焚烧可以使体积减小 80%～90%。减少固体废物的产生，属于生产过程的前端处理，从资源的综合开发和生产过程中物质的综合利用着手。

资源化是以无害化为前提，无害化和减量化以资源化为条件，我国固体废物处理利用的发展趋势是从无害化走向资源化。

2. 全过程管理原则

全过程管理原则是指从固体废物的产生、收集、运输、贮存、资源化、处理直至最终处置整个过程。

按照全过程管理的原则,固体废物从产生到最终处置的每个环节都要实行监督管理,固体废物的转移跟踪管理技术是这一管理原则的重要组成部分。

第三节 工业废水处理技术

工业废水是指工业生产过程中产生的废液、废水、污水等,其中含有随水流失的工业生产用料、中间产物和副产品以及生产过程中产生的污染物。随着工业的迅速发展,废水的种类和数量迅猛增加,对水体的污染也日趋广泛和严重,威胁人类的健康和安全。

一、工业废水的分类

工业企业各行业生产过程中排出的废水,统称工业废水,其中包括生产污水、冷却水等。

废水通常有三种分类方法。

1. 按行业的产品加工对象分类

主要分为冶金废水、造纸废水、炼焦煤气废水、金属酸洗废水、纺织印染废水、制革废水、农药废水、化学肥料废水等。

2. 按工业废水中所含主要污染物分类

含无机污染物为主的称为无机废水,含有机污染物为主的称为有机废水。例如,电镀和矿物加工过程的废水是无机废水,食品或石油加工过程的废水是有机废水。这种分类方法比较简单,对考虑处理方法有利。

对易生物降解的有机废水一般采用生物处理法,对无机废水一般采用物理、化学和物理化学法处理。不过,在工业生产过程中,一种废水往往既含无机物,也含有机物。

3. 按废水中所含污染物成分分类

主要分为酸性废水、碱性废水、含酚废水、含镉废水、含铬废水、含锌废水、含汞废水、含氟废水、含有机磷废水、含放射性废水等。这种分类方法的优点是突出了废水的主要污染成分,可有针对性地考虑处理方法或进行回收利用。

除上述分类方法外,还可以根据工业废水处理的难易程度和废水的危害性,将废水中的主要污染物分为三类。

(1) **易处理危害小的废水** 如生产过程中产生的热排水或冷却水,对其稍加处理,即可排放或回用。

(2) **易生物降解无明显毒性的废水** 一般可采用生物处理法处理。

(3) **难生物降解又有毒性的废水** 如含重金属废水,含多氯联苯和有机氯农药废水等。

上述废水的分类方法只能作为了解污染源时的参考。实际上,一种工业可以排出几种不同性质的废水,而一种废水又可能含有多种不同的污染物。例如染料工业,既排出酸性废水,又排出碱性废水。纺织印染废水由于织物和染料的不同,其中的污染物和浓度往往有很大差别。

二、工业废水对环境的污染

随着我国工业的发展,工业废水的排放量日益增加,达不到排放标准的工业废水排入水体后，会污染地表水和地下水。水体一旦受到污染，要想在短时间内恢复到原来的状态是不容易的。水体受到污染后，不仅会使其水质不符合饮用水、渔业用水的标准，还会使地下水中的化学有害物质和硬度增加。

几乎所有的物质，排入水体后都有产生污染的可能性。各种物质的污染程度虽有差别，但超过某一浓度后会产生危害。

1. 有毒物质的有机废水和无机废水的污染

例如含氰、酚等急性有毒物质、重金属等慢性有毒物质及致癌物质等造成的污染。致毒方式有接触中毒（主要是神经中毒）、食物中毒、糜烂性毒害等。

2. 无毒物质的有机废水和无机废水的污染

有些污染物质本身虽无毒性，但由于量大或浓度高而对水体有害。例如排入水体的有机物，超过允许量时，水体会出现厌氧腐败现象；大量的无机物流入时，会使水体内盐类浓度增高，造成渗透压改变，对生物（动植物和微生物）造成不良的影响。

3. 含油废水产生的污染

油漂浮在水面既损美观，又会散出令人厌恶的气味。燃点低的油类还有引起火灾的危险。动植物油脂具有腐败性，消耗水体中的溶解氧。

4. 有大量不溶性悬浮物废水的污染

例如，纸浆、纤维工业等的纤维素，选煤、选矿等排放的微细粉尘，陶瓷、采石工业排出的灰砂等。这些物质沉积水底有的形成"毒泥"，发生毒害事件的例子很多。如果是有机物，则会发生腐败，使水体呈厌氧状态。这些物质在水中还会阻塞鱼类的鳃，导致呼吸困难，并破坏产卵场所。

5. 酸性和碱性废水产生的污染

除对生物有危害作用外，还会损坏设备和器材。

6. 含高浊度和高色度废水产生的污染

引起光通量不足，影响生物的生长繁殖。

7. 含有氮、磷等工业废水产生的污染

对湖泊等封闭性水域，由于含氮、磷物质的废水流入，会使藻类及其他水生生物异常繁殖，使水体产生富营养化。

8. 含有多种污染物质废水产生的污染

各种物质之间会产生化学反应，或在自然光和氧的作用下产生化学反应并生成有害物质。例如，硫化钠和硫酸产生硫化氢，亚铁氰盐经光分解产生腈等。

三、工业废水中的主要污染物与污染指标

1. 主要污染物

废水中污染物种类较多，根据废水对环境污染所造成危害的不同，废水中主要污染物有固体污染物、有机污染物、油类污染物、有毒污染物、生物污染物、酸碱污染物、需氧污染物、营养性污染物、感官污染物和热污染物等。

典型污染废水的化学成分见表 2-3。

表 2-3　典型工业废水主要化学成分

废水来源	pH	NH_3-N /(mg/L)	COD_{Cr} /(mg/L)	BOD_5 /(mg/L)	SS /(mg/L)	氰化物 /(mg/L)	硫化物 /(mg/L)
油页岩厂	7.5～8.5	1780～1840	5700～7000	—	60～1500	0.2～0.9	450～500
煤气厂	6～9	2000～3000	—	—	200～400	15～30	50～100
焦化厂	8～9	1634～1968	5245～7778	1420～2070	46～58	1.5～3.0	5.4
制革厂	6～12	—	—	220～2250	70～13700	—	—
造纸厂	8.8～10.2	0.5～2.1	2077～2767	—	634～1528	—	—
印染厂	9～12	7.7	1100	350	145	—	7.4
氮肥厂	6.5～7.5	—	—	—	—200～320	—	—
屠宰厂	7.8	90	—	1707	—	—	—

注：NH_3-N 是废水中氨氮含量；SS 是固体悬浮物含量。

废水中主要污染物见表 2-4。

表 2-4　废水中主要污染物

污染物	主　要　来　源
游离氯	氯碱厂、造纸厂、石油化工厂、漂洗车间
氨及铵盐	煤气厂、氮肥厂、化工厂、炼焦厂
镉及其化合物	颜料厂、石油化工厂、有色金属冶炼厂
铅及其化合物	颜料厂、冶炼厂、蓄电池厂、烷基铅厂、制革厂
砷及其化合物	农药使用过程、农药厂、氮肥厂、制药厂、皮毛厂、染料厂
汞及其化合物	氯碱厂、氯乙烯、乙醛等的石油化工厂、农药厂、炸药厂、汞矿山厂
铬及其化合物	颜料厂、石油化工厂、铁合金厂、皮革厂、制药厂、陶瓷厂、玻璃厂
氟化物	磷肥厂、氟化盐厂、塑料厂、玻璃制品制造厂
氰化物	煤气厂、丙烯腈生产厂、有机玻璃厂、黄血盐生产厂、电镀厂
苯酚及其他酚类	煤气厂、石油裂解厂、合成苯酚厂、合成染料厂、合成纤维厂、酚醛塑料厂、合成树脂厂、制药厂、农药厂
有机氯化物	农药厂、农药使用过程、塑料厂
有机磷化物	农药厂、农药使用过程
醛类	合成树脂厂、青霉素药厂、合成橡胶厂、合成纤维厂
硫化物	硫化染料厂、煤气厂、石油化工厂
硝基及氨基化合物	化工厂、染料厂、炸药厂、石油化工厂
油类	石油化工厂、纺织厂、食品厂
铜化合物	石油化工厂、试剂厂、矿山
放射性物质	原子能工业、放射性同位素实验室、医院
热污染	工矿企业的冷却水、发电厂
生物污染	制药厂、屠宰厂、医院、养老院、生物研究所、天然水体、阴沟
碱类	氯碱厂、纯碱厂、石油化工厂、化纤厂

一般污水中的主要污染物可分为三大类：物理性污染物、化学性污染物和生物性污染物。

物理性污染包括热污染、悬浮物质污染、放射性污染。

化学性污染包括无机无毒物污染、无机有毒物污染、有机无毒物污染（需氧有机物污染）、有机有毒物污染、油类物质污染。

生物性污染主要是指废水中的致病性微生物，它包括致病细菌、病虫卵和病毒。未污染的天然水细菌含量很低，当城市污水、垃圾淋溶水、医院污水等排入后将带入各种病原微生物。如生活污水中可能含有能引起肝炎、伤寒、霍乱、痢疾、脑炎的病毒和细菌以及蛔虫卵和钩虫卵等。生物污染物污染的特点是数量大、分布广、存活时间长、繁殖速度快。

食品工业废水的特点是有机物质和悬浮物含量高,易腐败,一般无大的毒性。其危害主要是使水体富营养化,以致引起水生动物和鱼类死亡,促使水底沉积的有机物产生臭味,恶化水质,污染环境。

2. 污染指标

污染指标可划分为物理性指标、化学性指标和生物性指标。

物理性指标有固体物质(TS)、浑浊度、颜色、嗅、味、温度、电导率等。

化学性指标包括化学需氧量(COD)、生化需氧量(BOD)、总有机碳(TOC)、有机氮、pH值、有毒物质指标等。

生物性指标主要有细菌总数、大肠菌数及病原菌等。细菌总数是指1mg水中所含有的各种细菌的总数;大肠菌数是指每升水中所含的大肠菌个数。

四、污染源调查

工业污染源调查主要有现场调查和资料分析两个部分。

1. 现场调查

① 查明工厂在所有操作条件(正常及高负荷)下的水平衡状况;
② 记下所有用水工序,并编制每个工序的水平衡明细表;
③ 从各排水工序和总排水口取水样进行水质分析;
④ 确定排放标准。

2. 资料分析

从现场获得的资料,要进行资料分析,资料分析应明确下列事项:
① 哪些工段是主要污染源;
② 有无可能将需要处理的废水和不需处理就可排放的废水进行分流;
③ 能否通过改进工艺和设备减少废水量和浓度;
④ 能否使某工段的废水不经处理就可用于其他工段;
⑤ 有无回收有用物质的可能性。

五、工业废水的处理方法

由于工业废水组成成分复杂,因此处理比较困难,特别是处理方法的选择,必须根据废水的水质和数量,排放到的接纳水体或水的用途来考虑。同时还要考虑废水处理过程中产生的污泥、残渣的处理利用和可能产生的二次污染问题,以及絮凝剂的回收利用等。

废水处理方法的选择取决于废水中污染物的性质、组成、状态及对水质的要求。一般废水的处理方法大致可分为物理法、化学法及生物法三大类。

1. 物理法

利用物理作用处理、分离和回收废水中的污染物。采用的处理方法:①筛滤截留法:筛网、格栅、滤池、微滤机、砂滤;②重力分离法:沉砂池、沉淀池、隔油池与气浮池;③离心分离法:离心机与漩流分离器。例如浮选法(或气浮法)可除去乳状油滴或相对密度近于1的悬浮物;用沉淀法除去水中相对密度大于1的悬浮颗粒的同时回收这些颗粒物;蒸发法用于浓缩废水中不挥发性的可溶性物质;过滤法可除去水中的悬浮颗粒等。

(1) 格栅 格栅一般放置在污水流程的渠道或泵站集水池进口处，由一组平行金属栅条或筛网组成。格栅的示意图见图2-2。

格栅的功能：①截留较大的悬浮物或漂浮物；②减轻后续处理构筑物的负荷；③保护后续处理构筑物或水泵机组。

(2) 破碎机 破碎机的作用是把污水中的较大的悬浮固体破碎成较小的、较均匀的碎块，仍留在污水中，随水流到后续的污水处理构筑物进行处理。

图2-2 格栅示意图

(3) 沉淀池 沉淀池的作用是水中的可沉固体物质在重力作用下下沉，从而与水分离的过程。沉淀池的结构见图2-3。

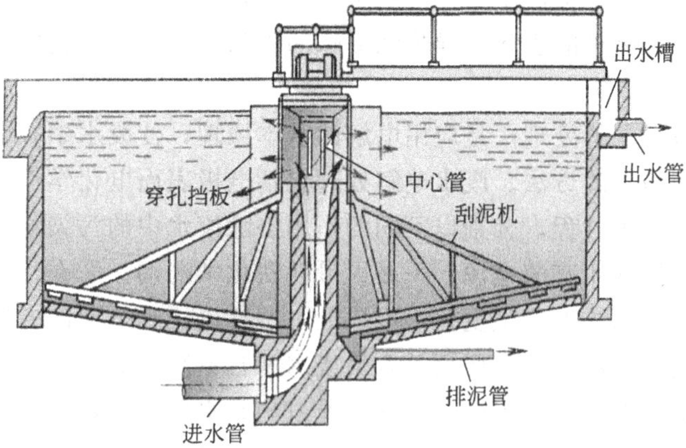

图2-3 沉淀池的结构

沉淀功能：①用于一级处理去除杂质、颗粒状物，减轻后续处理设施的负荷；②用于二级处理：二次沉淀池，分离去除生物污泥，泥水分离；③用于灌溉或氧化塘稳定水质去除水中虫卵或固体颗粒。

(4) 沉砂池 沉砂池的示意图见图2-4，结构见图2-5。沉砂池的作用是去除污水中密度较大的无机颗粒物。沉砂池一般设于泵站倒虹管前减轻机械、管道的磨损，设于初沉池前，减轻沉淀池负荷，以及改善污泥处理构筑物的处理条件。

2. 化学法

化学处理法是通过化学反应和传质作用来分离、去除废水中呈溶解、胶体状污染物或将其转化为无害物质的废水处理法。主要分为：臭氧化处理法、电解处理法、化学沉淀处理法、混凝处理法、氧化处理法、中和处理法等。化学处理法能有效地去除废水中多种剧毒和高毒污染物。例如中和法用于中和酸性或碱性废水；氧化还原法用来除去废水中还原性或氧化性污染物，杀灭天然水体中的病原菌等。

(1) 臭氧化处理法 臭氧化处理法是用臭氧作氧化剂对废水进行净化和消毒处理的方法。常用含低浓度臭氧的空气或氧气作处理剂。由于臭氧是一种极不稳定、易分解的强氧化剂，需现场制造，工艺设施主要由臭氧发生器和气水接触设备组成。

图 2-4 沉砂池示意图

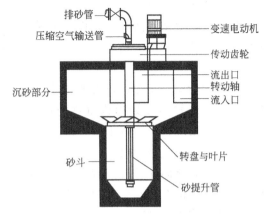
图 2-5 沉砂池的结构

污水经臭氧处理可达到降低 COD、杀菌、增加溶解氧、脱色除臭、降低浊度的目的，臭氧的消毒能力比氯更强。该法主要作用是水的消毒，去除水中酚、氰等污染物质，水的脱色，水中铁、锰等金属离子的去除，异味和臭味的去除等。优点是反应迅速、流程简单、无二次污染。

(2) 电解处理法 电解处理法是应用电解的基本原理，使废水中有害物质通过电解转化成为无害物质以实现净化的方法。废水电解处理包括电极表面电化学作用、间接氧化和间接还原、电浮选和电絮凝等过程，分别以不同的作用去除废水中的污染物。

主要优点：①使用低压直流电源，不必大量耗费化学药剂；②在常温常压下操作，管理简便；③如废水中污染物浓度发生变化，可以通过调整电压和电流的方法，保证出水水质稳定；④处理装置占地面积不大。主要用于含铬废水和含氰废水的处理。

(3) 化学沉淀处理法 化学沉淀处理法是通过向废水中投加可溶性化学药剂，使之与其中呈离子状态的无机污染物起化学反应，生成不溶于或难溶于水的化合物沉淀析出，从而使废水净化的方法。投入废水中的化学药剂称为沉淀剂，常用的有石灰、硫化物和钡盐等。

化学沉淀法的原理是通过化学反应使废水中呈溶解状态的重金属转变为不溶于水的重金属化合物，通过过滤和分离使沉淀物从水溶液中去除，包括中和沉淀法、硫化物沉淀法、铁氧体共沉淀法。由于受沉淀剂和环境条件的影响，沉淀法往往出水浓度达不到要求，需作进一步处理，产生的沉淀物必须很好地处理与处置，否则会造成二次污染。

根据沉淀剂的不同，可分为：①氢氧化物沉淀法，即中和沉淀法，是从废水中除去重金属有效而经济的方法；②硫化物沉淀法，能更有效地处理含金属废水，特别是经氢氧化物沉淀法处理仍不能达到排放标准的含汞、含镉废水；③钡盐沉淀法，常用于电镀含铬废水的处理。

化学沉淀法是一种传统的水处理方法，广泛用于水质处理中的软化过程，也常用于工业废水处理，以去除重金属和氰化物。

(4) 混凝处理法 混凝处理法是通过向废水中投加混凝剂，使其中的胶粒物质发生凝聚和絮凝而分离出来，以净化废水的方法。混凝系凝聚作用与絮凝作用的合称。前者系因投加电解质，使胶粒电动电势降低或消除，以致胶体颗粒失去稳定性，脱稳胶粒相互聚结而产生；后者系由高分子物质吸附搭桥，使胶体颗粒相互聚结而产生。

颗粒中较大的粗粒悬浮物可以利用自然沉淀去除，但是更微小的悬浮物，甚至是某些有害的化学离子，特别是胶体粒子沉降得很慢，甚至能在水中长期保持分散的悬浮状态而不能自然下沉，难以用自然沉淀的方法从水中分离除去。混凝剂的原理是破坏这些细小颗粒的稳定性，使其互相接触而凝聚在一起，形成絮状物，并下沉分离。

混凝剂可归纳为两类：①无机盐类，有铝盐（硫酸铝、硫酸铝钾、铝酸钾等）、铁盐（氯化铁、硫酸亚铁、硫酸铁等）和碳酸镁等；②高分子物质，有聚合氯化铝、聚丙烯酰胺等。处理时，向废水中加入混凝剂，消除或降低水中胶体颗粒间的相互排斥力，使水中胶体颗粒易于相互碰撞和附聚搭接而形成较大颗粒或絮凝体，进而从水中分离出来。图 2-6 表示混凝处理示意。

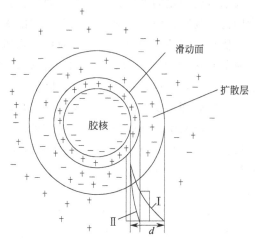

图 2-6　混凝处理示意

影响混凝效果的因素有：水温、pH 值、浊度、硬度及混凝剂的投放量等。

(5) 氧化处理法

氧化处理法是利用强氧化剂氧化分解废水中污染物，以净化废水的方法。强氧化剂能将废水中的有机物逐步降解成为简单的无机物，也能把溶解于水中的污染物氧化为不溶于水而易于从水中分离出来的物质。

常用氧化剂：①氯类，有气态氯、液态氯、次氯酸钠、次氯酸钙、二氧化氯等；②氧类，有空气中的氧、臭氧、过氧化氢、高锰酸钾等。

(6) 中和处理法　中和处理法是利用中和作用处理废水，使之净化的方法。其基本原理是，使酸性废水中的 H^+ 与外加 OH^-，或使碱性废水中的 OH^- 与外加的 H^+ 相互作用，生成弱解离的水分子，同时生成可溶解或难溶解的其他盐类，从而消除它们的有害作用。采用此法可以处理并回收利用酸性废水和碱性废水，可以调节酸性或碱性废水的 pH 值。中和处理的工艺流程见图 2-7。

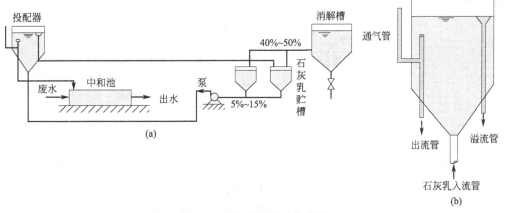

图 2-7　中和处理的工艺流程

3. 生物法

生物法处理是利用微生物的生命活动过程对废水中的污染物进行转移和转化作用，从而使废水得到净化的处理方法。其主要特征是应用微生物特别是细菌,在生化反应器中将废水中的污染物转化为微生物细胞以及简单的无机物。

优点:①处理费用低廉;②对废水水质的适用面宽;③废水生物处理法不加投药剂,可以避免对水质造成二次污染;④生物处理效果良好,不仅去除了有机物、病原体、有毒物质,还能去除臭味,提高透明度,降低色度等。

生物处理主要方法有:厌氧生物处理法、活性污泥法、生物膜法、氧化塘法。

(1) 厌氧生物处理法　厌氧生物处理法指在无氧条件下通过厌氧微生物的作用,将污水中所含的各种复杂有机物经厌氧分解转化成甲烷和 CO_2 等简单物质的过程。具有能耗低、有机负荷高、占地面积小、污泥产量少、能产生沼气等优点。厌氧微生物处理法可分为厌氧活性污泥法和厌氧生物膜法。

厌氧生物处理过程分为三个阶段:第一阶段水解酸化,在水解酶的催化下,将复杂的多糖类水解为单糖类,将蛋白质水解为氨基酸,并将脂肪水解为甘油和脂肪酸;第二阶段产酸,在产酸菌的作用下将第一阶段的产物进一步降解为比较简单的挥发性有机酸等,如乙酸、丙酸、丁酸等挥发性有机酸,以及醇类、醛类等,同时生成二氧化碳和新的微生物细胞;第三阶段产甲烷,在甲烷菌的作用下将第二阶段产生的挥发酸转化成甲烷和二氧化碳。处理后的污泥所含致病菌大大减少,臭味显著减弱,肥分变成速效的,体积缩小,易于处置。

(2) 活性污泥法　活性污泥法是一种应用最广、工艺比较成熟的废水生物处理技术。它利用含有好氧微生物的活性污泥,在通气条件下,使污水净化的生物学方法。根据曝气方式的不同,分为普通曝气法、完全混合曝气法、逐步曝气法、旋流式曝气法和纯氧曝气法。活性污泥法不仅用于处理生活污水,而且在印染、炼油、石油化工、农药、造纸和炸药等许多工业废水处理中,都取得很好的净化效果。

活性污泥中的微生物以细菌为主,还包括真菌、藻类、原生动物等。此法最大的弱点是产生大量的剩余污泥,剩余污泥已成为令人头疼的难以解决的疑难问题,研究开发从源头上不产生或少产生污泥的污水处理技术成为研究的热点。

普通活性污泥法处理系统见图 2-8。

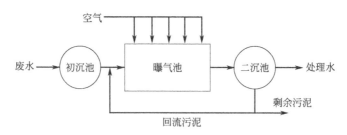

图 2-8　普通活性污泥法处理系统

(3) 生物膜法　生物膜法和活性污泥法一样都是利用微生物来去除废水中有机物的方法。生物膜是微生物高度密集的物质,是由好氧菌、厌氧菌、兼性菌、真菌、原生动物等组成的生态系统,主要用于去除废水中呈溶解的和胶体状的有机污染物。

生物膜法主要分为生物滤池法、生物转盘法、生物接触氧化池法、流化床生物膜法、悬浮颗粒生物膜法等。它广泛应用于石油、印染、造纸、农药、食品等工业废水的处理。它具有不存在污泥膨胀问题;对废水水质、水量的变化有较好的适应性;剩余污泥量少等优点。

生物膜法基本流程见图 2-9。

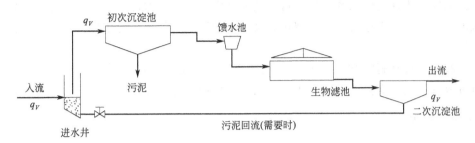

图 2-9　生物膜法基本流程

(4) 氧化塘法　氧化塘法又称生物塘法或稳定塘法，是利用一些适宜的自然池塘或人工池塘，由于污水在塘内停留的时间较长，通过水中的微生物代谢活动可以将有机物降解，从而使污水得到净化的一种方法。在氧化塘中，废水中的有机物主要是通过有机菌藻共生作用去除的。

氧化塘中同时可以进行好氧作用、厌氧性分解作用、光合作用，三种作用互相影响。氧化塘的效率较低，并需要较大的空间位置，氧化有机物所需的氧气来源常不足，引起氧化作用不完全，因而常常产生较大的臭味。由于它是一个开放系统，所以它的处理效率受季节温度波动的影响很大，这种处理系统只能在温暖的地方使用。

六、工业废水处理的基本原则

1. 工业废水的主要特点

① 水质和水量因生产工艺和生产方式的不同而差别很大。如电力、矿山等部门的废水主要含无机污染物，而造纸和食品等工业部门的废水，有机物含量很高，BOD_5（五日生化需氧量）常超过 2000mg/L，有的达 30000 mg/L。即使同一生产工序，生产过程中水质也会有很大变化，如氧气顶吹转炉炼钢，同一炉钢的不同冶炼阶段，废水的 pH 值可在 4～13 之间，悬浮物可在 250～25000 mg/L 之间变化。

② 除间接冷却水外，都含有多种同原材料有关的物质，而且在废水中的存在形态往往各不相同。如氟在玻璃工业废水和电镀废水中一般呈氟化氢（HF）或氟离子（F^-）形态，而在磷肥厂废水中是以四氟化硅（SiF_4）的形态存在。

2. 处理原则

工业废水的处理主要有以下几个原则。

(1) 选择最佳工艺　最根本的是改革生产工艺，尽可能在生产过程中杜绝有毒有害废水的产生。如以无毒用料或产品取代有毒用料或产品。

(2) 减少流失量　在使用有毒原料以及产生有毒的中间产物和产品的生产过程中，采用合理的工艺流程和设备，并实行严格的操作和监督，消除漏逸，尽量减少流失量。

(3) 合理分流　含有剧毒物质废水，如含有一些重金属、放射性物质、高浓度酚、氰等废水应与其他废水分流，以便于处理和回收有用物质。

(4) 尽可能回用　一些流量大而污染轻的废水如冷却废水，不宜排入下水道，以免增加城市下水道和污水处理厂的负荷，这类废水应在厂内经适当处理后循环使用。

(5) 合理排放　成分和性质类似于城市污水的有机废水，如造纸废水、制糖废水、食品加工废水等，可以排入城市污水系统。应建造大型污水处理厂，包括因地制宜修建的生物氧化塘、污水库、土地处理系统等简易可行的处理设施。与小型污水处理厂相比，大型污水处理厂既能显著降低基本建设和运行费用，又因水量和水质稳定，易于保持良好的运行状况和处理效果。

(6) 有毒物质降解排放　一些可以生物降解的有毒废水如含酚、氰废水，经厂内处理后，可按容许排放标准排入城市下水道，由污水处理厂进一步进行生物氧化降解处理。

 阅读资料

世界环境污染最著名的事件

一、北美死湖事件

美国东北部和加拿大东南部是西半球工业最发达的地区，每年向大气中排放二氧化硫2500多万吨。其中约有380万吨由美国飘到加拿大，100多万吨由加拿大飘到美国。20世纪70年代开始，这些地区出现了大面积酸雨区。美国受酸雨影响的水域达3.6万平方公里，23个州的17059个湖泊有9400个酸化变质。最强的酸性雨降在弗吉尼亚州，酸度值（pH）1.4。纽约州阿迪龙达克山区，1930年只有4%的湖泊无鱼，1975年近50%的湖泊无鱼，其中200个是死湖，听不见蛙声，死一般寂静。加拿大受酸雨影响的水域5.2万平方公里，5000多个湖泊明显酸化。多伦多1979年平均降水酸度值（pH）3.5，比番茄汁还要酸，安大略省萨德伯里周围1500多个湖泊池塘漂浮死鱼，湖滨树木枯萎。

二、库巴唐"死亡谷"事件

巴西圣保罗以南60公里的库巴唐市，20世纪80年代以"死亡之谷"知名于世。该市位于山谷之中，60年代引进炼油、石化、炼铁等外资企业300多家，人口剧增至15万，成为圣保罗的工业卫星城。企业主只顾赚钱，随意排放废气废水，谷地浓烟弥漫、臭水横流，有20%的人得了呼吸道过敏症，医院挤满了接受吸氧治疗的儿童和老人，使2万多贫民窟居民严重受害。

1984年2月25日，一条输油管破裂，10万加仑油熊熊燃烧，烧死百余人，烧伤400多人。1985年1月26日，一家化肥厂泄漏50t氨气，30人中毒，8000人撤离。市郊60平方公里森林陆续枯死，山岭光秃，遇雨便滑坡，大片贫民窟被摧毁。

第三章 工业废水处理与再生利用

在全国 600 多座建制市中，有近 400 座城市缺水，其中缺水严重的城市达 130 多个，全国城市每年缺水 60 亿立方米，日缺水量已超过 1600 万立方米。缺水给城市工业产值造成的损失在 1200 亿元以上，且呈增长之势。工业废水的用水比例早已超过生活用水，工业废水的处理已刻不容缓。

第一节 工业废水的处理

工业废水是指工业生产过程中产生的废水、污水和废液，其中含有随水流失的工业生产用料、中间产物和产品以及生产过程中产生的污染物。

随着工业的迅速发展，废水的种类和数量迅猛增加，对水体的污染也日趋广泛和严重，威胁人类的健康和安全。对于保护环境来说，工业废水的处理比城市污水的处理更为重要。

一、工业废水污染源控制途径

控制工业废水污染源的基本途径是减少废水排出量和降低废水中污染物浓度。

1. 减少废水排出量

减少废水排出量是减小处理装置规模的前提，必须充分注意，可采取以下措施。

(1) **废水进行分流**　将工厂所有废水混合后再进行处理往往不是好方法，一般都须进行分流。对已采用混合系统的老厂来说，无疑是困难的，但对新建工厂，必须考虑废水的分流问题。

(2) **节约用水**　每生产单位产品或取得单位产值排出的废水量称为单位废水量。即使在同一行业中，各工厂的单位废水量也相差很大，合理用水的工厂，其单位废水量低。许多工厂在枯水季节，工业用水限制为原用水量的 50% 时，生产能力并未下降。

(3) **改革生产工艺**　改革生产工艺是减少废水排放量的重要手段。措施有更换和改善原材料、改进装置的结构和性能，提高工艺的控制水平、加强装置设备的维修管理等。若能使某一工段的废水不经处理就用于其他工段，就能有效地降低废水量。

(4) **避免间断排出工业废水**　例如电镀工厂更换电镀废液时，常间断地排出大量高浓度废水，若改为少量均匀排出，或先放入贮液池内再连续均匀排出，能减少处理装置的规模。

2. 降低废水中污染物的浓度

通常，生产某一产品产生的污染物量是一定的，若减少排水量，就会提高废水污染物的浓度，但采取各种措施也可以降低废水的浓度。

一般情况下，废水中污染物来源于：①产品的一部分，由于某种原因而进入废水中，如制糖厂的糖分等；②在生产过程中产生的杂质，如纸浆废水中含有的木质素等。对于前者，若能改革工艺和设备性能，减少产品的流失，废水的浓度便会降低。后者是应废弃的成分，即使减少废水量，污染物质的总量也不会减少，因此废水中污染物浓度会增加。

可采取以下措施降低废水污染物的浓度。

(1) 改革生产工艺 尽量采用不产生污染物的工艺。例如，纺织厂棉纺的上浆，传统都采用淀粉作浆料，这些淀粉在织成棉布后，由于退浆而变为废水的成分，因此纺织厂废水中总 BOD_5 的 30%~50% 来自淀粉。最好采用不产生 BOD 的浆料，如羧甲基纤维素（CMC）的效果很好，目前已有厂家使用。但在采用此项新工艺时，还必须从毒性等方面研究它对环境的影响。其他例子很多，例如电镀工厂镀锌、镀铜时避免使用含氰的方法，已在生产上采用。

(2) 改进装置的结构和性能 废水中的污染物质是由产品的成分组成时，可通过改进装置的结构和性能来提高产品的收率，降低废水的浓度。以电镀厂为例，可在电镀槽与水洗槽之间设回收槽，减少镀液的排出量，使废水的浓度大大降低。又如炼油厂，可在各工段设集油槽，防止油类排出，以减少废水的浓度。

(3) 废水进行分流 在通常情况下，避免少量高浓度废水与大量低浓度的废水互相混合，分流后分别处理往往是经济合理的。例如电镀厂含重金属废水，可先将重金属变成氢氧化物或硫化物等不溶性物质与水分离后再排出。电镀厂有含氰废水和含铬废水时，通常分别进行处理。适于生物处理的有机废水应避免有毒物质和 pH 值过高或过低的废水混入。应该指出的是，不是在任何情况下高浓度废水或有害废水分开处理都是有利的。

(4) 废水进行均和 废水的水量和水质都随时间而变动，可设调节池进行均和。虽然不能降低污染物总量，但可均和浓度。在某种情况下，经均和后的废水可达到排放标准。

(5) 回收有用物质 这是降低废水污染物浓度的最好方法。例如从电镀废水中回收铬酸，从纸浆蒸煮废液中回收药品等。

二、工业废水处理方法的选择

1. 污染物在废水中存在的状态

在废水中，污染物有三种存在形式。

(1) 污染物溶解的溶液 污染物以分子或离子形态均匀地分散在废水中，例如苯酚废水、氨氮废水、电镀废水、冶炼行业的酸洗废水等，这种污染物的粒径一般小于 1nm，需要采用化学、物理（如吸附等）或生物（活性污泥，生物滤池等）方法来处理。

(2) 胶体 它的粒径在 1~100nm 之间，在废水中形成胶体分散体系，污染物颗粒稳定地分散在废水中，不会出现连续的下沉运动。

对于相对密度接近或大于 1 的胶体形态存在的污染物，如高分子有机物的生产废水，常采用物理化学方法，从而达到胶体失稳的目的，将污染物从水中分离出来；而对于相对密度小于 1 的污染物，则采用气浮的方法，如乳化油废水，毛纺工业洗毛污水等。

(3) 污染物颗粒 废水中粒度大于 100nm 且相对密度大于 1 的污染物颗粒，则可以在重力作用下沉降，使其从废水中得以去除，这种处理方法称为重力沉降法或沉降过程。沉降是一种采用物理作用进行固液分离的方法，利用的是悬浮颗粒和水的密度差。

2. 废水处理方法的确定

(1) 有机废水 直接过滤、好氧、厌氧、深度处理。
(2) 无机废水 自然沉降、混凝、化学沉淀、氧化、吸附、离子交换等。
(3) 含油废水 隔油、气浮、过滤等。

三、主要工业废水处理工艺

1. 农药废水特点与处理

农药品种繁多，农药废水水质复杂。其主要特点是：①污染物浓度较高，化学需氧量（COD）可达每升数万毫克；②毒性大，废水中除含有农药和中间体外，还含有酚、砷、汞等有毒物质以及许多生物难以降解的物质；③有恶臭，对人的呼吸道和黏膜有刺激性；④水质、水量不稳定。因此，农药废水对环境的污染非常严重。农药废水处理的目的是降低农药生产废水中污染物浓度，提高回收利用率，力求达到无害化。

农药废水的处理方法有活性炭吸附法、湿式氧化法、溶剂萃取法、蒸馏法和活性污泥法等。但是，研制高效、低毒、低残留的新农药，这是农药发展方向。一些国家已禁止生产六六六等有机氯、有机汞农药，积极研究和使用微生物农药，这是一条从根本上防止农药废水污染环境的新途径。

典型有机磷农药废水处理工艺见图 3-1。

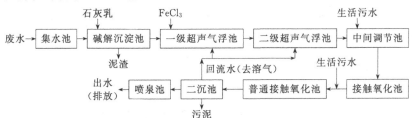

图 3-1 典型有机磷农药废水处理工艺

2. 食品工业废水污染特点与处理

食品工业原料广泛，制品种类繁多，排出废水的水量、水质差异很大。废水中主要污染物有：①漂浮在废水中固体物质，如菜叶、果皮、碎肉、禽羽等；②悬浮在废水中的物质有油脂、蛋白质、淀粉、胶体物质等；③溶解在废水中的酸、碱、盐、糖类等；④原料夹带的泥砂及其他有机物等；⑤致病菌等。

食品工业废水的特点是有机物质和悬浮物含量高，易腐败，一般无大的毒性。其危害主要是使水体富营养化，以致引起水生动物和鱼类死亡，促使水底沉积的有机物产生臭味，恶化水质，污染环境。

食品工业废水处理除按水质特点进行适当预处理外，一般均宜采用生物处理。如对出水水质要求很高或因废水中有机物含量很高，可采用两级曝气池或两级生物滤池，或多级生物转盘或联合使用两种生物处理装置，也可采用厌氧-需氧串联的生物处理系统。

典型大豆乳清废水处理工艺流程见图 3-2。

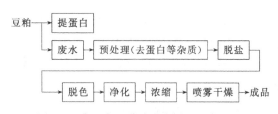

图 3-2 典型大豆乳清废水处理工艺流程

3. 造纸工业废水处理

造纸废水主要来自造纸工业生产中的制浆和抄纸两个生产过程。制浆是把植物原料中的纤维分离出来，制成浆料，再经漂白。抄纸是把浆料稀释、成型、压榨、烘干，制成纸张。这两项工艺都排出大量废水。制浆产生的废水，污染最为严重。洗浆时排出废水呈黑褐色，称为黑水，黑水中污染物浓度很高，BOD 高达 5～40g/L，含有大量纤维、无机盐和色素。漂白工序排出的废水也含有大量的酸碱物质。抄纸机排出的废水，称为白水，其中含有大量纤维和在生产过程中添加的填料和胶料。

造纸工业废水的处理应着重于提高循环用水率，减少用水量和废水排放量，同时也应积极探索各种可靠、经济和能够充分利用废水中有用资源的处理方法。例如浮选法可回收白水中纤维性固体物质，回收率可达 95%，澄清水可回用；燃烧法可回收黑水中氢氧化钠、硫化钠、硫酸钠以及同有机物结合的其他钠盐。中和法调节废水 pH 值；混凝沉淀或浮选法可去除废水中悬浮固体；化学沉淀法可脱色；生物处理法可去除 BOD，对牛皮纸废水较有效；湿式氧化法处理亚硫酸纸浆废水较为成功。

典型石灰法处理造纸废水工艺流程见图 3-3。

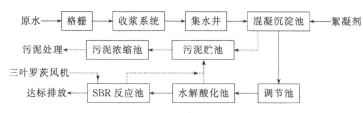

图 3-3 典型石灰法处理造纸废水工艺流程

4. 印染工业废水处理

印染工业用水量大，通常每印染加工 1t 纺织品耗水 100～200t，其中 80%～90% 以印染废水排出。

常用的治理方法有回收利用和无害化处理。

(1) 回收利用 回收利用主要有：①废水可按水质特点分别回收利用，如漂白煮炼废水和染色印花废水的分流，前者可以对流洗涤；②碱液回收利用，通常采用蒸发法回收，如碱液量大，可用三效蒸发回收，碱液量小，可用薄膜蒸发回收；③染料回收，如士林染料可酸化成为隐巴酸，呈胶体微粒，悬浮于残液中，经沉淀过滤后回收利用。

(2) 无害化处理 无害化处理可分为：①物理处理法，有沉淀法和吸附法等，沉淀法主要去除废水中悬浮物；吸附法主要是去除废水中溶解的污染物和脱色。②化学处理法有中和法、混凝法和氧化法等。中和法在于调节废水中的酸碱度，还可降低废水的色度；混凝法在于去除废水中分散染料和胶体物质；氧化法在于氧化废水中还原性物质，使硫化染料和还原染料沉淀下来。③生物处理法有活性污泥、生物转盘、生物转筒和生物接触氧化法等。

为了提高出水水质，达到排放标准或回收要求往往需要采用几种方法联合处理。印染废水处理工艺流程见图3-4。

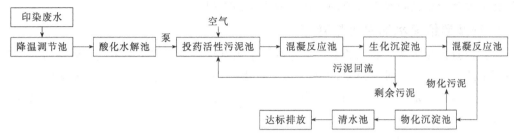

图3-4 印染废水处理工艺流程

5. 冶金废水治理及发展趋势

冶金废水的主要特点是水量大、种类多、水质复杂多变。按废水来源和特点分类，主要有冷却水、酸洗废水、洗涤废水（除尘、煤气或烟气）、冲渣废水、炼焦废水以及由生产中凝结、分离或溢出的废水等。

冶金废水治理发展的趋势：①发展和采用不用水或少用水及无污染或少污染的新工艺、新技术，如用干法熄焦，炼焦煤预热，直接从焦炉煤气脱硫脱氮等；②发展综合利用技术，如从废水废气中回收有用物质和热能，减少物料燃料流失；③根据不同水质要求，综合平衡，串流使用，同时改进水质稳定措施，不断提高水的循环利用率；④发展适合冶金废水特点的新的处理工艺和技术，如用磁法处理钢铁废水具有效率高、占地少、操作管理方便等优点。

铅锌冶炼废水处理工艺流程见图3-5。

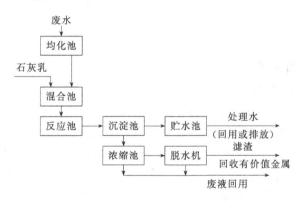

图3-5 铅锌冶炼废水处理工艺流程

第二节 典型工业废水处理与资源化

一、制浆造纸废水处理与资源化

制浆造纸废水是指化学法制浆产生的蒸煮废液（又称黑液、红液），洗浆漂白过程中产生的中段水及抄纸工序中产生的白水，它们都对环境有着严重的污染。一般每生产1t硫酸盐浆就有1t有机物和400kg碱类、硫化物溶解于黑液中；生产1t亚硫酸盐浆约有900kg有机物和200kg氧化物（钙、镁等）和硫化物溶于红液中。废液排入江河中不仅严重污染水源，也会造成大量的资源浪费。如何消除造纸废水污染并使废液中的宝贵资源得到利用是一项具有重大社会意义和经济价值的工作，应当受到重视。

1. 制浆造纸废水的来源与特点

(1) 蒸煮工段废液　我国绝大部分造纸厂采用碱法制浆而产生黑液。黑液中所含的污染物占到了造纸工业污染排放总量的90%以上，黑液中的主要成分有三种，即木质素、聚戊糖和总碱。木质素是一类无毒的天然高分子物质，作为化工原料具有广泛的用途，聚戊糖可用作牲畜饲料。

黑液主要成分见表3-1。

表3-1　黑液成分分析

指标	pH	总碱/(g/L)	有机物/(g/L)	固形物/(g/L)	木质素/(g/L)	COD/(mg/L)	BOD/(mg/L)
数值	12	31.3	93.2	129	23.5	93000	25344

(2) 中段水　制浆中段废水是指经黑液提取后的蒸煮浆料在筛选、洗涤、漂白等过程中排出的废水，颜色呈深黄色，占造纸工业污染排放总量的8%～9%，每吨浆COD负荷310kg左右。中段水浓度高于生活污水，BOD和COD的比值在0.20～0.35之间，可生化性较差，有机物难以生物降解且处理难度大。中段水中的有机物主要是木质素、纤维素、有机酸等，以可溶性COD为主。其中，对环境污染最严重的是漂白过程中产生的含氯废水，例如氯化漂白废水、次氯酸盐漂白废水等。

(3) 白水　白水即抄纸工段废水，它来源于造纸车间纸张抄造过程。白水主要含有细小纤维、填料、涂料和溶解了的木材成分，以及添加的胶料、湿强剂、防腐剂等，以不溶性COD为主，可生化性较低，其加入的防腐剂有一定的毒性。白水水量较大，但其所含的有机污染负荷远远低于蒸煮黑液和中段废水。

2. 废水的处理和资源化

(1) 黑液的处理与资源化

① 碱回收法　碱回收处理法是目前解决黑液问题比较有效的方法，通过黑液提取、蒸发、燃烧、苛化四个主要工段，可将黑液中的SS、COD、BOD一并彻底去除，并可回收碱，产生二次蒸汽。然而，碱回收系统技术要求高，设备投资较高，由于中小型造纸厂一般无力承担建设碱回收系统所需的高额费用，碱回收系统目前仅主要应用于大型造纸厂。此外，草浆厂产生的白泥中硅含量高，不易回烧成石灰，白泥有可能造成二次污染。

② 酸析法　传统的酸析法是将碱性黑液用酸沉淀，分离出木质素，再将废水与中段水混合进行好氧、厌氧生化处理。这种工艺比较成熟，与碱回收处理法相比，最大的优点是设备投资少，可以在中小型造纸厂应用。但这种方法分离出的木质素灰分高、杂质多、利用困难，且这种工艺用酸量大、成本高、设备腐蚀严重，易造成酸泄漏事故，危害后续生化处理单元。

利用烟道气酸析黑液是近年来处理黑液的另一种方法。对蒸煮黑液进行烟道气酸析，其酸析过程兼具强酸和弱酸酸析的特点，净化效果可达到硫酸酸化法的水平，而终点pH值却较硫酸法高2～2.5个pH值，极大地减轻了二次酸性废水的污染。该工艺采用了以废治废的方法，既消除了烟道气污染，又避免了木质素沉淀堵槽的现象，从而提高了碱的回收率，降低了吨碱的耗电量。用该法处理造纸黑液，木质素去除率高达85%～97%，色度、COD、硅去除率分别为75.94%、63.18%和87.32%。

黑液烟道气酸析工艺流程如图3-6所示。

图3-6 黑液烟道气酸析工艺流程

③ 燃烧法　燃烧法的工艺流程是利用烟道气余热、外加煤热量蒸发浓缩黑液，然后将木质素等有机物燃烧，同时回收碱。这种工艺的工业化技术已经比较成熟。燃烧法每吨黑液的投资较碱回收法稍低，但运行成本较高。该工艺流程如图3-7所示。

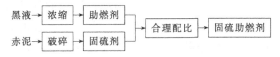

图3-7 黑液研制固硫助燃剂工艺

(2) 中段水的处理

① 化学氧化法　化学氧化法是指利用强氧化剂的氧化性，在一定条件下与中段水中的有机污染物发生反应，从而达到消除污染的目的。常见的强氧化剂有氯、二氧化氯、臭氧、双氧水、高氯酸和次氯酸盐等。

臭氧因具有很高的氧化电位（$E_0=2.07V$）而对中段水有很好的脱色效果。臭氧浓度为20mg/L时，只要90min就可以去除中段水色度的90%，而且其中85%是在15min内完成的。有大量自由基参加的化学氧化处理工艺称为高级化学氧化法，此处理工艺可使废水中有机污染物彻底分解，是近年来备受重视的水污染治理新技术。

② 生物法　生物法是利用微生物降解代谢有机物为无机物来处理废水。通过人为的创造适于微生物生存和繁殖的环境，使之大量繁殖，以提高其氧化分解有机物的效率。根据使用微生物的种类，可分为好氧法、厌氧法等。

好氧法是利用好氧微生物在有氧条件下降解代谢处理废水的方法，常用的好氧处理方法有活性污泥法、生物膜法、生物接触氧化法、生物流化床法等方法。

厌氧法是在无氧的条件下，通过厌氧微生物降解代谢来处理废水的方法。厌氧法的操作条件要比好氧法苛刻，但具有更好的经济效益，因此也具有重要的地位。目前开发出的有厌氧塘法、厌氧滤床法、厌氧流动床法、厌氧膨胀床法、厌氧旋转圆盘法、厌氧池法、升流式厌氧污泥床（UASB）法等。

通常为了取得更好的处理效果，将好氧法和厌氧法联合使用。该组合工艺流程如图3-8所示。

图3-8 中段水ABR-SBR组合处理工艺

(3) 白水的处理与回用

① 气浮法　气浮法是白水处理中较常用的方法。白水中所含的物质为短纤维、填料、胶状物以及溶解物，它经过调节后在气浮池内与减压后的溶气水混合，进行气浮操作过程。

完成分离后，清水入清水池供造纸机回用，短纤维进入浆池供造纸机回用。

气浮法在我国造纸企业中有较广的应用。牡丹江恒丰纸业集团使用气浮法使纤维、填料与水分离，得到较为满意的效果，处理后的水全部回用。该处理工艺见图 3-9。

图 3-9　气浮法处理工艺

② 过滤法　应用于白水处理的过滤法常见的有两种：真空过滤法和微滤法。

真空过滤法具有过滤速度快、处理量大、工艺过程稳定、占地面积小、基建费用少、运行费用低等特点，处理后的白水可直接用于造纸过程。近年来国内的一些大型造纸企业大力推广真空过滤机用于白水处理，使得白水的处理与循环回用的程度大大提高。

微滤法采用的过滤介质为不锈钢丝网或化纤网，其过滤孔径的大小可根据用户的废水种类、浓度等的不同而随意选择，最小孔径当量可小于 $20\mu m$。其优点更在于工艺简单、占地少、投资省；过滤能力大、效率高、运行费用低、操作极其简便。

③ 膜分离法　膜分离技术处理造纸白水，可以较彻底去除造纸白水中的金属离子和溶解性无机盐物质，是实现造纸零排放目标的有效措施之一。膜分离方法处理造纸白水的分析结果表明：TOC、COD 的去除率分别达到 78%～96%、88%～94%，而电导率的下降率达 95%～97%。然而，膜分离法处理水量能力不大、费用较高，在用于造纸白水处理方面还处于实验室的研究阶段，距离实际生产还有很长的路要走。

二、纺织印染废水处理及再生利用

纺织废水主要是原料蒸煮、漂洗、漂白、上浆等过程中产生的含天然杂质、脂肪以及淀粉等有机物的废水。印染废水是洗染、印花、上浆等多道工序中产生的，含有大量染料、淀粉、纤维素、木质素、洗涤剂等有机物，以及碱、硫化物、各类盐类等无机物，污染性很强。

1. 各类纺织印染废水的特征

(1) 棉纺织印染废水　棉纺织物印染废水（包括前处理工序、染色或印花及后整理工序）均为有机性废水，主要成分为人工合成有机物及部分天然有机物，并含有一定量难生物降解物质。

(2) 毛纺织印染废水　毛纺织产品染色过程中主要使用酸性染料，染料上染率较高，染色废水的色度相对较低。毛纺织产品染色废水可生物降解性较好，很适宜采用生物化学方法进行处理。

(3) 丝纺织印染废水　真丝绸印染废水为中性有机性废水，可生物降解性好，废水中有机物含量相对低些。

(4) 麻纺织印染废水　麻纺纤维为纤维素纤维，其加工过程中产生脱胶废水和印染废水。麻纺产品生产过程中脱胶废水为高浓度的有机性废水，较易生物降解。麻纺织产品加工过程中排放的印染废水与棉纺织印染废水相近，只是色度略低。

2. 处理工艺流程

(1) 棉纺印染废水处理　根据棉纺印染废水的水质特点，废水处理的主要对象是碱度、不易生物降解或生物降解速度极为缓慢的有机质、染料色素以及有毒物质等。

国内棉及棉纺织物染色废水多采用以好氧处理为主的处理工艺。典型的纯棉织物及棉混纺织物染色废水处理流程如图 3-10 所示。

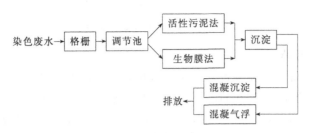

图 3-10　纯棉织物染色废水处理流程

(2) 毛纺织印染废水　毛纺织印染废水处理包括前处理废水和染整废水。

前处理废水主要是洗毛废水。原毛中含有各种杂质，其中主要有动物脂、汗和固体杂质等，去掉这些杂质的过程称为洗毛，因而洗毛废水浓度高，其中含有大量动物脂。根据其特点，应进行脱脂处理，脱脂一般采用酸或盐类裂解、离心分离以及溶剂萃取，脱脂下来的羊毛脂均应回收作为其他化工原料。

洗毛废水污染物浓度极高，偏碱性，可生化性较好。其废水水质一般为：COD_{Cr} 20000～30000mg/L，BOD_5 8000～12000mg/L，pH 值 8～9，脂类 3000～5000mg/L。

染整废水根据加工的工艺和产品不同而不同。粗纺产品染色时主要使用酸性染料和媒介染料，分毛染和坯染。毛混纺织物还使用分散、阳离子和直接染料等。其生产废水的 pH 值一般在 7 左右，污染物主要为漂洗和染色残液。

一般来说，毛纺织物染整主要使用酸性染料、阳离子染料和分散染料，废水污染物浓度不高，大多呈中性，可生化性较好。其印染废水水质一般为：COD_{Cr} 500～900mg/L，BOD_5 250～400mg/L，pH 值 6～9，色度 100～300 倍。

毛纺织印染废水处理工艺见图 3-11。

图 3-11　毛纺织印染废水处理工艺

(3) 丝纺织废水处理工艺

① 丝脱胶废水处理　浓脱胶废水其浓度指标一般为 COD_{Cr} 5000～10000mg/L，BOD_5 2500～5000mg/L，pH＝9.0～9.5。

丝脱胶废水处理流程见图 3-12。

图 3-12　丝脱胶废水处理流程

② 化纤仿真丝绸印染废水　化纤仿真丝绸产品生产过程中，产生碱减量废水和印染废水。其中碱减量废水是难降解高浓度有机废水。

多数企业将碱减量残液单独处理到一定程度后再与印染废水混合进行处理。碱减量废水一般采用降温和加酸中和办法降低其 pH 值，再与其他废水混合处理。当碱减量废水水量较小时，也可与印染废水混合在一起进行统一处理。化纤仿真丝绸印染废水处理工艺流程见图 3-13。

图 3-13 化纤仿真丝绸印染废水处理工艺

(4) 麻纺织印染废水

① 麻脱胶废水　麻纺织印染产品加工过程中,产生麻脱胶废水和印染废水。麻脱胶工艺煮炼过程中产生可生化性较好的脱胶废水,其废水 $BOD_5/COD_{Cr}=0.3\sim0.4$,废水呈棕褐色。$COD_{Cr}$ 值一般为 $10000\sim15000mg/L$,洗麻水、浸酸水等中段废水水量较大,其 COD_{Cr} 值为 $400\sim500mg/L$。此外,漂酸洗水的 COD_{Cr} 值为 $100\sim150mg/L$。这几种废水混合后其 COD_{Cr} 值约为 $2500\sim4000mg/L$,BOD_5 $800\sim1500mg/L$,SS $200\sim600mg/L$,pH= $9\sim12$,色度 $400\sim600$ 倍。麻脱胶废水为高浓度偏碱性有机废水,可生物降解性较好。

其处理流程示于图 3-14。

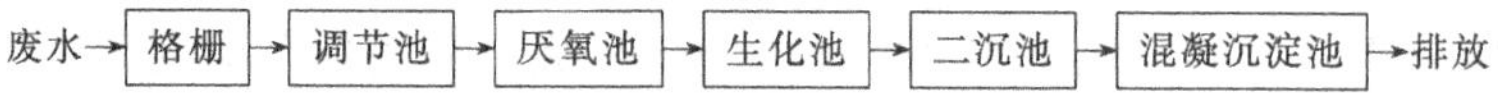

废水→格栅→调节池→厌氧池→生化池→二沉池→混凝沉淀池→排放

图 3-14　麻脱胶废水处理工艺

② 麻纺织印染废水　该废水水质除色度较大外,其余与棉纺织印染废水相近,处理工艺可参考图 3-15。

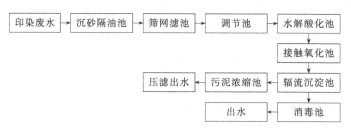

图 3-15　麻纺织印染废水处理工艺

三、白酒废水处理与再生利用

白酒酿造产生的污水主要是甑锅底水、发酵废水(又称黄水)、冷却水、清洗场地用水及洗甑用水等。酿酒底锅水属高浓度有机废水,其特点是:COD_{Cr} 高,pH 低,色度较高,间断排放,负荷波动较大。废水来源于蒸煮工段,含有少量漏出的酿酒原料,如高粱、谷壳等。废水 BOD_5/COD_{Cr} 的比值约 0.45,可生化性较好。冲洗晾堂水也是间断排放,两种废水混合后,COD_{Cr} 平均值为 $10000mg/L$。废水中的污染物属第Ⅱ类污染物。

典型白酒废水处理工艺流程见图 3-16。

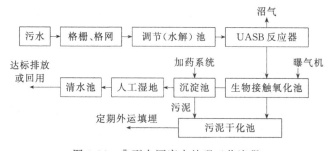

图 3-16　典型白酒废水处理工艺流程

白酒废水经格栅、格网进入调节（水解）池，在此进行水解酸化，沉淀除砂并使废水均质均量，经过预处理的废水进入 UASB 反应器进行厌氧处理，使大部分难降解的污染物得到降解和形成易好氧降解的物质，后续进入生物接触氧化池中，进行曝氧好氧生物处理。由于该废水污染物浓度较高，特别是含有较高浓度的氮、磷和悬浮物、色度，要使处理后废水能够达标排放，还需要进行混凝沉淀和植物净化物理处理。确保出水各项指标达标排放，同时可实现中水回用。剩余污泥泵入污泥池浓缩后，经污泥压滤机进行压滤脱水处理，干化后的污泥外运填埋。

四、啤酒废水处理及回用工程

啤酒行业排放的废水量相当大，一般为 10～30t/t 啤酒，废水排放量接近于耗水量的 90%。啤酒废水含有较高浓度的有机物，如未经处理直接排入自然水体后，会使水中的微生物大量繁殖，造成水体缺氧，最终导致水质发黑变臭，严重污染环境。

1. 啤酒废水来源

啤酒废水主要来源有：麦芽生产过程的洗麦水、浸麦水、发芽降温喷雾水、麦糟水、洗涤水、凝固物洗涤水；糖化过程的糖化水、过滤洗涤水；发酵过程的发酵罐洗涤水、过滤洗涤水；灌装过程洗瓶、灭菌水及破瓶啤酒；冷却水和成品车间洗涤水等。

啤酒废水主要来源见图 3-17。

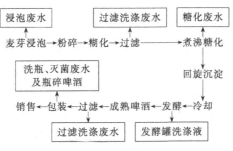

图 3-17 啤酒废水主要来源

2. 国内啤酒厂废水成分

啤酒生产过程用水量很大，特别是酿造、灌装工序过程，由于大量使用新鲜水，相应产生大量废水。由于啤酒的生产工序较多，不同啤酒厂生产过程中吨酒耗水量和水质相差较大，管理和技术水平较高的啤酒厂吨酒耗水量为 8～12t。

国内啤酒行业废水水质情况见表 3-2。

表 3-2 国内啤酒行业废水水质情况

废水种类	废水来源	占总废水量/%	COD/(mg/L)	混合废水 COD/(mg/L)	综合废水 COD/(mg/L)
高浓度有机废水	麦糟水、刷锅水	5～10	20000～40000	4000～6000	1000～1500
	洗涤水、洗酵母水	20～25	2000～3000		
低浓度有机废水	浸麦水、刷锅水、冲洗水	20～25	300～400	300～700	
	酒桶、酒瓶洗涤水	30～40	500～800		

3. 啤酒废水的主要处理方法

由于啤酒废水的水量较大，水中污染物主要为有机物且浓度高，目前国内多数企业均主要采用生化法处理啤酒废水,即主要采用好氧生物处理法、厌氧生物处理法两种。

(1) 好氧生物处理 好氧生物处理是指在氧气充足的条件下,利用好氧微生物的生命活动氧化啤酒废水中的有机物,主要产物为 CO_2、H_2O。

好氧生物处理法主要有:活性污泥法、生物膜法、氧化塘法、膜-生物反应器等。

(2) 厌氧生物处理 厌氧生物处理适用于高浓度有机废水($COD_{Cr}>2000mg/L$,$BOD_5>1000mg/L$)。它是在无氧条件下,靠厌气细菌的作用分解有机物。在这一过程中,参加生物降解的有机基质有50%~90%转化为沼气(甲烷),而发酵后的剩余物又可作为优质肥料和饲料。因此,啤酒废水的厌氧生物处理受到了越来越多的关注。厌氧生物处理包括多种方法,但以升流式厌氧污泥床(UASB)技术在啤酒废水的治理方面应用最为成熟。UASB的主要组成部分是反应器,其底部为絮凝和沉淀性能良好的厌氧污泥构成的污泥床,上部设置了一个专用的气-液-固分离系统(三相分离室)。废水从反应器底部加入,在向上流、穿过生物颗粒组成的污泥床时得到降解,同时生成沼气(气泡)。气、液、固(悬浮污泥颗粒)一同升入三相分离室,气体被收集在气罩里,而污泥颗粒受重力作用下沉至反应器底部,水则经出流堰排出。

4. 啤酒废水处理主要工艺

目前啤酒废水处理的主要工艺好氧处理的SBR法和厌氧处理的UASB法两种,其中有代表性的主要有酸化-SBR法和UASB-厌氧接触氧化工艺。

(1) 酸化-SBR法处理啤酒废水 该工艺主要处理设备是酸化柱和SBR反应器。这种方法在处理啤酒废水时,在厌氧反应中,放弃反应时间长、控制条件要求高的甲烷发酵阶段,将反应控制在酸化阶段。酸化-SBR法处理高浓度啤酒废水效果较好,去除率均在93.5%以上,最高达99%左右。该法处理啤酒废水受进水碱度和反应温度的影响,最佳温度24℃左右,最佳碱度范围是450~700mg/L。

工艺优点:①水解、酸化阶段反应迅速,水解池体积小;②便于维护,易于放大,不需要收集产生的沼气,因而降低了造价;③产生的剩余污泥量少。

典型酸化-SBR法处理啤酒废水工艺流程见图3-18。

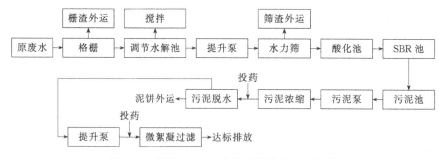

图3-18 酸化-SBR法处理啤酒废水工艺流程

(2) UASB-厌氧接触氧化工艺处理啤酒废水 该处理工艺主要处理设备是上流式厌氧污泥床和厌氧接触氧化池,处理主要过程为:废水经过转鼓过滤机,转鼓过滤机对SS的去除率达9%以上,随着麦壳类有机物的去除,废水中的有机物浓度也有所降低。调节池既有调节水质、水量的作用,还由于废水在池中的停留时间较长而有沉淀和厌氧发酵作用。由于增加了厌氧处理单元,该工艺的处理效果非常好。该工艺处理效果好、操作简单、稳定性高。

工艺优点：①处理效率高、运行稳定、能耗低、容易调试；②COD 的去除率达 97% 左右；③悬浮物的去除率达 98% 左右。

该工艺非常适合在啤酒废水处理中推广应用，典型 UASB 啤酒废水处理工艺见图 3-19。

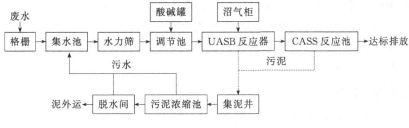

图 3-19　UASB 啤酒废水处理工艺

(3) 生物接触氧化法处理啤酒废水　该工艺采用水解酸化作为生物接触氧化的预处理，水解酸化菌通过新陈代谢将水中的固体物质水解为溶解性物质，将大分子有机物降解为小分子有机物。水解酸化不仅能去除部分有机污染物，而且提高了废水的可生化性，有益于后续的好氧生物接触氧化处理。该工艺在处理方法、工艺组合及参数选择上是比较合理的，充分利用各工序的优势将污染物质转化、去除。

生物接触氧化法处理啤酒废水工艺流程见图 3-20。

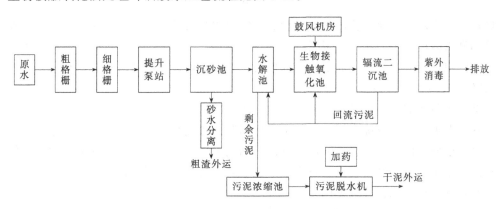

图 3-20　生物接触氧化法处理啤酒废水工艺

工艺流程简介如下。

① 格栅初沉池　格栅主要拦截废水中较大漂浮物，沉降废水中的悬浮物（如酒糟、啤酒花及凝聚蛋白）、细小的麦糟和酵母，在进入调节池前分离去除，避免悬浮物在沉淀池、生物接触氧化池中积累，防止超量的悬浮物对已形成的颗粒污泥床的冲击，以保护设备的正常运行，减少后续处理单元负荷。

② 调节池　啤酒废水水质水量波动较大，进行水质水量调节是必要的，调节池主要是起到稳定流动。

③ 水解酸化池　使废水在缺氧的工况下（溶解氧控制在 0.5mg/L 以下），发生酸化和腐化反应，进一步改善和提高废水的可生化性，对提高后续好氧反应生化速率，缩短生化反应时间，减少能耗和降低运行费用具有重要意义。

④ 生物接触氧化池　生化池内设置曝气装置，设置组合填料，此填料比表面积大，易结膜。

五、氯碱生产废水处理与再生利用

1. 氯碱废水的来源及危害

氯碱生产中的废水主要来源于蒸发、固碱、聚合、电解等工序。废水排入水体后，不但会使水的渗透压增高，而且对淡水中的水生生物也有不良影响。钙、镁离子会使水的硬度增高，给工业和生活带来不利因素。强酸或强碱流入水体后，会使 H^+ 浓度（pH 值）发生变化，对水生生物产生毒害作用。

2. 氯碱废水的治理

(1) 聚合装置水的综合利用 聚合装置用纯水 $40m^3/h$ 左右，其中 $30m^3$ 来自净化水装置的纯水，$10m^3$ 来自母液回收水。采用离心母液工艺，提高了废水利用率，减少了废水排放，废水汽提产生的少量废水和离心母液处理后的废水都送入有机污水处理站处理。

离心母液的处理再利用见图 3-21。

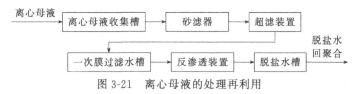

图 3-21 离心母液的处理再利用

(2) 含氯废水的治理 我国在 20 世纪 70 年代初开始采用直接喷淋法冷却氯气，至今仍有部分小型氯碱厂采用。70 年代中期，改直接冷却为钛管冷却器二段间接冷却，并且在全国迅速推广使用，减少氯水排放量及氯的损失。后来成功地采用蒸汽加热解析法，使外排氯水含氯降到 $2g/L$ 以下，大大减轻了水源污染。

烧碱装置氯水的产生包括：电解工序氯气冷却器、脱氯塔冷凝器、真空泵气液分离器产生的氯水及氯处理工序氯洗涤塔、氯气Ⅰ段冷却器、氯气Ⅱ段冷却器、氯气水雾分离器等产生的氯水。电解工段产生的氯水通过自流汇集到氯水集中槽，氯处理工序的氯水通过氯水循环泵送到氯水集中槽，经氯水泵送真空脱氯装置和淡盐水一并脱氯回用。

氯水处理与回用工艺流程见图 3-22。

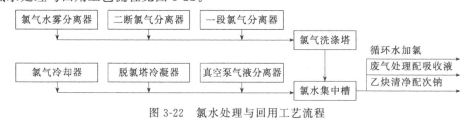

图 3-22 氯水处理与回用工艺流程

(3) 含汞废水治理 含汞废水治理对于水银法电解制烧碱是十分重要的，因为汞属剧毒物质，危害特别严重。

在更换催化剂工序中，用水循环真空泵抽催化剂时少量催化剂进入水中，须进行处理。生产中经锯末过滤器和活性炭两级吸附后达标水进入电石渣库与上清液混合重新再利用。含汞废水处理工艺示意见图 3-23。

图 3-23 含汞废水处理工艺流程

(4) 冷冻法处理回收盐水中的 SO_4^{2-}　对于生产 42％、45％、50％等液碱的大中型氯碱厂，可以采用冷冻法处理蒸发回收盐水中的 SO_4^{2-}，使其以芒硝（$Na_2SO_4 \cdot 10H_2O$）形式结晶析出，既除去了回收盐水中的 SO_4^{2-}，保证了精盐水中 SO_4^{2-} 含量合格，防止堵塞盐水管道，又能获得有价值的副产芒硝。

第三节　其他工业废水处理及再生利用

本节主要讲述炼油工业废水、煤炭工业废水的处理及再生利用。

一、炼油工业废水处理及再生利用

炼油厂污水是一种难处理的工业废水，污染物种类多、浓度高，且由于我国的石油中重质油和含硫原油相对密度大，增加了炼油工艺的难度。国外炼油厂每加工 1t 油产生 0.5～1t 废水，我国炼油厂每加工 1t 原油产生 0.75～4t 含油废水。我国的炼油工业污水一般采用"隔油—浮选—生化"的处理工艺，绝大多数炼油企业的外排水虽可以达标，但炼油污水的排放量逐年增加，必然会导致各种污染物在水体、土壤或生物体中的富集，经历复杂的迁移转化过程，仍会带来一定程度的污染。

2003 年我国加工原油 2.1 亿吨，按我国目前加工工艺和污水处理现状，仅炼油厂就向环境排放 1.5 亿～7.4 亿吨。因此，对于我国水资源严重短缺的国家来说，炼油厂废水的回用非常重要。

炼油污水主要是常减压、电脱盐、催化裂化等工段产生的污水汇集而成，是一种集悬浮油、乳化油、溶解有机物及盐于一体的多相体系，其主要污染物及排放标准见表 3-3 所示。

表 3-3　炼油污水主要污染物及排放标准　　　　　　　　　　　　　单位：mg/L

污染物	石油类	COD	BOD	硫化物	挥发酚	悬浮物	氨氮
含量	20～200	10～1200	50～100	20～60	0.1～0.5	2～400	4～30
排放标准	10	150	30	1.0	0.5	250	25

炼油厂污水处理技术按治理程度分为一级处理、二级处理和三级处理。一级处理所用的方法包括格栅、沉砂、调整酸碱度、破乳、隔油、气浮、粗粒化等；二级处理方法主要是生物治理，如活性污泥、生化曝气池、生物膜法等；三级处理方法有吸附法、化学耗氧法等。典型炼油厂污水处理的工艺见图 3-24。

炼油污水 → 隔油处理 → 溶气气浮 → 生化处理 → 排放

图 3-24　典型炼油厂污水处理的工艺

污水的回用一般要经过三级处理（即深度处理）来除去二级处理（生化处理）所不能除去的污染物（有机物及胶状固体等）和 COD、BOD、颜色等。炼厂废水回用主要有三种途径：一是作循环水补充水源，二是作工业用水水源，三是作锅炉用水产生蒸气。炼油厂循环冷却水水质和锅炉给水处理水质的排放要求见表 3-4。

表 3-4　炼油厂循环冷却水水质和锅炉给水处理水质的排放要求　　　　单位：mg/L

项目	pH	浊度	石油类	硫化物	挥发酚	总氰化物	COD	BOD	悬浮物
标准	5.5～8.5	≤5	≤0.5	≤0.01	≤0.01	≤0.2	≤20	≤6	≤5

三级处理技术按照原理不同,可分为物理处理法、化学处理法和生物处理法。单一的深度处理技术一般只能去除某一类污染物,只有多种技术有机结合才能满足回用水质的要求。

1. 物理处理法

物理处理法主要包括沉淀、过滤、吸附、膜分离等。沉淀主要用于固液分离,澄清水质,去除絮体或悬浮物。过滤主要是澄清水质,可以去除大于 $3\mu m$ 的悬浮物、病原菌等。常用的过滤介质有核桃皮、活性炭等。利用活性炭或某些黏土类材料的巨大比表面积吸附大分子有机物,去除色度,降低和去除某些无机离子。

2. 化学处理法

化学处理法主要有化学氧化、消毒、石灰处理等。化学氧化能去除 COD、BOD、色度等还原性有机物或无机物。消毒是指利用 Cl_2、O_3 等杀生剂和电化学方法杀灭细菌、藻类、病毒或虫卵。石灰处理用于沉淀钙、镁离子,降低水的硬度,防止结垢。

3. 生物处理法

生物法在污水回用深度处理中应用非常广泛,能够降解多种污染物,处理成本低、运行稳定可靠,抗冲击能力很强。常用的生物处理法有生物过滤法、生物接触法、氧化法、氧化塘和地层生物修复。

二、煤炭工业废水处理及再生利用

煤炭在我国能源结构中占 70% 以上,煤炭开采过程中排放大量废水,若不经处理直接排放,势必对环境造成严重污染,同时造成水资源的大量浪费,无法实现循环经济的目标。据统计我国 40% 的矿区严重缺水,已制约了煤炭生产的发展。

1. 处理方法

目前煤炭工业废水处理的方法主要有:膜处理法、物化处理法、生物处理法等。

(1) 膜处理法 膜处理法介于物理处理和生物处理之间,其核心处理单元是膜生物反应器。膜处理技术由于其高效、实用、可调、节能和工艺简便等特点,已经被广泛地应用于污水回用领域,随着制造工艺的提高,曾被认为是十分昂贵的膜处理技术如今变得越来越经济了,具有很强的竞争力。现在应用得较多的膜处理技术有微滤、纳米过滤、超滤、反渗透等。

(2) 物化处理方法 物化处理方法以混凝沉淀技术和活性炭吸附技术为主。根据水质的不同可采用不同的处理方法,有时可两者结合使用。物化处理方法投资成本较低,但运行成本较高,受外界条件影响较小,出水水质比较稳定。

(3) 生物处理方法 生物处理方法主要用于进一步去除废水中可降解的有机物以及水中氨氮的去除,多采用好氧微生物膜处理技术。生物处理技术适用于较大规模的处理工程,工程初期投资较大,但运行成本较低。

2. 典型煤工业废水处理工艺

典型煤工业废水处理工艺见图 3-25。该处理工艺由煤泥沉淀池、煤水提升泵、电子絮凝器、离心式澄清反应器、中间水池、反洗水泵(煤水中间水泵)、多介质过滤器等组成。

该系统由中央智能控制器 PLC 控制从废水进入系统到可回收利用清水回用的整个过程连续自动运行。首先煤泥废水经带液位控制的提升泵进入电子絮凝器,废水在其中经过絮凝进入离心式澄清反应器，水在反应池中利用其特殊结构沉降，污物通过排污阀由 PLC 控制排除，清水经过溢流到清水池（此时水质达到较好标准）。然后再经过泵把水送入过滤器进行过滤（过滤器自动反冲洗、排渣）后就可送入系统回用。

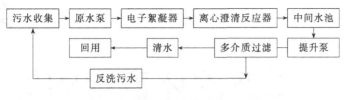

图 3-25　煤工业废水处理工艺流程

通过在水中通入电流，从而打破水中悬浮、浮化或溶解状污染物的稳定状态的过程，通入水中的电流产生的电能将驱动物质之间的化学反应。当化学反应被驱动或被强制启动后，各种成分及化合物在电流的作用下将趋向寻找最稳定的状态。通常，这种趋向稳定状态的结果会形成一个固体状物质；这种固体状物质将以非胶体或非溶解状态存在，因而容易被下级分离技术去除。

在电子絮凝过程中，电流是通过由不同金属材料制成的平板引入需要处理的水中，金属材料的选择与水中所含的需要处理的污染物的种类有关，满足最大限度去除污染物的效果。根据法拉第定律，电极上的金属离子将被分离或置换至液体介质中，这些金属离子在形成金属氧化物后，被已打破稳定状态的各种污染物吸引结合，形成上述易于被分离沉淀的固体状物质。

阅读资料

我国资源的人均占有量情况

我国国土面积（陆地）为 960 万平方公里，占世界土地面积的 7.2%，占亚洲的 25%，仅次于俄罗斯和加拿大，居世界第三位。人均占有土地面积不到 $1hm^2$，只及世界平均数的 1/3，耕地实际面积 1.33 亿公顷，居世界第 4 位，林地面积 1.25 亿公顷，居世界第 6 位，草地面积 4 亿公顷，居世界第 2 位，但人均占有量分别为世界平均水平的 1/3、1/6 和 1/2。

我国有 1.8 万公里海岸线，近 300 万平方公里的管辖海域，500 平方公里以上的岛屿 7372 个，海洋资源遭受掠夺性开发，沿海生态环境破坏严重。

我国地表水资源总量 2.8 万亿立方米，全国河流纵横，湖泊密布，河川径流量为 2.7 万亿立方米，年均径流量为 $284m^3$，但人均水资源只有 $1971m^3$，被列为世界人均水资源短缺的 13 个贫水国家之一。

第四章 工业固体废物的处理与资源化

固体废物问题是伴随着人类文明的发展而发展的。人们在利用自然资源从事生产和生活活动时，由于实际需要和技术条件的限制，必然将其中的一部分作为固体废物丢弃，工业上也是如此。

本章主要讲述工业固体废物的处理原则与技术、化学工业固体废物的处理、矿业固体废物的处理与资源化、典型固体废物资源化等几个方面。

第一节 工业固体废物的分类

工业固体废物指在工业、交通等生产过程中产生的固体废物。工业固体废物主要分为冶金固体工业废物、能源工业固体废物、石化工业固体废物、矿业固体废物、轻工业固体废物、其他工业固体废物。

① 冶金工业固体废物：金属冶炼或加工过程中产生的废渣，如高炉渣、钢渣、有色金属渣等。

② 能源工业固体废物：粉煤灰、炉渣、煤矸石等。

③ 石化工业固体废物：废催化剂、酸渣碱渣、医院废物等。

④ 矿业固体废物：采矿废石、尾矿等。

⑤ 轻工业固体废物：食品、造纸、印染、皮革等工业产生的污泥等。

⑥ 其他工业固体废物：机械加工过程中产生的电镀污泥、建筑废物和废渣。

随着工业的不断发展，固体废物产生量越来越多。1981年我国工业固体废物产生量为3.77亿吨，1995年增至6.45亿吨。2010年2月9日，环境保护部、国家统计局、农业部联合发布《第一次全国污染源普查公报》，公布了全国固体废物和危险废物排放总量：

① 全国工业固体废物产生总量38.52亿吨，综合利用量18.04亿吨，处置量4.41亿吨，本年贮存量15.99亿吨，倾倒丢弃量4914.87万吨。

② 工业危险废物产生量4573.69万吨，倾倒丢弃量3.94万吨。

2004～2008年我国工业固体废物产量见图4-1。

2008年全国各主要城市工业固体废物产量见图4-2。

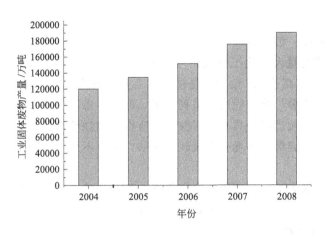

图 4-1　2004~2008 年我国工业固体废物产量

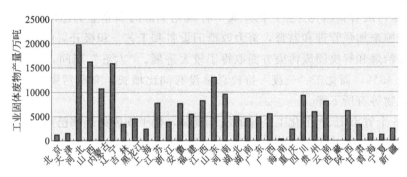

图 4-2　2008 年全国各主要城市工业固体废物产量

第二节　化学工业固体废物的处理与资源化

目前中国的工业固体废物大致组成如下：尾矿 29%，粉煤灰 19%，煤矸石 17%，炉渣 12%，冶金废渣 11%，危险废物 1.5%，放射性废渣 0.3%，其他废弃物 10.2%。

中国目前废旧资源的利用率只相当于世界先进水平的 1/4~1/3，大量可再生资源尚未得到回收利用，流失严重并造成污染。中国每年因再生资源未得到回收利用而造成的经济损失达 200 亿~300 亿元。

随着中国化学工业的发展，有毒有害废物也有所增长。有毒有害固体废物都未经过严格的无害化和科学的安全处置，成为中国亟待解决并具有严重潜在性危害的环境问题。

一、化学工业固体废物概述

化学工业固体废物简称"化工固废"，是指化工生产过程中产生的固体、半固体或浆状废弃物，包括化工生产过程中进行化合、分解、合成等化学反应产生的不合格产品（含中间产品）、副产物、失效催化剂、废添加剂、未反应的原料及原料中夹带的杂质等，以及直接从反应装置排出的或在产品控制、分离、洗涤时由相应装置排出的工艺废物，还有空气污染控制设施排出的粉尘，废水处理产生的污泥，设备检修和事故泄漏产生的固体废物及报废的旧设备、化学品容器和工业垃圾等。

1. 特点

化学工业固体废物一般具有以下特点：

（1）化工固废产生量大 化工固废产生量较大，一般每生产 1t 产品产生 1~3t 固废，有的生产 1t 产品可产生高达 12t 废物，是较大的工业污染源之一。

（2）危险废物种类多 化工固废不但种类多，而且有毒物质含量高，对人类健康和环境危害大，化工固废中有相当部分具有剧毒性、反应性、腐蚀性等特点，尤其是危险废物中有毒物质含量高，对人体健康和环境会构成较大威胁，若得不到有效处置，将会对人体和环境造成较大影响。

（3）废物资源化潜力大 化工固废中有相当一部分是反应的原料和副产物，经过加工就可以将有价值的物质从废物中回收利用，获得较好的经济、环境双重效益。

2. 治理现状与处理技术

（1）治理现状

近 20 年来，随着我国化工生产的发展，各级化工部门和企业为适应环保的要求，已采取了一系列措施来加强管理和监督，努力改造旧设备和工艺，积极开展固废治理和综合回收利用工作，在治理和解决固废污染方面取得了较大进展。"六五"期间，化工总产值比"五五"期间增长 43%，而化工"三废"排放总量没有同比增长，有些污染物如 As、Pb、Cd、硫化物、氰化物等有所下降。

据全国 16 个省市 1533 个化工企业的统计资料，化工固废处理率已达 29%，综合利用率 54.5%，10 种化工废渣利用率达 77.1%（见表 4-1），化工废渣排放量即堆存量仅占 16.6%。

表 4-1 10 种化工废渣综合利用情况

废物名称	产生量/(万吨/年)	综合利用/(万吨/年)	综合利用率/%
磁铁矿烧渣	388.3	259.5	76.7
铬盐废渣	9.8	4.9	50.5
电石渣	112.5	84.3	74.7
纯碱白灰渣	39.2	11.2	28.6
黄磷水淬渣	34.1	32.8	96.2
合成氨煤渣气炉	240.7	210.5	87.5
合成氨油渣气炭黑	7.2	6.4	88.9
烧碱盐泥	15.1	6.8	45.0
工业盐炉渣	78.5	56.6	71.2
污水处理剩余污泥	23.6	21.1	89.4
总计	900.6	694.1	77.1

（2）主要治理措施 近 20 年来，化工固废处理与综合利用技术有较大发展，开发出一批技术成熟、经济效益较高的处理及综合利用技术，主要有如下几种。

① 改革化工生产工艺，更新设备，改进操作方式。采用无废或低废工艺，尽可能把污染消除在生产过程中。例如，生产苯胺的传统工艺采用铁粉还原法，生产过程中产生大量含有硝基苯、苯胺的铁泥废渣和废水，造成环境污染和资源浪费。南京化工厂通过改革，成功

开发了加氢法制苯胺新工艺后,铁泥废渣产生量由2500kg/t减少到5kg/t,废水排放量由每吨产品4000kg降到400kg,并减少了一半的能源,苯胺收率达99%,获得了国家金质奖。

② 将固废中有用物质资源化 采用蒸馏结晶、萃取、吸附、氧化等方法将废物转化为有用产品,加以综合利用。如山东乳山化工厂的硫铁矿制硫酸,每年排渣量达2.5万吨,烧渣中每含Au4g、Ag20g、Fe38g,过去由于无先进技术,烧渣一直堆放在尾矿坝,占据大片土地,并造成污染。1984年,该厂成功用氰化法从烧渣中提取Au、Ag、Fe,1985~1987年共回收黄金265kg、白银252kg、精铁矿19000t,获利税189万元,减少烧渣14.6万吨,取得良好的经济和环境效益。

③ 加大了固废处理,采用了固废无害化技术 如固废通过焚烧、热解、化学氧化等方式,改变其中有害物质的性质,使其转化成无毒无害物质。上海氯碱总厂电化厂采用焚烧法处理聚四氟乙烯树脂生产中产生的有机氟残液,在焚烧炉中焚烧后,烟气经水冷却,洗涤后达国家排放标准。

二、化工固体废物的处理和利用

化工固体废物种类繁多,成分复杂,治理的方法和综合利用的工艺多种多样,应重点抓好量大面广废物的治理和综合利用。表4-2为我国主要化工固体废物处理技术概况。

表4-2 我国主要化工固体废液处理技术概况

化工行业及废物	废物处理与综合利用技术	化工行业及废物	废物处理与综合利用技术
铬渣	铬渣干法解毒技术	废气催化剂	生产Zn-Cu复合肥技术
	铬渣制玻璃着色剂		回收铂族金属技术
	铬渣制钙镁磷肥	纯碱工业	蒸氨废液制氯化钙,再制盐技术
	铬渣制钙镁粉等		
磷泥	磷泥烧制磷酸		制钙镁肥技术
电炉黄磷渣	掺制硅酸盐水泥	硫酸工业硫铁矿烧渣	烧渣制砖技术
氰渣	高温水解氯化法处理技术		
氯碱工业	次氯酸钠氧化法处理技术		高温氯化法处理技术
含汞盐泥	氯化硫化焙烧处理技术	硫酸工业废催化剂	氰化法提取金、银铁技术
			从含汞催化剂中回收V_2O_5技术
非汞盐泥	盐泥制氯化镁技术	有机原料及合成材料工业废母液	分步结晶回收季戊四醇母液
	沉淀过滤法处理技术		
电石渣	电石渣生产水泥技术	有机原料及合成材料工业蒸馏残液	缩合法处理甲醛废液
	电石渣制漂白液技术		有机氟残液焚烧处理技术
	作筑路基层技术	污泥	回转窑焚烧混合污泥技术

(一) 硫铁矿烧渣的资源利用

1. 硫铁矿烧渣的来源和组成

硫铁矿烧渣是生产硫酸时焙烧硫铁矿产生的废渣,其组成主要是Fe_2O_3、Fe_3O_4、金属的硫酸盐、硅酸盐和氧化物。其成分随硫铁矿的组分和焙烧工艺而变,内含一定的有色金属铜、铅、锌、金、银等。

对硫铁矿烧渣,应根据其含铁量的不同确定其用途,铁含量高的应回炉炼铁,低铁、高硅酸盐的硫铁矿烧渣宜做水泥配料。

硫铁矿渣的综合利用见图4-3。

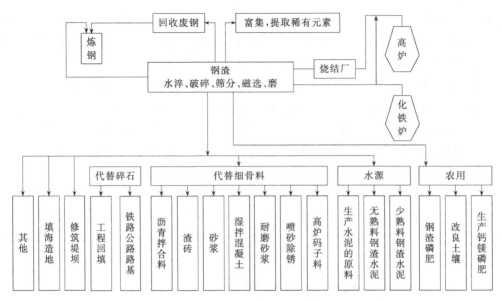

图 4-3 硫铁矿渣利用途径示意

对于有色金属，可以用氯化焙烧法回收，同时提高矿渣含铁品位，直接作为炼铁的原料。

2. 氯化焙烧的概念及分类

氯化焙烧是利用硫铁矿烧渣与氯化剂在一定温度下加热焙烧，使有用金属转变为气相或凝固相的金属氯化物而与其他组分分离。根据反应温度不同可分为中温氯化焙烧与高温氯化焙烧。

中温氯化焙烧是指烧渣与氯化剂在 500~600℃ 的温度下焙烧，使金属氯化物留在固相中用水或酸浸取，可溶性物质与渣分离，再从溶液中回收金属，故该法又称氯化溶出法。

高温氯化焙烧是将烧渣与氯化剂造粒，然后在 1000~1200℃ 下反应，使金属氯化物变成气体挥发出来，从而收集、分离，回收各种金属氯化物，故该法又叫氯化焙烧挥发法。

3. 氯化焙烧工艺流程

(1) 中温氯化焙烧法 该法历史较长、规模较大的是西德杜依斯堡炼钢厂，年处理能力为 200 万吨硫铁矿烧渣。硫铁矿烧渣加入 8%~10% 的 NaC，在 10~11 层的多膛炉中焙烧，最高温度 600~650℃，氯化焙烧 4~5h，焙燃后的烧渣用 50%~70% 的稀硫酸浸出，浸出液中的铜、锌、钴、芒硝、镉、金和银分别回收，有用金属回收率为：Cu 80%、Zn 75%、Ag 45%、Co 50%。浸出渣含 Fe 61%~63% 及部分 $PbSO_4$ 和 AgCl，干燥后加煤混合，在烧结机上烧结 4~5h，烧结块作为炼铁原料。

中温氯化焙烧工艺流程见图 4-4。

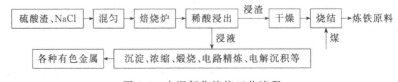

图 4-4 中温氯化焙烧工艺流程

我国南京钢铁厂，采用高硫（7%~11%）、低盐（4%~5% NaCl）配料，在沸腾炉内氯化焙烧含钴烧渣，焙烧温度为(650±30)℃。焙烧后浸出率为：Co 81.86%、Cu 83.4%、Ni 60.6%。中温氯化焙烧工艺比较成熟，流程简单，氯化剂价廉而来源广，操作易掌握。

(2) 高温氯化焙烧法

① 工艺流程　高温氯化焙烧法以日本光和精矿法为典型代表，其工艺流程见图4-5。

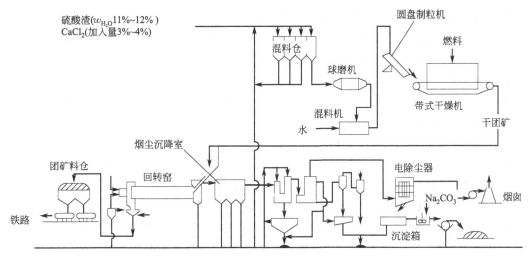

图4-5　日本光和法高温氯化焙烧工艺流程

硫铁矿烧渣经调湿机喷入温度为40%CaCl$_2$溶液与适量的水，使其含CaCl$_2$ 3%~4%、水10%~11%，通过定量给料装置混料皮带和混料仓进行混合，使物料成分一致CaCl$_2$分布均匀，水分波动小。经球磨后烧渣的粒度小于325目的占86.4%以上。大于325目的占13.6%，细粒在圆盘造粒机中制成粒度为10~15mm的圆球，在干燥带上用200~250℃热风干燥0.5h以上。干球团水分小于0.5%，干燥后的小球入回转窑中焙烧，窑长20~29m、内径2.4~3m、坡度为3.2%~3.5%，燃料以煤气为主，在加热氯化区保持温度1000℃，加热固结区为1250℃，每吨球团耗热(138~167)×10^{4}kJ。

② 氯化物的挥发　氯化物的挥发主要决定于其蒸气压、挥发速度和回凝速度、金属蒸气分子聚合和络合物的热稳定性等，蒸气压大的易挥发，但挥发的分子也会产生冷凝又回到球团中。若有其他分子的存在也会影响挥发产物的扩散，热的传导对挥发速率也有影响。根据实验，各种金属氯化物的挥发速度有明显的最大值，一般随温度的升高而增大。相同温度下ZnCl$_2$挥发速度小于PbCl$_2$和CuCl$_2$。某些金属氯化物易与其他氯化物形成络合物，其蒸气压大于简单氯化物，如AuCl$_3$常以聚合分子Au$_2$Cl$_6$的形式挥发，但若存在Fe$_2$Cl$_6$或Al$_2$Cl$_6$时则形成AuFeCl$_6$或AuAlCl$_6$络合物，在332℃、PCl$_2$=66.87kPa时AuFeCl$_6$的蒸气压比Au$_2$Cl$_6$的大25倍，因此有利于Au的氯化挥发。

③ 氯化物的捕集　高温氯化挥发的焙烧烟气除含有大量的N$_2$、CO$_2$、O$_2$和水蒸气外，还含有少量的有用金属氯化物以及HCl、Cl$_2$和SO$_x$等气体，后者虽不多，但有经济价值，应将其捕集回收，同时也有利于环境保护。

氯化挥发物烟尘很细，具有吸湿性，易溶于水，都采用湿法收集。常用的设备有冲击式收尘器或文丘里洗涤器以及无填料吸收塔，湍动吸收塔等。湿法收尘得到两种产物即收尘溶液及沉淀物(尘泥)，Au、Ag、Pb都富集在沉淀物中，其他有色金属则主要进入收尘溶液。从收尘液中分别提取各种金属，常用的方法是中和水解法，一般得到的是金属的碱式盐。碱式盐的生成与 pH 的范围有关。如 pH 在 2.2～2.7 时，生成 $2CuOHCl \cdot xH_2O$；pH 为 3.1～5.05 时生成 $2CuOHCl \cdot 2Cu(OH)_2 \cdot xH_2O$。

（二）磷石膏的资源利用

1. 磷石膏的来源

磷石膏是指在磷酸生产中用硫酸处理磷矿时产生的固体废渣，其主要成分为硫酸钙。磷石膏主要成分为 $CaSO_4 \cdot 2H_2O$，此外还含有多种其他杂质。同时，生产过程中，溶液中的 HPO_4^{2-} 根取代石膏晶格中部分 SO_4^{2-}。

磷石膏杂质分如下两大类。

① 不溶性杂质 如石英、未分解的磷灰石、不溶性 P_2O_5、共晶 P_2O_5、氟化物及氟、铝、镁的磷酸盐和硫酸盐。

② 可溶性杂质 如水溶性 P_2O_5，溶解度较低的氟化物和硫酸盐。

此外，磷石膏中还含砷、铜、锌、铁、锰、铅、镉、汞及放射性元素，均极其微量，且大多数为不溶性固体，其危害性可忽略不计。

磷石膏中所含氟化物、游离磷酸、P_2O_5、磷酸盐等杂质是导致磷石膏在堆存过程中造成环境污染的主要因素。磷石膏的大量堆存，不仅侵占了土地资源，由于风蚀、雨蚀造成了大气、水系及土壤的污染。长时间接触磷石膏，当然可能导致人的死亡或病变。

2. 磷石膏的综合利用

（1）磷石膏制硫酸联产水泥 磷石膏是一种含硫资源，如用它制硫酸，不但可为硫酸工业提供原料，还解决了磷石膏的出路，硫资源由一次性消耗变为循环利用，同时还可以联产水泥。为此，国内外进行了大量的研究与试验，该技术已日趋成熟。

① 工作原理 用焦炭作还原剂，磷石膏在 1170～1473K 温度下分解，生成 SO_2 气体，经净化、干燥、转化、吸收而得硫酸，而生成的 CaO 与配料发生矿化反应，生成水泥熟料。

主要化学反应方程式：

$$2CaSO_4 + C \longrightarrow 2CaO + 2SO_2 + CO_2$$

$$SO_2 + \frac{1}{2}O_2 \longrightarrow SO_3$$

$$SO_3 + H_2O \longrightarrow H_2SO_4$$

$$12CaO + 5SiO_2 \cdot 4Al_2O_3 \cdot Fe_2O_3 \longrightarrow 5CaO \cdot SiO_2 + 3CaO \cdot Al_2O_3 + 4CaO \cdot Al_2O_3 \cdot Fe_2O_3$$

② 工艺流程 与同规模的硫铁矿制硫酸和石灰石制水泥相比，磷石膏制硫酸联产水泥的生产成本分别低 24% 和 20% 左右，投资也较低。

磷石膏制硫酸联产水泥的主要工艺流程见图 4-6。

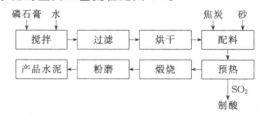

图 4-6 磷石膏制硫酸联产水泥的工艺流程

从磷酸车间过滤机出来的磷石膏先进入再浆槽，加水搅拌至液固比为 (65～60)：(35～40)，经过滤机过滤，滤饼送至滚筒干燥机干燥。磷石膏、焦炭、砂分别磨碎进入配料仓,经滚筒混合机混合均匀后进入水泥窑,生成的 SO_2 气体送去制硫酸,转窑排出的是水泥熟料。

(2) 磷石膏制建筑材料 随着国家对耕地的管理越来越严格,用黏土生产建筑材料也在逐步加以限制,而磷石膏作为废弃物堆放,既占用土地又污染环境,因此,充分利用磷石膏制建筑材料是一种可取的良好方法。

作为建材使用的磷石膏主要是熟石膏,而磷石膏中又以 β-半水合物和 α-半水合物熟石膏用量最大。半水合物熟石膏的生产通常采用干焙烧法将二水石膏转化而得,由于磷石膏中含有磷、氟和有机杂质,必须对磷石膏的化学成分、pH值和细度进行测试,其放射性物质也必须符合建材工业废渣放射性限制标准。

用磷石膏制取半水合物熟石膏生产过程包括磷石膏净化、磷石膏转变为半水物及半水物加工,其具体工序为:

① 水洗 去除磷石膏中水溶性磷、氟和有机杂质;
② 过滤分离 使水含量小于10%;
③ 煅烧 最佳温度为437~493K;
④ 粉磨 通过0.15mm筛。

由磷石膏开发的建材制品有石膏装饰板、石膏刮墙腻子、石膏嵌缝腻子、仿大理石装饰板、增强石膏空心条板、水泥缓凝剂、复合矿化剂、耐火建材、墙体空心砖、石膏工艺品等。

(三) 铬渣的资源化利用

1. 铬渣的产生与来源

我国从20世纪50年代开始生产铬盐产品,目前国内有20多家铬盐生产厂家。大多采用"有钙或少钙焙烧工艺",产渣量高,每生产1t红矾钠排渣1.5~3.0t。2003年我国铬盐总产量超过23万吨,近年以10%的速度在增长。据统计,目前铬渣的存放量已超过400万吨,且每年仍以十几万吨的数量增长。大量的铬渣露天存放,不仅占用土地,而且其中的水溶性和酸溶性六价铬,还会污染土壤、水体,影响人体健康。铬渣中还含有50%以上的 Fe_2O_3、MgO 和 Al_2O_3,如不综合利用,则造成了极大的资源浪费。

2. 铬渣的无害化处理

在铬渣中加入适量的还原剂,在一定加工条件下,可以使六价铬形式存在的铬酸钠、铬酸钙等还原成无害的三价铬状态。无害化处理方法基本可分为三类:湿法还原法、高温还原法和固化法。

① 湿法还原法 湿法还原法的原理是将粒度小于120目的铬渣酸解或碱解后,向混合溶液中加入 Na_2S、$FeSO_4$ 等还原剂,将 Cr^{6+} 还原成 Cr^{3+} 或 $Cr(OH)_3$。这种方法可以与呈还原性的造纸废液或味精废水等联合应用,可达到以废治废的目的,处理后的 Cr^{6+} 低于 2×10^{-6}。但湿法还原法处理费用高,解毒一般不彻底,不宜处理大宗铬渣。

② 高温还原法 高温还原法的原理是将粒度小于4目的铬渣与煤粉按一定的质量比进行混合,在高温下进行还原焙烧,使 Cr^{6+} 还原成不溶性的 Cr^{3+}。其解毒工艺有"碳还原法"、"烧结矿法"和"密封焙烧法"。

③ 固化法 固化法是利用稳定化药剂固定有害物质,通过形成化学键,将有害物质包裹到晶格中,使有害物质不容易被浸出的一种方法。目前,使用的固化物质有水泥、

石灰、玻璃、热塑性材料等。该法解毒铬渣彻底，但是形成的固化体体积庞大，资源化利用率较低。

3. 铬渣的综合利用

铬渣具有硬度大、熔点高的性质，可以用来制铸石、砖等建筑材料，或用作某些产品的替代原料，并使 Cr^{6+} 转化为 Cr^{3+}，达到解毒和资源化利用的双重目的。

(1) 生产辉绿岩铸石 辉绿岩铸石是优良的耐酸碱、耐磨材料。广泛用于矿山、冶金、电力、化工等行业。生产铸石时需用铬铁矿作为晶核剂，由于铬渣中含有铬，是生产铸石良好的晶核剂，铬渣中还有一定数量的硅、钙、铝、镁等，这些都是铸石所需要的元素，但此法消耗铬渣的量不大。

(2) 生产铬渣棉 矿渣棉是优良的保温、轻体建筑材料。用铬渣制成的渣棉的质量和性能与矿渣棉基本相同。由于是在1400℃的高温下还原解毒，因此解毒彻底。浸液毒性试验表明，矿渣棉水溶性 Cr^{6+} 含量为 0.15mg/kg，大大低于有关固体废物污染控制标准。

(3) 制砖 将铬渣和黏土、煤混合烧制红砖或青砖。此法技术简单、投资及生产费用低、用渣量大。研究表明，由于原料中大量黏土在高温下呈酸性，加之砖坯中煤及其气化后产生的CO的还原作用，有利于 Cr^{6+} 的解毒，成品砖中 Cr^{6+} 含量明显下降。曾有许多铬盐厂、砖厂试验并生产过，中山大学和四川大学还详细研究了工艺条件和解毒效果。广州铬盐厂以铬渣40%（粉碎至100目）、黏土60%制成的青砖，经化验分析，Cr^{3+} 约 0.5%～1%，砖的抗压强度 140kgf[❶]/cm² 以上，抗折强度 60kgf/cm² 以上。此种方法铬渣掺量较少时，对成品砖的抗压、抗折强度无明显影响。但是，由于砖价低廉，制砖过程中不可能采用球磨机粉碎和混匀，致使粗粒铬渣中的六价铬难以全部还原并影响砖的强度，因此，多数铬渣制砖点已停止生产。

第三节 矿业固体废物的处理与资源化

一、矿业固体废物的来源

矿业固体废物是指矿山开采和矿石选冶加工过程中产生的废石和尾矿。各种金属和非金属矿石均与围岩共同构成。在开采矿石过程中，必须剥离围岩，排出废石。采得的矿石通常也需要经过选洗以提高品位，因而排出尾矿。废石是矿山开采过程中排放出的无工业价值的矿体围岩和夹石（包括煤矸石）。尾矿是从矿石中分选出目的矿物后，剩余的含目的矿石很少的废渣，习惯上称为尾砂。

开采1t煤，一般要排出200kg左右煤矸石。各种金属矿石，提取金属后要丢弃大量矿业固体废物。

随着工业生产的发展，总的趋势是富矿日益减少，金属、非金属生产越来越多地使用贫矿，如20世纪初，开采的铜矿一般含铜率为3%，后来开采的铜矿一般含铜率为1%左右，这就导致矿业废物数量迅速增加，全世界每年约排放矿业废物300多亿吨。大量的矿业废物造成环境的严重污染。

---

❶ 1kgf=9.8N。

二、矿业固体废物的危害

1. 危害人类健康

废石风化形成的碎屑和尾矿,或被水冲刷进入水域,或溶解后渗入地下水,或被风刮入大气,以水、气为媒介污染环境。这些废物中,有的含有砷、镉等剧毒元素,有的含有放射性元素,都有害于人类健康。

2. 占用土地

矿山废石和尾砂不仅需要占用大量的土地,而且会直接污染环境,威胁人们生命财产的安全。一座中型的尾砂坝一般占地数百亩或更多,建造尾砂坝所需的投资费用也非常惊人。

3. 毁坏庄稼

尾砂具有颗粒细、重量小、表面积大,遇水容易流走、遇风容易飞扬等特点。因此,尾砂对空气、水体、农田和村庄都是一种潜在的危害。1964年,英国威尔士北部的巴尔克尾砂坝被洪水冲垮,尾砂流失后毁坏了大片肥沃的草原,其覆盖厚度达0.5m,使土壤受到严重污染,牧草大片死亡。

4. 造成新的地质灾害

1970年9月,赞比亚穆富利拉铜矿尾砂坝的尾砂涌入矿坑内,导致89名井下工人死亡,彼得森矿区全部被淹没。1986年,中国湖南东坡铅锌矿的尾砂坝体因暴雨而坍塌,造成了数十人伤亡,直接经济损失达数百万元。2000年11月,广西河池一尾砂坝坍塌,造成数十人死亡,数十间房屋坍塌,损失惨重。

三、矿业固体废物的处理

矿业固体废物处理的方法主要有以下几种。

1. 废石堆、尾矿场稳定处理法

为防止废石和尾矿受水冲刷和被风吹扬而扩散污染,可采用下列稳定法。

(1) **物理法** 向细粒尾矿喷水,覆盖石灰和泥土,用树皮、稻草覆盖顶部。这种方法对铜尾矿最为有效。也可在上风向栽植防风林,并用石灰石粉和硅酸钠混合物覆盖。

(2) **植物法** 在废石或尾矿堆场上栽种永久性植物。试验证明,铅锌矿钙质尾矿场适于种植牛毛草,铅锌矿的酸性尾矿场适于种植苇草。英国还发现矿山地区自然生长一种禾草,有抵抗高金属含量和耐低养分的能力,能起良好的稳定和保护作用。

(3) **化学法** 利用可与尾矿化合的化学反应剂(水泥、石灰、硅酸钠等),在尾矿表面形成固结硬壳。此法成本较高,有的尾矿常同砂层交错,化学反应剂难于选择。

化学法可以同植物法结合起来处理尾矿。在尾矿场播下植物种子后,施加少量化学药品防止尾矿场散砂飞扬,保持水分,以利于植物生长。美国的科罗拉多、密歇根、密苏里、内华达等州已有效地采用了这种方法。

2. 土地复原法

在开采后被破坏的土地上,回填废石、尾矿,沉降稳定后,加以平整,覆盖土壤,栽种植物,或建造房屋。中国某些地区的粉煤灰贮灰场、铁和铝矿废石场等已完成土地复原,种植植物,发展生产。

四、资源化处理方法及其工艺流程

1. 尾矿中有价组分的提取

许多矿山尾矿中具有回收利用价值的有价组分,其品位常常大于相应的原生矿品位,充分利用分选技术回收这些有价金属对充分利用资源、延缓矿产资源的枯竭具有重要意义。

(1) 铜尾矿 美国奥盖奥选矿厂尾矿平均含 Cu0.42%,主要有用矿物为黄铜矿、辉铜矿和黄铁矿。铜尾矿回收铜的工艺流程见图 4-7。

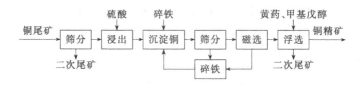

图 4-7 铜尾矿回收铜的工艺流程

(2) 铅锌尾矿中有价组分的提取 银山铅锌尾矿中 SiO_2、Al_2O_3、K_2O 占总成分的 80% 以上。主要矿物为石英和绢云母,其中石英含量为 51%~54%,绢云母含量为 29%~34%。且大部分绢云母呈单体形状,粒度较细。

图 4-8 为铅锌尾矿浮选提取绢云母工艺流程。

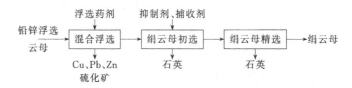

图 4-8 铅锌尾矿浮选提取绢云母工艺流程

2. 尾矿生产建筑材料

尾矿中含有的多种非金属矿物,如硅石或石英、长石及各类黏土或高岭土、白云石或石灰石、蛇纹石等,都是较有价值的非金属矿物资源,可代替天然原料作为生产建筑材料的原料。

(1) 生产微晶玻璃 微晶玻璃的生产工艺包括:烧结工艺和熔融工艺。烧结工艺流程见图 4-9。

图 4-9 尾矿生产微晶玻璃烧结工艺流程

熔融生产工艺流程见图 4-10。

图 4-10 尾矿生产微晶玻璃熔融工艺流程

(2) 生产硅酸盐水泥 尾矿生产硅酸盐水泥的工艺流程见图 4-11。

图 4-11　尾矿烧制水泥工艺流程

(3) 生产免烧砖　免烧砖是一种新型建筑材料,是由胶凝材料与含硅、铝原料按一定颗粒级配均匀掺合,压制成型,并进行蒸压或蒸养而成的一种以水化硅酸钙、水化铝酸钙、水化硅铝酸钙等多种水化产物为一体的建筑制品。尾矿生产免烧砖工艺流程见图 4-12。

图 4-12　尾矿生产免烧砖工艺流程

五、主要矿业固体废物资源化工艺

(一) 煤系固体废物的处理与利用

1. 粉煤灰

粉煤灰含 Fe_2O_3 一般在 4%～20%,最高达 43%。当 Fe_2O_3 含量大于 5% 时,即可回收。Fe_2O_3 经高温焚烧后,部分被还原成 Fe_3O_4 和铁粒,可通过磁选回收。

Al_2O_3 是粉煤灰的主要成分,一般含 17%～35%,可作宝贵的铝资源。用氟化物助熔法,能增强粉煤灰中的 Al_2O_3 活性,酸溶出率可达 36%～50%。粉煤灰与石灰石混合加水成型,常压蒸汽养护,然后低温煅烧脱水和低温液相反应,最后用纯碱溶液提取氧化铝,这种方法的氧化铝溶出率为 85%～92%,Al_2O_3 达一级品标准。粉煤灰的主要成分见表 4-3。

表 4-3　粉煤灰的主要成分

化学成分	SiO_2	Al_2O_3	Fe_2O_3	CaO	MgO	Na_2O 及 K_2O	SO_3	TiO_2	P_2O_5	烧失量
所占比例/%	40～60	17～35	2～15	1～10	0.5～2	0.5～4	0.1～2	0.5～4	0.4～6	1～26

粉煤灰来自工厂的锅炉和煤气站,产生量很大。各厂所采取的利用方式及处置方法与锅炉渣相似,即生产建材、作燃料、外卖等。某工厂通过两年多时间的试制,利用粉煤灰挤成煤棒后供本厂煤气站和锅炉房使用。有的厂则利用部分粉煤灰和酸性废水与土混合制砖。但是,也有一些工厂将粉煤灰露天堆放,已造成了风吹扬尘,雨淋流失的局面,严重污染了周围的空气和水体。因此,为避免粉煤灰对环境的污染,应尽量将其全部综合利用。

目前国外粉煤灰综合利用技术见图 4-13。

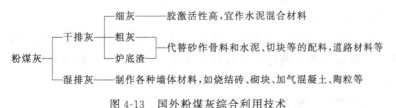

图 4-13　国外粉煤灰综合利用技术

国内成熟粉煤灰的利用技术见表 4-4。

表 4-4 国内成熟粉煤灰的利用技术

利用技术	成效
粉煤灰作混凝土和砂浆的掺和料	可节省砂、石灰及 20%～30% 的水泥
粉煤灰用于公路或道路的垫层、基层、承重层、面层及路堤等	路的板体结构性好，使用寿命长，且技术简单易行，工程造价低
粉煤灰用于酸性土、黏性土等地区的土壤改良	有肥效，可提高 10%～30% 的作物产量
从粉煤灰中回收空心微珠漂珠	具有高强、耐磨、耐高温、绝缘等特性，是一种质优价廉用途广泛的高效能材料，可用作塑料、涂料、油漆等的填料，也可用作保温、防火、灭火及耐热、耐磨性材料等
从粉煤灰中回收碳粉	作活性炭原料或代替精煤使用
从粉煤灰中回收铁粉	可回炉炼铁或代替水泥配料

2. 煤矸石

(1) 煤矸石来源 煤矸石是采煤过程中产生的废渣，包括巷道掘进过程中的掘进矸石、采煤过程中从顶板、底板及夹层里采出的矸石以及洗煤过程中挑出的洗矸石，它是成煤过程中与煤层伴生的一种含碳量低、比较坚硬的黑色岩石，是由碳质页岩、碳质砂岩、页岩、黏土等组成的混合物。

(2) 煤矸石的主要成分 煤矸石的主要化学成分有 SiO_2、Al_2O_3、Fe_2O_3、CaO、MgO 等。煤矸石的化学成分含量见表 4-5。

表 4-5 煤矸石的化学成分含量

成分	SiO_2	Al_2O_3	Fe_2O_3	CaO	MgO	TiO_2	P_2O_5
含量/%	50～60	16～36	2.28～14.63	0.42～2.32	0.44～2.41	0.90～4	0.004～0.24

(3) 煤矸石资源利用 煤矸石也是一种可用的资源。含碳量较高的煤矸石可直接供沸腾炉作燃料；含碳量较低的可用于砖瓦、水泥等建材的生产；含碳量极低的可填坑造地或用作路基材料。

① 煤矸石发电 2000 年底，全国有煤矸石、煤泥等低热值燃料电厂 120 余座，总装机容量 184 万千瓦，年发电量 8.5 亿千瓦时。到 2005 年年末，煤矸石电厂装机容量已经发展到 550 万千瓦，新增装机容量 360 万千瓦。

② 煤矸石制建筑材料 煤矸石用于制造砖块、水泥、加气混凝土、微孔吸音砖、瓷砖、轻集料等各种建筑材料，未经燃烧的煤矸石配料制砖可以节约原煤。并且有投资少、方法简单的优点，已被广泛使用。2000 年底，全国煤矸石砖场达 240 余座，生产能力为 22 亿块标准砖。"九五"期间，全国共建设煤矸石新型墙体材料生产线 10 条，生产能力达 6 亿块标准砖。2005 年产量已增加到 100 亿块。生产建筑轻集料因工艺较复杂，对技术设备要求高，在国外使用多但我国使用较少。

③ 煤矸石用于修路 筑路对于煤矸石的种类和品质没有特殊的要求，对有害成分含量的限制要求不高。煤矸石用于筑路工程具有耗渣量大、无须进行特殊处理、不需采用特殊技术手段的优点，是利用煤炭工业废弃物减少环境污染损害的有效途径。

煤矸石的综合利用技术见表 4-6。

表 4-6 煤矸石的综合利用技术

煤矸石的特点	用　　途
热值高于 6.279×10^6 J/kg	沸腾炉燃料
热值 $2.093\times10^6\sim6.279\times10^6$ J/kg	水泥配料、烧结矸石砖、耐火砖等的原料
热值低于 1.256×10^6 J/kg	水泥配料、混合材料或筑路、填方
含硫量高于 5%	回收硫铁矿。高硫矸石堆应用石灰浆、土浆等灌注其空隙，以隔绝空气抑制自燃。自燃后的矸石成为一种多孔、质轻并有较高的胶凝活性材料。破碎筛分后，可作为轻质骨料使用，其保温、隔热、耐热性能都较好；磨细后可作为水泥、混凝土、砂浆等的掺和料
含碳量高于 20%	应进行洗选以回收煤炭

（二）冶金废渣的处理与利用

1. 高炉矿渣

（1）高炉矿渣的分类　高炉矿渣是冶炼生铁时从高炉中排出的一种废渣。在高炉冶炼生铁时，从高炉加入的原料，除了铁矿石和燃料（焦炭）外，还要加入助熔剂。当炉温达到 1400～1600℃时，助熔剂与铁矿石发生高温反应生成生铁和矿渣。

高炉矿渣是由脉石、灰分、助熔剂和其他不能进入生铁中的杂质组成的，是一种易熔混合物。从化学成分来看，高炉矿渣属于硅酸盐质材料。每生产 1t 生铁，高炉矿渣的排放量随着矿石品位和冶炼方法不同而变化。例如采用贫铁矿炼铁时，每吨生铁产出 1.0～1.2t 高炉矿渣；用富铁矿炼铁时，每吨生铁只产出 0.25t 高炉矿渣。由于近代选矿和炼铁技术的提高，每吨生铁产出的高炉矿渣量已经大大下降。

由于炼铁原料品种和成分的变化以及操作工艺因素的影响，矿渣的组成和性质也不同。按照冶炼生铁的品种，高炉矿渣可分为铸造生铁矿渣、炼钢生铁矿渣和特种生铁矿渣。按照高炉矿渣化学成分中的碱性氧化物的多少，高炉矿渣又可分为碱性矿渣、中性矿渣和酸性矿渣。

（2）高炉矿渣的化学成分　高炉矿渣中主要的化学成分是二氧化硅（SiO_2）、三氧化二铝（Al_2O_3）、氧化钙（CaO）、氧化镁（MgO）、氧化锰（MnO）、氧化铁（Fe_2O_3）和硫（S）等。此外有些矿渣还含有微量的二氧化钛（TiO_2）、氧化钒（V_2O_5）、氧化钠（Na_2O）、氧化钡（BaO）、五氧化二磷（P_2O_5）、三氧化二铬（Cr_2O_3）等。

在高炉矿渣中，氧化钙（CaO）、二氧化硅（SiO_2）、三氧化二铝（Al_2O_3）占 90% 以上。

国内主要钢铁企业高炉矿渣的主要化学成分见表 4-7。

表 4-7 国内主要钢铁企业高炉矿渣的主要化学成分

厂家	CaO	SiO_2	Al_2O_3	MgO	Fe_2O_3	MnO	TiO_2	S
首钢	41.53	32.62	9.90	8.89	4.21	0.29	0.84	0.7
邯钢	45.54	37.83	11.02	3.52	3.47	0.29	0.3	0.88
唐钢	38.13	33.84	11.68	10.61	2.2	0.26	0.21	1.12
本钢	40.53	37.50	8.08	9.56	1.00	0.16	0.15	0.66
鞍钢	42.55	40.55	7.63	6.16	1.37	0.08		0.87
马钢	37.97	33.92	11.11	8.03	2.15	0.23	1.1	0.93
包钢	38.2	32.04	7.96	7.63	1.02	1.75		0.82
宝钢	39.57	34.32	15.06	5.95	0.94	1.76		0.70
攀钢	23.10	25.30	11.20	9.00	2.40	0.96	23.50	0.82

(3) 高炉矿渣的处理加工　在利用高炉矿渣之前，需要进行加工处理。其用途不同，加工处理的方法也不同。我国通常是把高炉矿渣加工成水淬渣、矿渣碎石、膨胀矿渣和膨胀矿渣珠等形式加以利用。

① 高炉矿渣水淬处理工艺　水淬法是我国高炉渣在利用之前加工处理的主要方法。该方法主要采取池式水淬法，炉前水淬法进行。典型高炉矿渣水淬处理工艺见图 4-14。

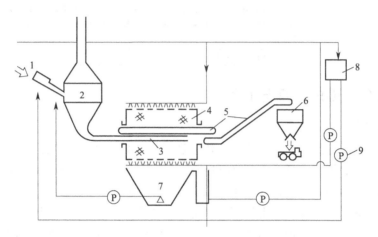

图 4-14　典型高炉矿渣水淬处理工艺
1—粒化器；2—水渣槽；3—分配器；4—滤网转股；5—皮带输送机；
6—成品槽；7—集水槽；8—冷却塔；9—泵

② 矿渣碎石工艺　矿渣碎石式高炉熔渣在指定的渣坑或渣场自然冷却或淋水冷却形成较为致密的矿渣石后，再经过挖掘、破碎、磁选和筛分而得到一种碎石材料。

主要采用的方法：热泼法、堤式法。

③ 膨胀矿渣和膨胀矿渣珠生产工艺　膨胀矿渣是适量冷却水急冷高炉熔渣而形成的一种多孔轻质矿渣。主要采用的方法：喷射法、喷雾器埊沟法、滚筒法。膨胀渣珠的形成过程是热熔矿渣进入流槽后经喷水急冷，又经高速旋转的滚筒击碎、抛甩继续冷却，再这一过程中熔渣进行膨胀，并冷却成珠。

典型膨胀矿渣珠生产工艺流程见图 4-15。

图 4-15　典型膨胀矿渣珠生产工艺流程

2. 钢渣

钢渣是炼钢过程中产生的固体废物。炼钢的基本原理和炼铁相反，是以氧化的方法除去生铁中过多的碳素和杂质，氧和杂质作用生成的氧化物就是钢渣。

钢渣主要来源于铁水与废钢中所含元素氧化后形成的氧化物，金属炉料带入的杂质，加入的造渣剂如石灰石、萤石、硅石等，以及氧化剂、脱硫产物和被侵蚀的炉衬材料等。

(1) 钢渣的分类　根据冶炼方式不同，钢渣分为以下三类：平炉钢渣、转炉钢渣、电炉钢渣。

(2) 钢渣的化学成分与组成　钢渣是由钙、铁、硅、镁、铝、锰、磷等氧化物所组成，有时还含有钒和锌等氧化物,其中钙、铁、硅氧化物占绝大部分。各种成分的含量依炉型、钢种不同而异,有时相差悬殊。以氧化钙为例,一般平炉熔化时的前期渣中含量20%左右,精炼和出钢时的渣中含量达40%以上;转炉渣中的含量常在50%左右;电炉钢渣中约含40%～50%。

钢渣的主要矿物组成为硅酸三钙、硅酸二钙、钙镁橄榄石、钙镁蔷薇辉石、铁酸二钙、游离石灰等,此外含磷多的钢渣中还含有纳盖斯密特石。

(3) 钢渣的处理与利用 炼钢过程中的排渣工艺,不仅影响到炼钢技术的发展,也与钢渣的综合利用密切相关。

目前,炼钢过程中的排渣和钢渣处理工艺大体可分为以下几种。

① 冷弃法 钢渣倒入渣罐,待其缓冷后直接运往渣场堆成渣山,以往我国也多用此法。

② 热泼碎石工艺 用吊车将渣罐中的液态钢渣分层泼倒在渣床上(或渣坑内),并同时喷水使其急冷碎裂,而后再运往渣场。

③ 钢渣水淬工艺 排出的高温液态炉渣,被压力水切割击碎,加之遇水急冷收缩而破裂,在水幕中粒化。具体做法又有盘泼水冷法、炉前水冲法及倾翻罐水池法等多种方法。典型钢渣水淬工艺见图4-16。

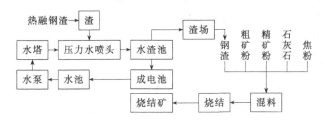

图4-16 钢渣水淬与利用工艺流程

④ 风淬法 该法主要优点是可回收高温熔渣所含的热量(约为2100～2200MJ/t渣)的41%,避免了熔渣遇水爆炸的问题,并改善了操作环境。钢渣可风淬成3mm以下的坚硬球体,可直接用作灰浆的细骨料。

六、清洁生产与工业产业园

(一) 清洁生产

20世纪90年代以来,以淮河污染、黄河断流、长江洪水以及北方的沙尘暴为代表的频频发生的环境事件向上至高层领导下至普通百姓发出了不容置疑的警示,凸显了我国的生态脆弱性。

统计数据表明,2003年我国创造了11.67万亿元GDP,增长率达9.1%,但仅财政支出、新增贷款、股市筹资和实际利用外资等4项资金投放量就超过5.7万亿元;消耗的能源和主要原材料增幅,均超过经济增长速度。与此同时,耕地面积减少253.7万公顷,当年人均水资源拥有量比上年下降5.6%。

2003年中国消耗了相当于全球总产量30%的主要能源和原材料,产出的GDP仅占世界GDP总量的4%。我国创造1万美元GDP的能耗比发达国家高4～5倍,水耗高8～20倍,全员劳动生产率仅为发达国家平均水平的2%～3%。

我国的生态脆弱性远高于世界平均水平,随着人口趋向高峰,不少国内外学者预测,21世纪的前20～30年将是中国发展道路上的一段"窄路"。在此期间,耕地减少、用水紧张、粮食缺口、能源短缺、大气污染加剧、矿产资源不足等不可持续因素造成的压力将进一步增加，其中有些因素将逼近极限值。面对名副其实的生存威胁，推行清洁生产和循环经济是克服我国可持续发展"瓶颈"的唯一选择。

中国的和平崛起同时应该是绿色崛起，在经济全球化的今天，面对国际市场的竞争，实现跨越式发展，清洁生产是最佳的切入点。

现在越来越多的人认识到推行清洁生产是实施可持续发展战略、走新型工业化道路以及落实科学发展观的必由之路。

《清洁生产促进法》的颁布和实施是我国推行清洁生产的新的里程碑。为了在更多的领域内、更高的层次上以更好的效果实施清洁生产，对清洁生产的理念应该有一个全面正确的认识。

1. 清洁生产的理念

1989 年联合国环境规划署推出了《清洁生产计划》，在全球范围内提倡推行清洁生产。联合国环境规划署对清洁生产的定义是：清洁生产是将综合性、预防性的环境战略持续地应用于生产过程、产品和服务中，以提高效率和降低对人类和环境的危害。

对生产过程来讲，清洁生产指节约能源和原材料，淘汰有害原材料，减少污染物和废物的排放和它们的有害性。对产品来说，清洁生产指降低产品整个产品生命周期（包括从原材料的生产到生命终结的处置）对环境的有害影响。对服务来说，清洁生产指将预防性的战略结合到服务的设计和提供活动中。

2. 清洁生产理念的深化

清洁生产的理论基础在工业生态学。工业生态学又译产业生态学，它的基本思想是将工业系统乃至整个经济系统作为特殊的生态系统看待，将其纳入到生物圈之中。在生物圈中，围绕着各个物种在不同的环境中的代谢活动，物质流、能量流和信息流都有其恰到好处的构造和运作方式。生态学家认为，谁最了解自然，当然是自然本身。

工业系统向自然界汲取资源和向自然界排放废料与生态系统非常相似。美国学者罗伯特·福罗什指出：工业生态系统的概念与生物生态系统概念之间的类比不一定完美无缺，但如果工业体系模仿生物界的运行规则，人类将受益无穷。因此人类的生产活动和消费活动应该师法自然，宏观仿生。

工业生态学的基本内容可归纳为：研究工业活动与生态环境的关系；探索工业生态化的途径；在工业的规划和管理中运用生态原则。

20 世纪 90 年代以来工业生态学有了很大的发展，一些研究成果开始得到了实际的应用，例如追踪某个物质或元素在环境中扩散和迁移的工业代谢分析，宏观的物流分析和能流分析，工业共生的组织，工业体系的生态演替等。

清洁生产的理念还向着经济学的方向深化，不少经济学家主张改变将经济学等同于"理财方法"的认识，而回到它最早的原先的含义，即"管理家庭以增加它对所有家庭成员的长期价值"，现在的任务是要把家庭的范围扩大到土地、资源、生物群落、共同的价值观、机构等更大的共同体。可以说，在这一点上经济学和生态学这两个名词正好是同出一源，所以要提倡"生态学与经济学的联姻"。

（二）工业产业园

工业园区是一个国家或区域的政府根据自身经济发展的内在要求，通过行政手段划出一块区域，聚集各种生产要素，在一定空间范围内进行科学整合，提高工业化的集约强度，突出产业特色，优化功能布局，使之成为适应市场竞争和产业升级的现代化产业分工协作生产区。我国的工业园区包括各种类型的开发区，如国家级经济技术开发区、高新技术产业开发区、保税区、出口加工区以及省级各类工业园区等。

工业园区是划定一定范围的土地，并先行予以规划，以专供工业设施设置、使用的地区。工业园区的设置，通常是为了促进地方的经济发展而设立。

工业园区的用途相当多元，除了工厂、厂办等一般工业设施之外，亦可提供高科技产业使用，甚至有研究机构与学术机构进驻。工业园区如经过妥善的开发，通常会发展成为一个产业聚落。

在我国，工业园区作为区域经济发展的新焦点，如雨后春笋般兴盛起来，不少工业园取得了经济效益，甚至成为区域形象工程。据《中国工业园区开发运营模式与投资战略规划分析报告前瞻》数据统计，截至2010年末，我国国家级高新区的有83家，国家级经济技术开发区有107家；通过规划论证正在建设的国家生态工业示范园区数量达到39个，其中通过验收的国家生态工业示范园区有12个。中国各个省、大部分地市甚至部分县都已开始建设自己的工业园。

我国工业园区建设将继续呈现良好的发展势头，工业园区具备较好的投资潜力。但是，由于我国工业园建设起步较晚，建设经验不是很丰富，在我国工业园快速发展的背后，也凸现出一些问题。如：园区总体规模偏小、集约化不够；缺乏统一的科学规划；园区投资偏低、特色不明；用地难、融资难等。

第四节　典型固体废物资源化

一、氯碱企业废弃物的资源化

氯碱工业是最重要的化学工业，其产品在国民经济中起着重要的作用。在生产过程中产生的固体废物种类较多，成分复杂。其主要原料为含汞和非汞原盐，产生的固体废物包括燃煤灰渣、废电石渣、废盐泥、含汞废活性炭、吸附器活性炭和废催化剂、水处理废污泥等，直接排放将对环境产生较大的不利影响。

1. 粉煤灰的利用与处理

粉煤灰是煤在锅炉中燃烧后形成的被烟气携带出炉膛的细灰，是燃煤电厂排出的主要固体废物。现阶段我国年排渣量已达3000万吨，随着电力工业的发展，燃煤电厂的粉煤灰排放量逐年增加，粉煤灰的处理和利用问题引起人们广泛的注意。

一般情况下，在混凝土中掺加粉煤灰节约了大量的水泥和细骨料，减少了用水量，改善了混凝土拌和物的和易性，增强混凝土的可泵性，增加混凝土地修饰性。

粉煤灰还可以在制砖中发挥作用，1965年开始，我国就利用粉煤灰烧结砖，其产量高于蒸制砖，产品吃灰量大，可以节约大量黏土，但性能与黏土砖相差不大。蒸压粉煤灰是一种含有潜在活性的水硬性材料，有利于提高蒸压粉煤灰砖的强度等。

2. 盐泥的利用与处理

以食盐为主要原料用电解方法制取氯、氢、烧碱过程中排出的泥浆称为盐泥。盐泥也是工业中常见的固体废物，对环境和人体健康都有极大的害处。然而，随着人类意识的提高，开始对其进行回收利用的研究。

盐泥利用的一般步骤：一是将氯碱工艺中排出的悬浊液澄清后回收上清液盐水，沉淀备用；二是采用 H^+ 浓度为 $0.1\sim0.2mol/L$ 的无机酸对沉淀进行酸化；三是酸化后的沉淀水洗至 pH＝5～7，干燥、粉碎即可。

3. 含汞催化剂的处理与利用

含汞废催化剂制备氯化锌和单质汞的方法，涉及有机工业废汞催化剂的"三废"治理和利用的技术领域。

将废汞催化剂经以下三个步骤制得氯化锌和单质汞：首先将废汞催化剂送入密封式蒸馏器里进行蒸馏，使氯化汞直接升华成气体，再冷却成液体的氯化汞；其次将上述得到的氯化汞溶液与锌粒进行反应，生成氯化锌和单质汞混合溶液；该混合溶液经封闭式抽滤得到滤饼单质汞，经洗涤、脱水和包装得到单质汞产品；最后将上述得到的氯化锌溶液送进常压蒸馏器里进行蒸馏，当氯化锌达到饱和溶液时排出来冷却结晶，经粉碎包装得到氯化锌晶体成品。该方法有效防止了废汞催化剂对环境的污染，同时产生了较高经济效益。

4. 电石渣的处理与利用

一般情况下，对电石废渣的处理和利用主要是生产轻质煤渣砖、电石生产石灰和生产氯酸钾。

(1) 电石生产石灰　脱水后得到含固量 60% 的电石废渣，用螺旋运输机输送，在造粒机长度 3/4 处均匀分配至造粒机内，造粒制成 5～20mm 大小不等的圆球，再经气流干燥炉（350℃左右）干燥，回转炉（900～1000℃）煅烧。干燥炉内物料的干燥是利用回转炉内来的热废气干燥的。煅烧成的回收石灰流入卸料斗，装车运送到电石厂作电石原料。

(2) 生产氯酸钾　用电石渣代替石灰生产氯酸钾，其生产过程是：先将电石渣浆中的杂质除去后进入沉淀池，得到浓度为 12% 的乳液，用泵将电石渣乳液送至氯化塔并通入氯气、氧气。在氯化塔内，$Ca(OH)_2$ 与 Cl_2、O_2 发生皂化反应生成 $Ca(ClO_3)_2$；去除游离氯后，再用板框压滤机除去固体物，将所得溶液与 KCl 进行复分解反应生成 $KClO_3$ 溶液，经蒸发、结晶、脱水、干燥、粉碎、包装等工序制得产品氯酸钾（$KClO_3$）。

其化学反应方程式：

$$Ca(OH)_2+Cl_2+\frac{5}{2}O_2 \longrightarrow Ca(ClO_3)_2+H_2O$$

$$Ca(ClO_3)_2+2KCl \longrightarrow 2KClO_3+CaCl_2$$

用电石渣代替石灰生产氯酸钾（$KClO_3$），技术可行，实现了综合利用电石废渣的目的，不仅减少了电石废渣对环境造成的危害，同时也减少了石灰贮运过程中造成的污染，而且改善了劳动条件。

二、废橡胶的回收处理与再生利用

废旧橡胶的回收利用主要有两种方法：通过机械方法将废旧轮胎粉碎或研磨成微粒，即所谓的胶粒和胶粉通过脱硫技术破坏硫化胶化学网状结构制成所谓的再生橡胶。

1. 胶粉的制造法

废橡胶的预加工。废旧橡胶制品中一般都会有纤维和金属等非橡胶骨架材料，加之橡胶制品种类繁多，所以在废旧橡胶粉碎前都要进行预先加工处理，其中包括分拣、去除、切割、清洗等加工。对废旧橡胶还要进行检验、分类，对不同类别、不同来源的废橡胶及其制品按要求分类，最理想是采用回收管理循环方法，根据废胶来源有目的地进行处理。对于废轮胎这类体积较大的制品，则要除去胎圈，亦有采用胎面分离机将胎面与胎体分开。胶鞋主要回收鞋底，内胎则要除去气门嘴等。

经过分拣和除去非橡胶成分的废橡胶，由于长短不一，厚薄不均，不能直接进行粉碎，必须对废橡胶切割。

废橡胶特别是轮胎、胶鞋类制品，由于长期与地面接触，夹杂着很多泥沙等杂质，则应先采用转筒洗涤机进行清洗，以保证胶粉的质量。

(1) 冷冻粉碎法 低温冷冻粉碎法的基本原理：橡胶等高分子材料处在玻璃化温度以下时，它本身脆化，此时受机械作用很容易被粉碎成粉末状物质，硫化胶粉即按此原理制成。

冷冻粉碎工艺有两种：一种是低温冷冻粉碎工艺；另一种是低温和常温并用粉碎工艺。前者是利用液氮为制冷介质，使废橡胶深冷后用锤式粉碎机或辊筒粉碎机进行低温粉碎。微细橡胶粉生产线即是采用后一种方法进行生产的。利用液氮深冷技术把废旧轮胎加工成80目以上的微细橡胶粉，其生产过程中的温度、速度、过载均为闭环连锁微机控制，对环境无污染。该生产线的生产全过程均采用以压缩空气为动力的送料器和封闭式管道输送，除废旧轮胎投入和产品包装时与空气接触外，全线均为封闭状态。另外，由于采用冷冻法生产，无高温气味，所以不产生二次污染。并通过微细胶粉和粗粉的热交换过程达到了充分利用能源、降低能耗即降低产品成本的目的。

(2) 常温粉碎法 废橡胶经过预加工后进行常温粉碎，一般分粗碎和细碎。目前中国的再生胶工厂中常采用两种粉碎方式，一种是粗碎和细碎在同一台设备上完成；另一种是粗碎和细碎在两台不同的设备上完成。前者适合于小型工厂的生产厂生产。

粗碎和细碎同时进行的方式：进行该操作的两个辊筒其中一个表面带有沟槽，另一个表面无沟槽，即为沟光辊机。首先通过输送带将洗涤后的胶块送入两辊筒间进行破胶，然后将破碎后的胶块和胶粉落入设备底部的往复筛中过筛，达到粒度要求的从筛网落下，通过输送器入仓；未达到要求的胶块，通过翻料再进入沟光辊机中继续进行破碎。

粗碎和细碎在两台设备上进行的方式：粗碎在两只辊筒表面都带有沟槽的沟辊机上进行，粗碎过的胶块大小一般在 6～8mm。然后进入光辊细碎机上进行细碎，其粒度一般为 0.8～1.0mm（26～32目）。胶粉工厂粉碎设备与传统的再生胶粉碎设备不同，都是专用的废橡胶破碎机、中碎机、细碎机。

2. 胶粉的活化与改性

所谓活化胶粉是为了提高胶粉配合物的性能而对其表面进行化学处理的胶粉。胶粉的活化改性方法很多，大致分为：接枝方法、互穿聚合物网络法、表面降解再生法、低聚物改性法、调整硫化体系、其他活化方法。例如，饱和量硫化促进剂处理法。这种方法是采用 2～3 份的硫化促进剂对 $420\mu m$（40目）的胶粉进行机械处理制得，通过处理的胶粉其表面均匀地附着一层硫化促进剂，从而使胶粉与基质胶料界面处的交联键增加，使整个胶料配合物硫化后成为一个均匀的交联物，这种胶粉应用于轮胎，虽然其静态性能略有下降，但是其动态性能提高。

液体高分子材料加硫化剂处理法。这种方法是采用 12 份左右的液体不饱和可硫化的高分子材料与硫化剂共混，然后对胶粉进行机械处理制得。可采用的液体高分子材料有液体丁腈橡胶、液体丁苯橡胶、液体乙丙橡胶等，至于采用哪种液体高分子材料可根据胶粉种类和用途而定。通过处理的胶粉，能使其与基质胶料很好地交联，并根据所用的液体高分子种类而赋予其耐油、耐臭氧等特性。根据应用试验，在物理性能不超过允许的范围内，可高比例掺用（40%～80%）。

3. 胶粉的应用

胶粉的应用概括起来可分为两大领域：一是直接成型或与新橡胶并用做成产品，这属于橡胶工业范畴；二是在非橡胶工业的广阔领域中应用。现在全球范围内越来越多的厂商采用胶粉替代原生材料，不仅有益于环境保护，而且更重要的是因为使用胶粉能够有效地降低成本、提高性能，得到其他材料得不到的效果。它可以作为橡胶、填料及复合材料被广泛用于轮胎、胶管、胶带、胶鞋、橡胶工业制品、电线、电缆及建筑物材料等。胶粉还可以和塑料并用，如聚乙烯、聚氯乙烯、聚丙烯、聚氨酯等，以提高性能，降低成本。

用胶粉对沥青进行改性铺设公路应用也很广。用胶粉改性沥青铺设的公路在很多发达国家如加拿大、美国、比利时、法国、荷兰等国均有应用。中国也有些省市如江西、湖北、广州、北京等地，相继铺设了实验路段。实践证明，用胶粉改性的沥青铺设的公路可以减少路面龟裂和软化，路面不易结冰和打滑，提高了行驶安全性，还可以提高路面寿命，比一般的沥青路面的使用寿命至少提高了一倍。

三、废塑料的回收利用和处理

（一）我国塑料回收状况

2003年，我国的塑料制品产量达到1651万吨，如果算上小型企业，保守估计超过2500万吨，若按塑料制品中有20%为可回收塑料计算，则我国可回收塑料废弃物每年约有400万～500万吨，而这还不包括企业生产中产生的边脚料和没使用过的残次塑料制品回收。

塑料回收再利用是一个世界性的课题，工业发达国家的一些成功做法就是分门别类合理使用。废弃塑料可以按品种规格分成不同的等级，经过相应的加工处理，分类使用。像企业在生产过程中产生的边脚料、残次品等都属易于分类回收的塑料，但生活用塑料制品在我国存在分类回收困难的问题。一方面是民众的环保意识不强，塑料分类回收的概念还未被大众认同，不同塑料的分类回收还没有形成。另一方面，塑料制品按原料分类的标志不明显。

（二）废塑料的处理

1. 废塑料的填埋技术

目前处理塑料的最常见方法仍是填埋技术。调查显示，至1992年德国每年的塑料垃圾约为255万吨。其中有130万吨用来填埋，70万吨焚化，只有55万吨再生利用。美国的填埋量约占总量的26.7%。填埋会造成严重的污染与危害，塑料生产过程中使用化学添加剂，如重金属化合物，以及塑料包装上残留的食品有机物等则会产生渗滤液，易引起地下水污染，因此采用填埋法时必须做好防渗处理。

2. 塑料的焚烧处理

焚烧处理可以将塑料减容达90%，同时回收热量。塑料发热量高，燃烧速度快，在焚烧聚烯烃和聚氯乙烯时不易燃尽而出现黑烟。焚烧含氯塑料或含食品残渣的塑料时，会产生氯气、氯化氢和二噁英致癌物。塑料通常用含镉、铅、锌等的颜料着色，焚烧易产生重金属污染。

3. 塑料的分解处理

有的学者认为，塑料难以生物降解的原因并非是其分子量过大或分子结构特殊，而很可能与塑料分子烷基长链末端缺少易受微生物攻击的官能团以及塑料分子强烈的憎水性不能满足微生物增殖和生化反应所需的供水条件等因素有关，因此出现了分解法。

① 光分解　光分解就是在塑料中添加促光解物质，在光的作用下自行分解。如添加光敏剂或光敏基团。添加光敏剂可促使高分子主链具有光分解性。常用 Fe、Cu、Ni、Cd、Co 等过渡金属作光敏剂，加工成的塑料是含有一定比例金属的配位化合物。这些配合物吸收紫外线后能产生金属离子，催化高分子键产生活性基团，从而引起高分子链的分解反应。研究表明，光解后产物分子量可降至 10000 以下，拉伸强度明显降低，塑膜强度明显降低，塑膜变脆、易碎；红外光谱鉴定表明，其分子中出现母体分子结构中没有的、易受微生物攻击的羰基官能团。

② 生物分解　生物分解塑料就是利用生物分解或吸收塑料，本方法主要是在塑料中添加淀粉及其衍生物。添加的淀粉可被细菌和微生物分解，使塑料成多孔状，强度下降，表面积增加，有利于进一步分解。同时，由于塑料中常常加有自动氧化剂（常为不饱和脂肪酸），其在土壤或水中与金属盐反应生成过氧化物，可切断高分子长链，使其最终能降解成二氧化碳和水。但这种含淀粉的塑料并不能保证在环境中都具备良好的降解性。光分解和生物分解性塑料其成本比普通塑料要求高，在塑料中由于使用了添加剂，要注意防止二次污染。目前，还有许多机构在研究直接利用动植物天然高分子材料或化学合成生物分解性高分子材料来生产分解性塑料，这种聚合物能完全被生物分解，对环境无危害，具有一定的市场潜力与研究价值。

（三）回收再加工工艺

1. 简单再生

简单再生主要利用塑料制造业、加工业产生的边角废料，其较干净，成分单一，这部分技术在我国已有一定基础。

2. 复合再生

复合再生是以商品流通使用后的废塑料为原料，废塑料经减容、切碎、清洗和分选后，通过对各种塑料配合、熔融、混炼、加工等技术处理，生产出直接再利用品。现有风力筛选法、密度分离法、溶解分离法等方法。需根据具体条件要求选用。

 阅读资料

日本垃圾分类和焚烧发电对我国的启示

日本把废弃物分为两大类，即产业废弃物与一般废弃物。产业废弃物主要指工业垃圾，一般废弃物主要指家庭排放的垃圾。

日本一般废弃物（垃圾）产生量与人均废弃物的排放量变化呈相同趋势，近 30 年来没有太大的变化，总量维持在 5000 万吨左右，人均大致在 1.1kg/(人·日)，规模大的城市生活垃圾人均产生量较高。

日本普遍推广 3R（reduce、reuse、recycle）和政府资助的垃圾分类，近 30 年生活垃圾水分降低，热值明显提高，为焚烧处理和无害化处理提供了较好的条件。北九州市垃圾水分只有 25%，可燃分达到 57.5%，低位热值已达 13080kJ/kg。

日本垃圾处理采取以焚烧为主、最终填埋的方式。垃圾直接焚烧率近 10 年来一直保持在 77% 以上。2006 年焚烧生活垃圾量约 4000 万吨，直接焚烧处理比例达 76.7%，而直接填埋处理仅有 4.6%，堆肥处理约为 0.1%，其余为回收资源化处理。

第五章 工业废气处理与资源化

工业废气主要是指工业生产过程中排放出的气态污染物，主要包括含硫化物、含氮化合物、碳的氧化物、烃类化合物、含卤素化合物等。这些气体对动物、植物、环境具有一定的危害，必须予以处理。

本章主要讲述工业废气的危害、来源、特点以及工业废气的处理方式、资源化利用。

第一节 工业废气概述

一、工业废气的来源

我国工业废气主要包括燃料燃烧废气和生产工艺废气。历年来我国废气治理的重点是：燃料燃烧（主要是燃煤）废气、生产工艺废气、汽车尾气等。污染源见图5-1、图5-2所示。

图 5-1 工业生产废气排放

图 5-2 汽车尾气排放

（一）燃料燃烧废气

煤、石油燃烧特别是不完全燃烧导致烟尘、硫氧化物、氮氧化物、碳氧化物等废气的产生，从而引起大气污染问题。

我国使用的能源燃料中，以固体燃料煤占的比例最大。据1984～1993年10年统计数据，煤占75%～76%，石油占17%左右，天然气等占2.2%～2.4%。可见煤和石油的使用占中国能源使用的绝大比例。

（二）工业生产源

1. 煤炭工业源

煤炭加工主要有炼焦、煤的转化等，在这些加工中均不同程度地向大气排放各种有害物质主要有颗粒物、二氧化硫、一氧化碳、氮氧化物及挥发性有机物及无机物。

2. 石油和天然气工业源

（1）**石油炼制** 石油原油是以烷烃、环烷烃、芳香烃等多种有机化合物为主的复杂混合物。除烃类外，还含有多种硫化物、氮化物等。

（2）**天然气的处理过程** 从高压油井来的天然气通常经过井边的油气分离器去除轻凝结物和水。天然气中常含有丁烷和丙烷，因此要经天然气处理装置回收这些可液化的成分方能使用。

3. 钢铁工业

钢铁工业主要由采矿、选矿、烧结、炼铁、炼钢、轧钢、焦化以及其他辅助工序（例如废料的处理和运输等）所组成。各生产工序都不同程度地排放污染物。生产1t钢要消耗原材料6~7t，包括铁矿石、煤炭、石灰石等，其中约80%变成各种废物或有害物排入环境。排入大气的污染物主要有粉尘、烟尘、SO_2、CO、NO_x、氟化物和氯化物等。

4. 有色金属工业

有色金属通常指除铁（有时也除铬和锰）和铁基合金以外的所有金属。有色金属可分为四类：重金属、轻金属、贵金属和稀有金属。重有色金属在火法冶炼中产生的有害物以重金属烟尘和SO_2为主，也伴有汞、镉、铅、砷等极毒物质。生产轻金属铝时，污染物以氟化物和沥青烟为主；生产镁和钛、锆时，排放的污染物以氯气和金属氯化物为主。

5. 建材工业

建筑材料种类繁多，其中用量最大最普遍的当属砂石、石灰、水泥、沥青混凝土、砖和玻璃等，它们的主要排放物为粉尘。

6. 化学工业

化学工业又称化学加工工业，其中产量大、应用广的主要化学工业有无机酸、无机碱、化肥等工业。其排放的污染物，由原料，加工工艺，生产环境等方面决定。

二、工业废气的危害

工业废气造成的大气污染会使生态系统受到破坏和影响，如沙漠化、森林破坏、温室效应、酸雨、臭氧层破坏等。因此工业废气的危害是很严重的，工业废气污染物主要有颗粒污染物、硫化合物、氮氧化合物、光化学氧化剂、含氟化合物等。

1. 对人体健康的危害

人需要呼吸空气以维持生命。一个成年人每天呼吸大约2万多次，吸入空气达15~20m^3/d，因此被污染了的空气对人体健康有直接的影响。大气污染物对人体的危害是多方面的，主要表现是呼吸道疾病与生理机能障碍，以及眼鼻等黏膜组织受到刺激而患病。世界银行发布的报告表明，由室外空气污染导致的过早死亡人数，平均为每天1000人，每年有35万~40万的人面临着死亡。具体来讲，早在1997年，世界银行就预计有5万中国人因为空气污染而过早死亡。图 5-3 表示污染了的空气与人体健康的关系。

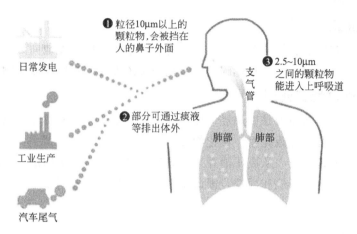

图 5-3　污染气体与人体健康图

2. 对植物的危害

大气污染物，尤其是 SO_2、氟化物、NO_x 等对植物的危害是十分严重的。当污染物浓度很高时，会对植物产生急性危害，使植物叶表面产生伤斑，或者直接使叶枯萎脱落；当污染物浓度不高时，会对植物产生慢性危害，使植物叶片褪绿，或者表面上看不见什么危害症状，但植物的生理机能已受到了影响，造成植物产量下降，品质变坏。

硫化氢是无色、具有浓厚腐蛋气味的有毒气体，易溶于水。空气中 H_2S 的体积分数为 0.04 时便有害于人体健康，0.1h 就可致人死亡，大气中允许的硫化氢浓度为 $0.01g/m^3$。H_2S 的刺激性作用能引起眼结膜炎；如果侵入血液中能与血红蛋白结合，生成硫化血红蛋白而使人缺氧，窒息死亡。

3. 对天气和气候的影响

大气污染物对天气和气候的影响是十分显著的，具体见第一章第二节。

第二节　工业废气处理与资源化

大气污染物主要有漂尘、悬浮物等颗粒污染物、氮氧化合物、碳氧化合物、SO_2、烃类化合物等气态污染物。因此，工业废气的处理主要有消烟除尘、二氧化硫的净化、氮氧化物的净化、挥发性有机废气净化等几方面。

一、消烟除尘

在工业生产过程中经常散发各种粉尘，如果不加控制，它将破坏车间空气环境，危害工人身体健康和损坏机器设备，还会污染大气环境造成公害。

(一) 粉尘

1. 定义

产生于固体物质的粉碎、筛分、输送、爆破等机械过程中，这种含尘工业废气由于粒度大、化学成分与原固体物质相同叫粉尘。

产生于燃烧、高温熔融和化学反应等过程中，这种含尘工业废气由于粒度小、化学性质与生成它的物质有别叫烟尘。

2. 分类

（1）按粉尘的成分可分为如下几类

① 无机粉尘　包括矿物性粉尘（如石英、石棉、滑石粉等），金属粉尘（如铁、锡、铝、锰及其氧化物等）和人工无机性粉尘（如金刚砂、水泥、耐火材料、石墨等）。

② 有机粉尘　包括植物性粉尘（如棉、亚麻、谷物、烟草等），动物性粉尘（如毛发、角质、骨质等）和人工有机粉尘（炸药、有机染料等）。

③ 混合性粉尘　包括数种粉尘的混合物，大气中的粉尘通常都是混合性粉尘。

（2）按粉尘的颗粒大小分类

① 可见粉尘　用眼睛可以分辨的粉尘，粒径大于 $10\mu m$。

② 显微粉尘　在普通显微镜下可以分辨的粉尘，粒径为 $0.25\sim10\mu m$。

③ 超显微粉尘　在超倍显微镜或电子显微镜下才可以分辨的粉尘，粒径小于 $0.25\mu m$。

3. 粉尘的危害

工业粉尘的最大危害是进入人体肺部后可能引起各种肺尘埃沉着病，其中以硅沉着病最为普遍，危害也最大。硅沉着病是由于工人吸入含有游离二氧化硅的粉尘而引起的肺纤维性病变。

粉尘还能加速机械磨损，影响生产设备的寿命，粉尘落入电气设备里，有可能破坏绝缘，因而发生事故，建筑结构也会因积尘过多而遭受腐蚀和破坏。排至厂房外的粉尘会污染厂区周围及城镇的大气，不仅危害居民的健康，而且还损害农、林、牧业生产。

除此之外，排出的工业粉尘，如不加以回收，可造成经济上的损失。因此，搞好安全防尘和消烟除尘，保护和改善环境是关系到职工和居民健康及发展工农业生产的一个重要问题。

（二）除尘器

除尘器是从含尘气体中分离并捕集粉尘、炭粒、雾滴的装置。广泛用于控制工业废气中产生的粉尘和烟尘。

1. 除尘器的分类

按分离、捕集的作用原理，除尘器可分为机械除尘器、洗涤除尘器、袋式除尘器、静电除尘器。

按照利用重力、惯性力、离心力等机械力将尘粒从气体中分离出来的装置原理，除尘器可分为：重力除尘器、惯性力除尘器、离心力除尘器。

2. 除尘器工作原理

（1）洗涤除尘器　利用水洗涤含尘气体使气体净化的装置，主要有下列各种类型。

① 重力喷淋除尘器　又称喷雾塔或洗涤塔。含尘气体通过喷淋液的液滴空间时，因尘粒和液滴之间碰撞、拦截和凝聚等作用，较大尘粒因重力沉降下来，与洗涤液一起从塔底排走。为保证塔内气流均匀，常用多孔分布板或填料床。

重力喷淋除尘器压力损失小于 $25mmHg$，常用于去除粒径大于 $50\mu m$ 的尘粒。这种塑烧板具有结构简单、阻力小、操作方便等特点；但耗水多，占地面积大，效率较低。重力喷淋除尘器结构见图 5-4 所示。

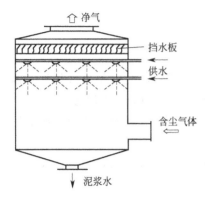

图 5-4 重力喷淋除尘器结构

② 旋风洗涤除尘器 这种除尘器捕集粒径小于 5μm 的尘粒，适用于气量大、含尘浓度高的场合。常用的有旋风水膜除尘器、卧式旋风水膜除尘器、中心喷雾旋风除尘器。

旋风水膜除尘器是由除尘器筒体上部的喷嘴沿切线方向将水雾喷向器壁，使壁上形成一层薄的流动水膜，含尘气体由筒体下层以入口流速约 15～22m/s 的速度切向进入，旋转上升，尘粒靠离心力作用甩向器壁，黏附于水膜，随水流排出。气流压力损失为 50～75mmHg[❶]，除尘效率可达到 90%～95%。

卧式旋风水膜除尘器又称旋筒式除尘器。气流进入除尘器后沿螺旋通道作旋转运动，在离心力作用下，尘粒被甩向筒壁。气流以高速冲击水箱内的水面，尘粒便落入水中，气流冲击水面激起的水滴和尘粒碰撞，也能把尘粒捕获。携带水滴的气流继续作旋转运动，水滴被甩向器壁，形成水膜，把落在壁上的尘粒捕获。气流压力损失为 80～100mmHg。卧式旋风水膜除尘器结构见图 5-5 所示。

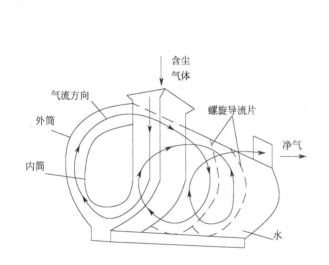

图 5-5 卧式旋风水膜除尘器结构

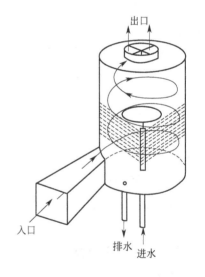

图 5-6 中心喷雾旋风除尘器结构

中心喷雾旋风除尘器中心设喷雾多孔管，含尘气流由下部切向引入，尘粒被离心力甩向器壁，由于水滴同尘粒的碰撞作用和器壁水膜对尘粒的黏附作用而除去尘粒，气流压力损失为 50～200mmHg。适用于小于 0.5μm 的尘粒，除尘效率为 95%～98%。中心喷雾旋风除尘器结构见图 5-6。

③ 泡沫除尘器 又称泡沫塔。塔中有一块或几块多孔筛板，洗涤液流到塔板上，保持一定的液层高度，含尘气流从塔下部导入，均匀穿过塔板上的小孔而分散于液流中，同时产生大量泡沫，增加了气液两相接触表面积，使尘粒被液体捕集。除尘效率主要取决于泡沫层

---

❶ 1mmHg=133.322Pa。

厚度，泡沫层厚 30mm 时，除尘效率为 95%～99%；泡沫层厚 120mm 时，除尘效率可达 99.5% 以上。气流压力损失 50～80mmHg。

泡沫除尘器结构见图 5-7。

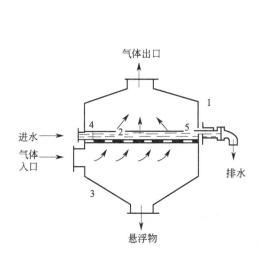

图 5-7 泡沫除尘器结构
1—除沫部分；2—塔板；3—气体进入部分；
4—泡沫层；5—液面

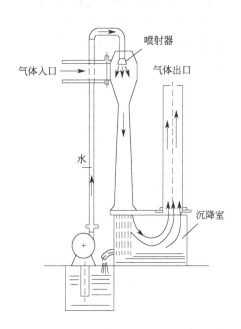

图 5-8 射流洗涤除尘器结构

④ 射流洗涤除尘器 这种除尘器的工作原理是：水在高压（3.5～7kgf/cm²）下注入喷射器，抽吸含尘气体，使气流中的尘粒与水滴碰撞而被捕集。然后水滴和气体的混合物进入沉降室，水滴同尘粒从气流中被分离出来，达到除尘目的。这种除尘器适用于去除粒径 0.5μm 以上的尘粒，除尘效率约 90%。因用水量大，运转费用较高，不适用于大量含尘气体的处理。

射流洗涤除尘器结构见图 5-8。

⑤ 文丘里除尘器 又称文氏管除尘器，由文氏管凝聚器和除雾器组成。凝聚器由收缩管、喉管和扩散管组成，其结构示意见图 5-9。

含尘气体进入收缩管后，流速增大，进入喉管时，流速达到最大值。洗涤液从收缩管或喉管加入时，气液两相间相对流速很大，液滴在高速气流下雾化，气体湿度达到饱和，尘粒被水湿润。尘粒与液滴或尘粒与尘粒之间发生激烈碰撞和凝聚。在扩散管中，气流速度减小，压力回升，以尘粒为凝结核的凝聚作用加快，凝聚成粒径较大的含尘液滴，而易于被捕集。文氏管除尘器适用于去除粒径 0.1～100μm 的尘粒，除尘效率为 80%～

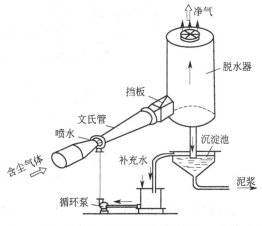

图 5-9 文丘里除尘器结构

95%,压力损失达 300~800mmHg。

(2) 袋式除尘器 属于过滤除尘器。它是含尘气流通过过滤材料,将粉尘分离、捕集的装置。含尘气体从下部引入圆筒形滤袋,在穿过滤布的空隙时,尘粒因惯性、接触和扩散等作用而被拦截下来。若尘粒和滤料带有异性电荷,则尘粒吸附于滤料上,可以提高除尘效率,但清灰较困难;若带有同性电荷,则降低除尘效率,但清灰较容易。袋式除尘器结构见图 5-10。

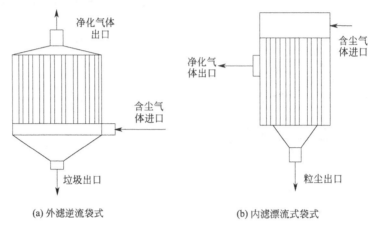

图 5-10 袋式除尘器结构

袋式除尘器可清除粒径 0.1μm 以上的尘粒,除尘效率达 99%。气流压力损失 100~200mmHg。

布袋材料可用天然纤维或合成纤维的纺织品或毡制品;净化高温气体时,可用玻璃纤维作过滤材料。

袋式除尘器缺点是对通过的气体不起冷却作用,占地面积较大;优点是装置简单,除尘效率高,回收的干粉尘能直接利用。

(3) 静电除尘器 1906 年 F.G. 科特雷尔首先研制成功,因此也称科特雷尔静电除尘器。卧式静电除尘器的结构见图 5-11。

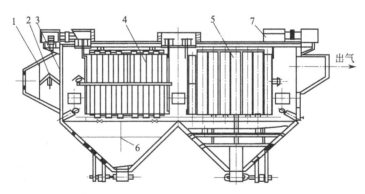

图 5-11 卧式静电除尘器的结构
1—气体分布板;2—气体分布板撅打装置;3—气孔分布板;4—电晕极;
5—收尘极;6—阻力板;7—保温箱

静电除尘器是利用强电场使气体发生电离,气体中的粉尘也带有电荷,并在电场作用下与气体分离。除尘器的电极形式有平板式和管式两种,通常负极称放电极,正极称集尘极

（或沉降极）。如管式静电除尘器把 220V（或 380V）的交流电经过升压整流装置，变为 3 万～6 万伏左右的高压直流电，绝缘进入电晕线，圆筒壁为集尘极，由导线接地，电晕线和圆筒壁之间形成静电场，电晕线周围空气产生电离，形成大量负离子和电子，向集尘极运动。含尘气体从除尘器进口处进入除尘器，不带电的尘粒和负离子结合，带上负电，运动到集尘极后失去电荷成中性，通过振动等沿集尘极落入灰斗。净化后的气体，从除尘器出口处排出。

静电除尘器消耗的能量比较少，气流压力损失一般为 10～50mmHg，除尘效率高达 90%～99.9%，适用于去除粒径 0.05～50μm 的尘粒，可用于高温、高压的场合，能连续操作。缺点是设备庞大，投资较高。

（4）机械除尘器 机械除尘器通常指利用质量力（重力、惯性力和离心力）的作用使颗粒物与气体分离的装置。

常用的有重力除尘器、惯性力除尘器、离心力除尘器三类。

① 重力除尘器 重力除尘器是通过重力作用使尘粒从气流中沉降分离的除尘装置。重力除尘器的结构图见 5-12。

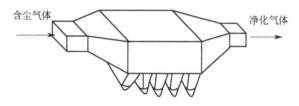

图 5-12 重力除尘器

含尘气体通过管道的扩大部分（重力除尘器），流速大大降低，较大尘粒即在重力作用下沉降下来。为避免气流旋涡将已沉降尘粒带起，常在沉降室加挡板。通过沉降室的气流速度不得大于 3m/s，压力损失一般为 10～20mmHg，能捕集粒径大于 50μm 的尘粒。重力除尘器有干式和湿式之分，干式除尘效率为 40%～60%，湿式除尘效率为 60%～80%。

重力除尘器适用于含尘气体预净化。为提高除尘效率，可降低沉降室高度或设置多层沉降室，多层沉降室结构见图 5-13。

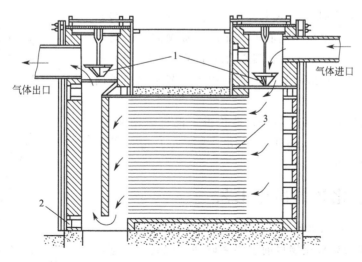

图 5-13 多层沉降室
1—锥形阀；2—清灰孔；3—隔板

② 惯性力除尘器　惯性力除尘器工作原理是沉降室内设置各种形式的挡板，含尘气流冲击在挡板上，气流方向发生急剧转变，借助尘粒本身的惯性力作用，使其与气流分离，如图5-14所示。

惯性力除尘器适用于捕集粒径 $10\mu m$ 以上的尘粒，因易堵塞，对黏结性和纤维性粉尘不适用，其压力损失因结构而异，一般为 $30\sim70mmHg$。除尘效率为 $50\%\sim70\%$。惯性力除尘见图5-15。

③ 旋风除尘器　旋风除尘器是利用气流在旋涡运动中产生的离心力以清除气流中尘粒

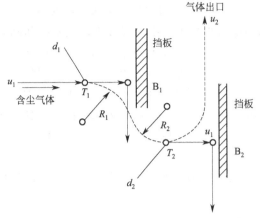

图5-14　惯性力除尘器工作示意

的设备，其结构见图5-16所示。

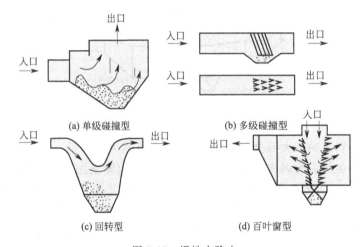

(a) 单级碰撞型　　(b) 多级碰撞型

(c) 回转型　　(d) 百叶窗型

图5-15　惯性力除尘

旋风除尘器工作时气流从上部沿切线方向进入除尘器，在其中作旋转运动，尘粒在离心力的作用下被抛向除尘器圆筒部分的内壁上降落到集尘室。离心力除尘器于1885年开始使用，已发展成多种形式，如气流轴向引入，灰尘出口轴向配置或周边配置。

旋风除尘器特点是结构简单，造价低，没有运动部件，压力损失一般为 $40\sim150mmHg$，适用于去除大于 $5\mu m$ 的尘粒。除尘效率约 $70\%\sim90\%$。

二、硫氧化物的净化工艺

大气污染物中，硫氧化物主要有 SO_2 和 SO_3 两种，其中以 SO_2 为主，除去硫氧化物目前主要采取烟气脱硫。根据世界卫生组织对60个国家 $10\sim15$ 年的监测发现，全球污染最严重的10个城市中我国就占了8个，我国城市大气中二氧化

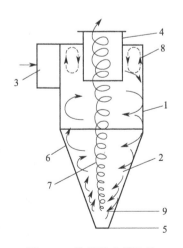

图5-16　旋风除尘器结构
1—筒体；2—锥体；3—进气管；
4—排气管；5—排灰口；6—外旋流；
7—内旋流；8—二次流；9—回旋风

硫和总悬浮微粒的浓度是世界上最高的。大气环境符合国家一级标准的不到1%，62%的城市大气中二氧化硫年日平均浓度超过了3级标准（100mg/m³）。全国酸雨面积已占国土资源的30%，每年因酸雨和二氧化硫污染造成的损失高达1100亿元。

20世纪末，我国由于环境污染导致的年经济损失为2830亿元。其中大气污染造成的直接损失为200亿元，生态灾害的损失为2000亿元，这些损失有相当大的份额归因于SO_2。2005年，我国排放SO_2总量超过2500t，已成为世界上SO_2排放量最多的国家。表5-1为2000~2008年我国SO_2的年排放量。

表5-1 2000~2008年全国SO_2年排放量

年份	2000	2001	2002	2003	2004	2005	2006	2007	2008
全国SO_2排放量/万吨	1995.1	1947.8	1926.6	2158.5	2254.9	2549.4	2588.8	2468.1	2321.2
年增长率/%		-2.4	-1.1	12.0	4.5	13.1	1.6	-0.5	-0.6

（一）烟气脱硫的类型

目前烟气脱硫技术种类达几十种，按脱硫过程是否加水和脱硫产物的干湿形态，烟气脱硫分为：湿法、半干法、干法三大类脱硫工艺。湿法脱硫技术较为成熟，效率高，操作简单，但脱硫产物的处理较难，烟气温度较低，不利于扩散，设备及管道防腐蚀问题较为突出。半干法、干法脱硫技术的脱硫产物为干粉状，容易处理，工艺较简单，但脱硫效率较低，脱硫剂利用率低。

根据各种不同的吸收剂，湿法烟气脱硫可分为：石灰石/石灰-石膏法、氨法、钠法、铝法、金属氧化镁法、双碱法等。湿法烟气脱硫的工艺过程多种多样，但都具有相似的共同点，即含硫烟气的预处理（如降温、增湿、除尘）、吸收、氧化、富液处理（灰水处理）、除雾（气水分离）、被净化后的气体再加热，以及产品浓缩和分离等。石灰石/石灰-石膏法，是燃煤电厂应用最广泛、最多的典型的湿法烟气脱硫技术。

（二）烟气脱硫工艺

1. 石灰石/石灰-石膏法

石灰石/石灰-石膏法是用石灰或石灰石作脱硫剂的烟气脱硫方法，简称为钙法。石灰和石灰石是最早用作烟气脱硫的吸收剂之一，工艺流程见图5-17所示。

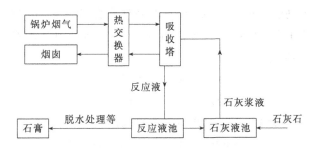

图5-17 石灰石/石灰-石膏法脱硫工艺流程

化学反应机理：石灰石直接喷射进锅炉的停留时间短暂，因此在硫氧化物脱除过程中，必须要在很短的时间内进行煅烧、吸附和氧化。

涉及的化学反应有：

$$CaCO_3 \rightleftharpoons CaO + CO_2$$

$$CaO + SO_2 \rightleftharpoons CaSO_3$$
$$CaCO_3 + SO_2 \rightleftharpoons CaSO_3 + CO_2$$
$$2CaSO_3 + O_2 \rightleftharpoons 2CaSO_4$$
$$CaO + SO_2 + \frac{1}{2}O_2 \rightleftharpoons CaSO_4$$
$$CaCO_3 + SO_2 + \frac{1}{2}O_2 \rightleftharpoons CaSO_4 + CO_2$$
$$4CaSO_3 \rightleftharpoons 3CaSO_4 + CaS$$

钙法的优点是工艺主流程简单，制浆部分复杂，脱硫率≥95%，适用于高、中硫煤，技术程度高；缺点是运行费用高，占地面积大，有二次污染。

2. 钠法

亚硫酸钠法烟气脱硫又称韦尔曼-洛德工艺，是采用亚硫酸钠水溶液吸收 SO_2 的烟气脱硫工艺，工艺流程见图 5-18 所示。

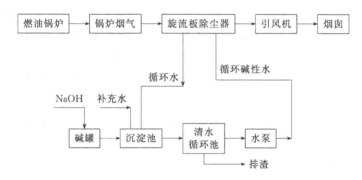

图 5-18 钠法脱硫工艺

Na_2SO_3 吸收 SO_2 生成 $NaHSO_3$。将含有 Na_2SO_3-$NaHSO_3$ 的吸收液进行加热再生得到增浓的 SO_2，再生的吸收剂返回吸收器回路中，再生工序得到的 SO_2 中含水蒸气较多，可用冷凝法去除，必要时可经浓硫酸干燥塔干燥，回收得到 SO_2。该脱硫工艺包括烟气预处理、SO_2 吸收、吸收剂再生、SO_2 回收和产品纯化等工序。烟气预处理去除飞灰和氯化物，SO_2 吸收在分馏塔式吸收器内进行，脱硫率达 90% 以上。

钠法的化学机理与钙法类似，用 Na_2SO_3 溶液洗涤含 SO_2 的气体时，首先是 SO_2 溶于水中，并部分离解生成 H^+、HSO_3^- 及少量的 SO_3^{2-}。碱溶液中存在着 Na^+ 和 OH^-，由下列反应使 OH^- 和 H^+ 不断减少。

$$SO_2 \rightleftharpoons H_2SO_3 \rightleftharpoons H^+ + HSO_3^-$$
$$OH^- + H^+ \rightleftharpoons H_2O$$

起初因碱过剩，SO_2 与碱反应生成正盐（亚硫酸钠）。

$$2NaOH + SO_2 \rightleftharpoons Na_2SO_3 + H_2O$$

生成的亚硫酸钠具有吸收 SO_2 的能力，继续从气体中吸收 SO_2，生成酸式盐（亚硫酸氢钠）。

$$SO_2 + Na_2SO_3 + H_2O \rightleftharpoons 2NaHSO_3$$

亚硫酸氢钠与碱反应又得到亚硫酸钠

$$NaHSO_3 + NaOH \longrightarrow Na_2SO_3 + H_2O$$

钠法优点是工艺流程简单,运行可靠性强,能耗小,占地面积小;缺点是运行费用还是比较高。

3. 氨法

氨水的水溶液呈碱性,也是 SO_2 的吸收剂。工业上硫酸工业的尾气处理,常采用这项技术,其工艺流程见图 5-19。

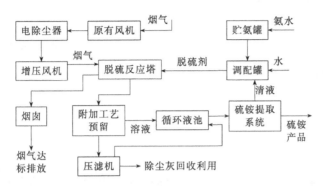

图 5-19 氨-硫酸铵湿法脱硫技术工艺流程

实际上,洗涤吸收过程是利用 $(NH_4)_2SO_3$-NH_4HSO_3 溶液对 SO_2 循环吸收、净化烟气,然后以不同的方法处理吸收液的过程。氨极容易溶于水,氨水和 SO_2 的反应为:

$$2NH_3(气)+H_2O(蒸汽)+SO_2(气)\longrightarrow (NH_4)_2SO_3$$

此反应是气相反应,反应瞬时完成。亚硫酸铵对 SO_2 有更强的吸收能力,它是氨法中的主要吸收剂。

$$(NH_4)_2SO_3+H_2O+SO_2\longrightarrow 2NH_4HSO_3$$

氨法的优点是脱硫工艺简单,脱硫率高,脱硫成本低,占地面积小;缺点是运行可靠性稍差。

4. 金属氧化镁法

所谓金属氧化镁法,就是利用碱土金属镁的氧化物、氢氧化物作为 SO_2 的吸收剂,净化处理烟气的工艺,其过程包含吸收和再生两个主要环节。金属氧化镁脱硫工艺见图 5-20。

镁法净化回收 SO_2 的过程,主要由 3 个工序组成:氧化镁浆吸收 SO_2 的洗涤工序;液分离出反应物,并加以干燥的分离工序;亚硫酸盐经热分解生成氧化镁的再生工序。

主要化学反应方程式:

$$MgO(s)+H_2O \rightleftharpoons Mg(OH)_2$$
$$Mg(OH)_2 \rightleftharpoons Mg^{2+}+2OH^-$$

则 SO_2 的吸收主要反应式为:

$$SO_2(g)+H_2O \rightleftharpoons H_2SO_3$$
$$H_2SO_3 \rightleftharpoons H^+ + HSO_3^-$$
$$HSO_3^- \rightleftharpoons H^+ + SO_3^{2-}$$
$$Mg^{2+}+SO_3^{2-}+3H_2O \rightleftharpoons MgSO_3 \cdot 3H_2O$$
$$Mg^{2+}+SO_3^{2-}+6H_2O \rightleftharpoons MgSO_3 \cdot 6H_2O$$
$$Mg^{2+}+SO_3^{2-}+7H_2O \rightleftharpoons MgSO_3 \cdot 7H_2O$$
$$SO_2+MgSO_3 \cdot 6H_2O \rightleftharpoons Mg(HSO_3)_2+5H_2O$$

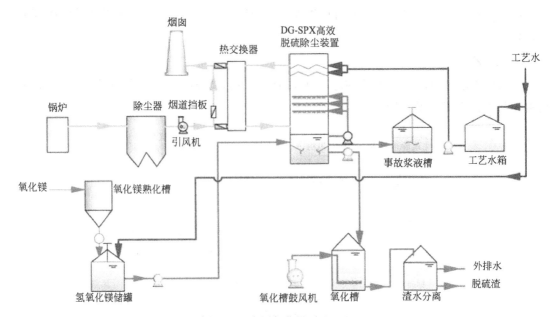

图 5-20 金属氧化镁脱硫工艺

$$Mg(HSO_3)_2 + Mg(OH)_2 + 10H_2O \rightleftharpoons 2MgSO_3 \cdot 6H_2O$$

镁法的优点是脱硫率高;缺点是投资、运行费用、能耗较高、占地面积大,工艺复杂程度高。

5. 双碱法

脱硫过程中,由于在吸收和吸收液处理中使用了两种不同类型的碱,这种脱硫方法称为双碱法。双碱法包括了钠钙、镁钙、钙钙等各种不同的双碱工艺,其中钠钙双碱法是较为常用的脱硫方法之一,其工艺流程见图 5-21 所示。

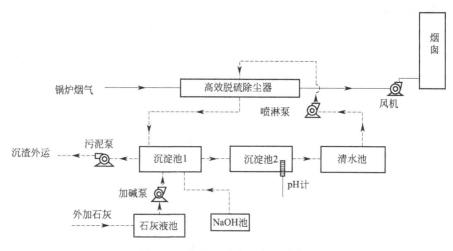

图 5-21 钠钙双碱法脱硫工艺流程

双碱法烟气脱硫是由物理吸收和化学吸收两个过程组成。在物理吸收过程中,SO_2 溶解于吸收剂中,只要气相中被吸收的分压大于液相呈平衡时该气体分压时,吸收就会进行,主要化学反应方程式如下:

(1) 吸收反应

$$2NaOH + SO_2 \longrightarrow Na_2SO_3 + H_2O$$

$$Na_2CO_3 + SO_2 \longrightarrow Na_2SO_3 + CO_2$$

$$Na_2SO_3 + SO_2 + H_2O \longrightarrow 2NaHSO_3$$

(2) 再生反应用石灰料浆对吸收液进行再生

$$CaO + H_2O \longrightarrow Ca(OH)_2$$

$$2NaHSO_3 + Ca(OH)_2 \longrightarrow Na_2SO_3 + CaSO_3 \cdot \frac{1}{2}H_2O + \frac{3}{2}H_2O$$

$$Na_2SO_3 + Ca(OH)_2 + \frac{1}{2}H_2O \longrightarrow 2NaOH + CaSO_3 \cdot \frac{1}{2}H_2O$$

(3) 氧化反应

$$2CaSO_3 \cdot \frac{1}{2}H_2O + O_2 + 3H_2O \longrightarrow 2CaSO_4 \cdot 2H_2O$$

钠钙双碱法具有以下优点：
① 吸收剂反应活性高、吸收速度快；
② 塔内钠基清洁吸收，吸收剂、吸收产物的溶解度大，塔外再生沉淀分离，可大幅降低塔内和管道内的结垢；
③ 钠碱循环利用，损耗少；
④ 吸收过程无废水排放，吸收液中盐分不积累浓度稳定；
⑤ 排放废渣无毒，溶解度极小；
⑥ 熟石灰作为再生剂，安全可靠，成本低廉；
⑦ 水泵扬程低，管路不堵塞；
⑧ 操作简便，系统可长周期运行。

三、氮氧化物的净化工艺

工业大气污染物中的氮氧化物主要有 N_2O、NO_2、NO 三种，其中 NO_2 为主。氮氧化物与空气中的水结合最终会转化成硝酸和硝酸盐，硝酸是酸雨的成因之一，它与其他污染物在一定条件下能产生光化学烟雾污染，因此工业尾气中的氮氧化物必须予以净化。

1. 氮氧化物的性质

(1) N_2O　又称笑气，是一种具有麻醉特征的惰性气体，它在环境大气中的体积分数 5×10^{-7}，显著低于对生物产生影响值。此外，它的环境循环系统不依赖于其他氮氧化物。单个分子的温室效应为 CO_2 的 200 倍，并参与臭氧层的破坏。

(2) NO　NO 是一种无色气体，通常它在环境中的体积分数低于 5×10^{-7}，在该浓度下，它对人体健康的生物毒性并不显著。大气中 N_2O 的前体物，也是形成光化学烟雾的活跃组分。

(3) NO_2　NO_2 是一种红棕色有窒息性臭味的活泼气体，具有强烈刺激性。大气环境中的 NO_2 主要来源于大气中 NO 的氧化。NO_2 和 N_2O_3 与水反应生成硝酸和亚硝酸，生成的亚硝酸不稳定，又会分解为硝酸和 NO。

2. 脱硝技术

工业尾气中的 NO_2 吸入对人体心、肝、肾都有影响，对神经系统有麻醉作用。NO_x 在大气中，发生复杂的光化学反应，形成光化学烟雾污染，同时氮氧化物也破坏臭氧层，造成温室效应。氮氧化物在大气中最终被氧化成硝酸和硝酸盐颗粒,造成酸雨。

目前控制烟气中排放的 NO_x 的技术措施主要有:①选择性非催化还原法(SNCR);②分级燃烧+SNCR;③选择性催化还原法(SCR);④SNCR/SCR 联合脱硝技术。

(1) 选择性催化还原法(SCR) 在催化剂钒-钛(V_2O_5/TiO_2)或钒-钛-钨($V_2O_5/TiO_2/WO$)的帮助下,NO_x 的选择性反应可在较低的温度(250~450℃)下进行,加入氨($NH_3/NO_x=0.8$),最佳反应温度 375~400℃。

该法工艺的可控性较好,实际应用脱硝效率可超过 85%,但是脱硝的成本约是 SNCR 工艺的 3 倍左右。催化剂上的活性中心迅速地吸附氨和气相一氧化氮,烟气的较高温度促进了氨的活性自由基的产生并为反应提供了活化能。选择性催化还原法的典型工艺流程见图 5-22。

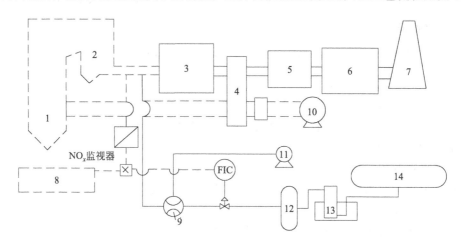

图 5-22 选择性催化还原法的典型工艺流程
1—锅炉;2—省煤气;3—脱硝反应器;4—空气预热器;5—电除尘器;6—脱硫;
7—烟囱;8—锅炉负载信号;9—混合器;10—送风机;11—稀释风机;
12—液氨缓冲罐;13—液氨蒸发槽;14—液氨贮槽

主要化学反应:
$$4NH_3 + 4NO + O_2 \longrightarrow 4N_2 + 6H_2O$$
$$8NH_3 + 6NO_2 \longrightarrow 7N_2 + 12H_2O$$

温度对还原效率有显著影响,提高温度能改进 NO_x 的还原,但当温度进一步提高,氧化反应变得越来越快,从而导致 NO_x 的产生。

温度与脱硝的关系见图 5-23。

SCR 系统对 NO_x 的转化率为 60%~90%。压力损失和催化转化器空间气速的选择是 SCR 系统设计的关键。据报道,催化转化器的压力损失介于 $(5~7) \times 10^2$ Pa,取决于所用催化剂的几何形状,例如平板式(具有较低的压力损失)或蜂窝式。当 NO_x 的转化率为 60%~90%时,空间气速可选为 2200~7000h^{-1}。由于催化剂的费用在 SCR 系统的总费用中占较大比例,从经济的角度出发,总希望有较大的空间气速;催化剂失活和烟气中残留的氨是与 SCR 工艺操作相关的两个关键因素。长期操作过程中催化剂"毒物"的积累是失活的主因,降低烟气的含尘量可有效地延长催化剂的寿命。由于二氧化硫的存在,所有未反应的 NH_3 都将转化为硫酸盐,化学反应方程为:
$$2NH_3 + SO_3 + H_2O \longrightarrow (NH_4)_2SO_4$$

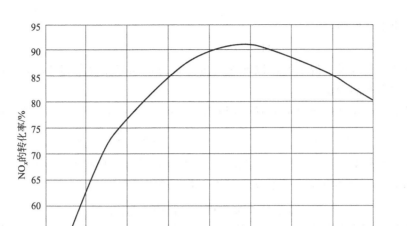

图 5-23 温度与脱硝的关系

生成的硫酸铵为亚微米级的微粒,易于附着在催化转化器内或者下游的空气预热器以及引风机。随着 SCR 系统运行时间的增加。催化剂活性逐渐丧失,烟气中残留的氨或者"氨泄漏"也将增加。根据日本和欧洲 SCR 系统运行的经验,最大允许的氨泄漏约为 $5×10^6$(体积分数)。

(2) 选择性非催化还原法 (SNCR) 在选择性非催化还原法 (SNCR) 脱硝工艺中,尿素或氨基化合物作为还原剂将 NO_x 还原为 N_2。因为需要较高的反应温度 (930~1090℃),还原剂通常注进炉膛或者紧靠炉膛出口的烟道,不用催化剂。

SNCR 法具有工艺简单、价格低廉的特点,但是由于还原介质与烟气的混合控制困难,氨逃逸量大,实际应用脱硝效率较 SCR 低,约 25%~40%。相同的脱 NO_x 效率 30% 时,SNCR 装置投资费用为 SCR 的 1/3~1/4。选择性非催化还原法的典型工艺流程见图 5-24。

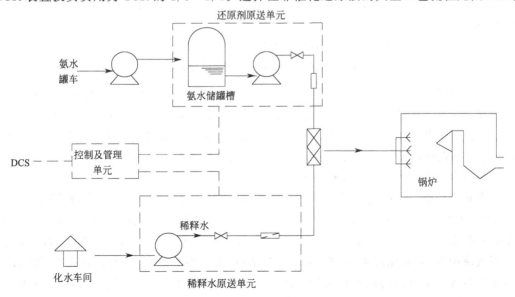

图 5-24 选择性非催化还原法的典型工艺流程

主要的化学反应为：

$$4NH_3 + 6NO \longrightarrow 5N_2 + 6H_2O$$

还原剂必须注入最佳温度区，以确保反应的进行，如果温度超过 1100℃ 或低于 930℃，则反应产生的副产品较多。

基于尿素为还原剂的 SNCR 系统，尿素的水溶液在炉膛的上部注入，总反应可表示为：

$$CO(NH_2)_2 + 2NO + 0.5O_2 \longrightarrow 2N_2 + CO_2 + 2H_2O$$

工业运行的数据表明，SNCR 工艺的 NO_x 还原率较低，通常在 30%～60% 的范围。

SCR 与 SNCR 两种工艺各有优势，详细情况见表 5-2。

表 5-2　SCR 与 SNCR 两种类型的比较

类型	适用性	优点与不足	脱硝率	投资
SCR	排气量大，连续排放源	二次污染小，净化效率高，技术成熟；设备投资高，关键技术难度较大，要求烟气温度高，不能脱硫，烟气易结露腐蚀后续设备和管道	80%～90%	高
SNCR	排气量大，连续排放源	不用催化剂，设备和运行费用少；NH_3 用量大，二次污染，难以保证反应温度和停留时间，要求烟气温度高，不能脱硫，烟气易结露、腐蚀后续设备和管道	30%～60%	运行费用高

(3) 吸收法　脱硝吸收法主要有碱液吸收和酸液吸收两种。

① 碱液吸收　碱溶液吸收法的优点是能回收硝酸盐和亚硝酸盐产品，具有一定的经济效益，工艺流程和设备也比较简单，缺点是在一般情况下吸收效率不高。

用碱溶液（NaOH、Na_2CO_3、$NH_3 \cdot H_2O$ 等）与 NO_x 反应，生成硝酸盐和亚硝酸盐。

化学反应方程式：

$$2NaOH + 2NO_2 \longrightarrow NaNO_3 + NaNO_2 + H_2O$$

$$2NaOH + NO + NO_2 \longrightarrow 2NaNO_2 + H_2O$$

$$Na_2CO_3 + 2NO_2 \longrightarrow NaNO_3 + NaNO_2 + CO_2$$

$$Na_2CO_3 + NO + NO_2 \longrightarrow 2NaNO_2 + CO_2$$

当用氨水吸收 NO_x 时，挥发性的 NH_3 在气相与 NO_x 和水蒸气反应生成 NH_4NO_2 和 NH_4NO_3。

$$2NH_3 + NO + NO_2 + H_2O \longrightarrow 2NH_4NO_2$$

$$2NH_3 + 2NO_2 + H_2O \longrightarrow NH_4NO_2 + NH_4NO_3$$

由于 NH_4NO_2 不稳定，当浓度较高、温度较高或溶液 pH 值不合适时会发生剧烈反应甚至爆炸，再加上铵盐不易被水或碱液捕集，因而限制了氨水吸收法的应用。考虑到价格、来源、操作难易及吸收效率等因素，工业上应用较多的吸收液是 NaOH 和 Na_2CO_3，尽管 Na_2CO_3 的吸收效果比 NaOH 差一些，但由于其廉价易得，应用更加普遍。

典型氨水吸收剂脱硝工艺流程见图 5-25。

在实际应用中，一般用低于 30% 的 NaOH 或 10%～15% 的 Na_2CO_3 溶液作吸收剂，在 2～3 个填料塔或筛板塔串联吸收，吸收效率随尾气的氧化度、设备及操作条件的不同而有差别，一般在 60%～90% 的范围内。在吸收过程中，如果控制好 NO 和 NO_x 为等分子吸收，吸收液中 $NaNO_2$ 浓度可达 35% 以上，$NaNO_3$ 浓度小于 3%。这种吸收液可直接用于染料等生产过程，也可以将其进行蒸发、结晶、分离制取亚硝酸钠产品。若在吸收液中加入 HNO_3，可使 $NaNO_2$ 氧化成 $NaNO_3$，制得硝酸钠产品。

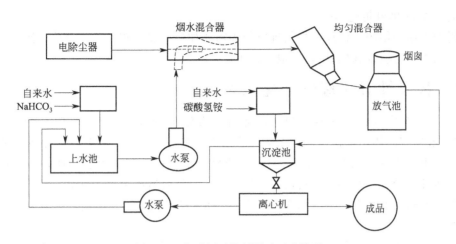

图 5-25　典型氨吸收剂脱硝工艺流程

② 强酸吸收　酸吸收法可分为稀硝酸吸收法和浓硫酸吸收法，但由于采用浓硫酸吸收引入了新的介质，且硫酸具有较强的氧化性和腐蚀性，因此我国在 20 世纪 70 年代以后已基本不采用该种方法。由于 NO 在 12% 以上的硝酸中的溶解度比在水中大 100 倍，并且无二次污染质介入，吸收后液体经过进一步增浓处理后还可回收硝酸，大部分硝酸厂采用此法治理氮氧化物废气，具有较好的经济效益和环境效益。烟气中的所有水分都会被酸吸收。

(4) 吸附法　吸附法是利用吸附剂对 NO_x 的吸附量随温度或压力的变化而变化的原理，通过周期性地改变反应器内的温度和压力来控制 NO_x 的吸附，以达到将 NO_x 从汽源中分离出来的目的。

用于脱硝常见的吸附剂主要有活性炭、分子筛、硅胶、含氨泥煤等。在所有吸附剂中用得最多的是活性炭。

脱除 NO_x 的反应方程式如下：

$$4NO + 4NH_3 + O_2 \longrightarrow 4N_2 + 6H_2O$$

活性炭吸附脱硝的工艺流程见图 5-26 所示。

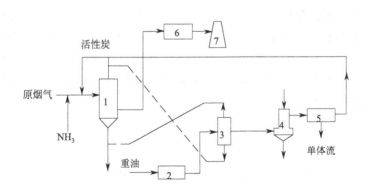

图 5-26　活性炭吸附脱硝工艺流程

1—吸收器；2—热风炉；3—脱吸器；4—SO_2 还原炉；5—冷却器；6—除尘器；7—烟囱

活性炭材料本身具有非极性、疏水性、较高的化学稳定性和热稳定性，可进行活化和改进，还具有催化能力、负载性能和还原性能以及独特的孔隙结构和表面化学特性。

在近常温下可以实现联合脱除 SO_2、NO_x 和粉尘的一体化，SO_2 脱除率可达到 98% 以上，NO_x 的脱除率可超过 80%。

吸附剂可循环使用，处理的烟气排放前不需要加热，投资省、工艺简单、操作方便，可对废气中的 NO_x 进行回收利用，占地面积小。

四、挥发性有机废气净化工艺

挥发性有机化合物（简称 VOCs）是指在常温下饱和蒸气压≥70Pa，常压下沸点≤260℃的液体或固体化合物。VOCs 是石油化工、制药、印刷、制鞋、喷漆等行业排放的最常见的一类污染物。该类有机物大多具有毒性，部分已被列为致癌物质，如甲醛、氯乙烯、苯、多环芳烃等，对环境、动植物的生长及人类健康造成很大的危害。

随着工业的发展和人们生活水平的提高，VOCs 的排放量与日俱增，并具有范围广、排放量大等特点。

处理 VOCs 废气的传统方法有冷凝法、吸收法、吸附法、催化法、燃烧法等，或者是上述方法的组合。近年出现了处理 VOCs 废气的一些新技术，如膜分离法、低温等离子体法和光催化氧化法等。

1. 冷凝法

冷凝是利用 VOCs 在不同温度和压力条件下具有不同的饱和蒸气压这一性质，采用提高系统压力或降低系统温度的方法，使处于蒸气状态的污染物从气相中分离的过程。冷凝系统工艺流程见图 5-27。

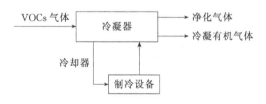

图 5-27 冷凝系统工艺流程

冷凝法需要较高的压力和较低的温度才能保证较高的回收效率，因此运行费用高，适用于高沸点和高浓度 VOCs 的回收。该法一般不单独使用，常与吸附、吸收、膜分离法等联合使用。

2. 吸收法

吸收法是采用低挥发或不挥发溶剂对 VOCs 进行吸收，然后利用 VOCs 与吸收剂物理性质的差异将二者分离的净化方法。在处理有机废气的方法中，吸附法应用极为广泛，具有去除效率高、净化彻底、能耗低、工艺成熟、易于推广的优点，具有很好的环境和经济效益。该法处理有机废气效率的关键取决于吸附剂，主要有粒状活性炭和活性炭纤维两种，其他的吸附剂如沸石、分子筛等也有工业应用，但因费用较高限制了它们的实际推广。

吸收法工艺流程见图 5-28。

图 5-28 吸收法工艺流程

吸收效果主要取决于吸收剂性能、VOCs 温度、吸收设备结构。吸收剂选取原则是：对 VOCs 选择性强、溶解度大，蒸气压低，化学稳定性好及无毒性等。吸收设备选取原则是：

运行稳定、易操作、气液接触面积大，阻力小。

3. 吸附法

吸附法是利用多孔性吸附剂处理、吸附气相中的VOCs，从而达到气体净化的目的。吸附法主要用于低浓度，大气量VOCs废气的净化，目前应用最多。研究表明，活性炭吸附VOCs性能最佳，应用最广。

4. 燃烧法

燃烧法是氧化有机物最剧烈的方法，它可以用于净化高温下可以分解或可燃的有害物质。

燃烧法可分为：直接燃烧法、热力燃烧法和催化燃烧法。燃烧广泛应用于处理绝缘材料，化工、油漆喷涂等行业所排放的有机废气。

直接燃烧法主要用于高浓度VOCs废气的净化。石油化工厂所产生的VOCs废气通常排放到火炬燃烧器直接燃烧，该方法造成环境污染的同时还浪费了能源，近年来已经很少使用。

热力燃烧法比较适于废气中的VOCs较低时添加燃料以帮助其燃烧的方法，热力燃烧中，被净化气体作为提供O_2的辅助气体，而不是作为燃料。温度、停留时间和流速是影响热力燃烧的主要因素。

催化燃烧是有机气体在较低的温度下（250～300℃），通过催化剂的作用，被氧化分解成无害气体并释放热量。催化燃烧系统流程见图5-29。

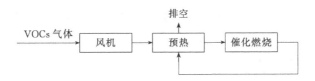

图5-29 催化燃烧系统流程

催化剂在催化燃烧系统中起着重要作用。常用催化剂主要有贵金属、非贵金属和金属盐。由于VOCs中常含有杂质，容易引起催化中毒，另外催化剂通常只针对特定类型的化合物，因此催化燃烧法在一定程度上受到限制。

第三节 典型工业废气处理工艺

本节主要介绍双碱法烟气脱硫工艺及电石尾气除尘工艺。

一、双碱法烟气脱硫与资源化

（一）工艺原理

石灰石/石灰-石膏法脱硫的优点是原料易得，脱硫效果好，但最大的缺点是容易结垢造成吸收系统的堵塞，因此现在许多工厂都采用双碱法脱硫工艺，其明显优点是采用液相吸收，不存在结垢和浆料堵塞等问题；另外副产的石膏纯度较高，应用范围可以更为广泛。

该工艺主要采用脱硫剂液碱NaOH通过制浆系统配制成一定浓度的氢氧化钠浆液，运行时根据烟气脱硫处理的烟气量和SO_2的浓度，由循环泵不断地补充到脱硫塔内，氢氧化

钠吸收 SO_2 后随地沟流入脱硫池，脱硫池内按比例加入电石渣浆液，在脱硫池内不断地搅拌，并由罗茨鼓风机引入氧化空气，当塔内石膏浆液达一定浓度后由外排泵泵出，经一级旋流、二级真空皮带脱水后，得到含水率低于 10% 的石膏，装车外运。

各步骤化学反应方程式如下。

(1) 吸收反应

$$2NaOH + SO_2 \longrightarrow Na_2SO_3 + H_2O$$

$$Na_2CO_3 + SO_2 \longrightarrow Na_2SO_3 + CO_2$$

$$Na_2SO_3 + SO_2 + H_2O \longrightarrow 2NaHSO_3$$

该过程中由于使用 NaOH 作为吸收液，因此吸收系统中不会生成沉淀物。此过程的主要副反应为氧化反应，生成 Na_2SO_4。

$$2Na_2SO_3 + O_2 \longrightarrow 2Na_2SO_4$$

(2) 再生反应用石灰料浆对吸收液进行再生

$$CaO + H_2O \longrightarrow Ca(OH)_2$$

$$2NaHSO_3 + Ca(OH)_2 \longrightarrow Na_2SO_3 + CaSO_3 \cdot \frac{1}{2}H_2O + \frac{3}{2}H_2O$$

$$Na_2SO_3 + Ca(OH)_2 + \frac{1}{2}H_2O \longrightarrow 2NaOH + CaSO_3 \cdot \frac{1}{2}H_2O$$

当用石灰石粉末进行再生时，则

$$2NaHSO_3 + CaCO_3 \longrightarrow Na_2SO_3 + CaSO_3 \cdot \frac{1}{2}H_2O + CO_2 + \frac{1}{2}H_2O$$

再生后所得的 NaOH 液送回吸收系统使用，所得半水亚硫酸钙经氧化，可制得石膏（$CaSO_4 \cdot 2H_2O$）。

(3) 氧化反应

$$2CaSO_3 \cdot \frac{1}{2}H_2O + O_2 + 3H_2O \longrightarrow 2CaSO_4 \cdot 2H_2O$$

(二) 双碱法脱硫工艺流程

双碱法脱硫工艺流程见图 5-30。整套脱硫工艺主要包括五个过程：①吸收剂制备与补充；②吸收剂浆液喷淋；③塔内雾滴与烟气接触混合；④再生池浆液还原钠基碱；⑤石膏脱水处理。

脱硫除尘工艺由吸收系统、烟气除尘系统、浆液循环系统、石膏脱水贮运系统组成。

1. 吸收系统

吸收系统完成脱硫除尘任务，为整个工艺的核心装置，包括脱硫塔、除雾器等几部分组成。脱硫塔内设三级旋流板，无短路气流，使烟气与吸收液充分接触，达到脱硫的目的。

采用双碱法脱硫，闭式溢水槽。吸收主要途径如下。

① 烟气在负压作用下向上运动至第一级旋流板，与筒壁四周的喷嘴喷出的雾状碱液接触反应，除去 20% 粉尘和 SO_2。

② 烟气运动至二级旋流板后，由于二级旋流板与一级旋流板反向旋转，使之能充分接触喷嘴喷出的碱液，去除 15% 左右粉尘和 SO_2。

③ 经二级旋流板处理的烟气在二、三级旋流板之间运动，同样充分与雾状碱液反应，去除 10% 左右粉尘和 SO_2。

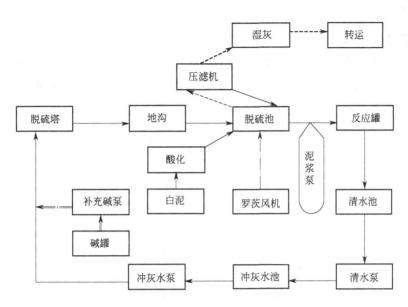

图 5-30 宜宾纸业双碱法脱硫工艺流程

④ 在脱硫除尘器筒壁四周还有溢水槽溢出的碱性水形成水膜,能去除烟气中部分 SO_2。经此处理后的烟气即能达到不少于 90% 的脱硫和 98% 的除尘效果。

⑤ 脱硫后的烟气通过本设备上部的防带水装置处理,能成功实现汽、水分离,洁净烟气经引风机送至烟囱排出。

2. 烟气除尘系统

从锅炉出来未经烟气脱硫净化处理的原烟气,首先进入冲击式除尘预处理系统,进行除尘、降温及少量脱硫,直接到达电压 72kV、高 22m 的静电除尘器进行除尘、降温到达脱硫塔。

双碱法烟气除尘系统采用"双击式"除尘系统,综合了文丘里涤气器、卧式水膜除尘器、冲击式除尘器变形后集成为"S"形通道。"S"形通道进气端由收缩段、中部为喉口段、尾部为扩散段组成完整的文丘里涤气器。将文丘里涤气器变形成"S"通道作两次 180°的反向旋转,在通道进端和出端因其自身的结构特点,所以进出端水面因风压不同而形成水位差,进端水位低,出端水位高,含尘气体在通过"S"通道过程中,完成了收缩挤压、扩散、离心、卷旋搓合、冲击黏附等功能将尘粒捕捉到水中,除尘效率大于 95%,经过初级除尘和脱硫的烟气再进入脱硫除尘塔进行高标准的脱硫除尘。

3. 浆液循环系统

烟气在洗涤塔内经循环吸收液洗涤后由引风机排出,吸收剂中的 NaOH 吸收 SO_2 后转化为 $NaHSO_3$ 或 Na_2SO_4,进一步转化成 $CaHSO_3$ 或 $CaSO_4$;吸收液自流至脱硫池,澄清进入造气闭路循环水系统处理,沉淀物采用真空过滤机清掏。造气闭路循环水系统中的 NaOH 通过管道及脱硫给水泵抽至吸收系统,完成吸收液的闭路循环。

4. 石膏脱水贮运系统

当脱硫池石膏浆液达到浓度后由外排泵排出,经一级旋流、二次真空皮带脱水后,得到含水率低于 10% 的石膏,装车外运。

(三) 脱硫塔

1. 脱硫塔的结构

双碱法脱硫工艺中，整个脱硫装置由脱硫塔、过渡段、附筒、水封等部件组成。脱硫塔是整个工艺流程的核心装置，由筒体、三级旋流板、塔芯、溢水槽、喷嘴、防带水装置组成，其结构示意图如图 5-31。

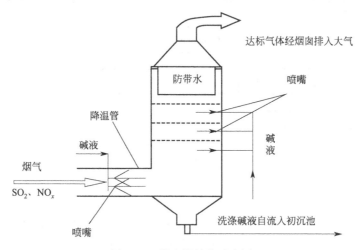

图 5-31 脱硫塔结构示意图

脱硫塔主体设备采用四川省荥经县泥巴山的优质天然花岗石制作而成，具有耐磨损、防腐蚀、使用寿命长等优点。脱硫塔内部由喷淋装置、雾化喷嘴、旋流板组成，具有雾化效果好、不堵塞、使用寿命长的特点。

烟气从引风机出口后，通过烟道从脱硫塔下面引入，首先通过一组环形高效雾化喷嘴对烟气进行增湿降温，再经过三组旋流板进行低温雾化脱硫；烟气通过脱硫塔后从下面进入过渡段，由过渡段上端喷入的碱性雾化水再次进行低温雾化脱硫，最后进入附筒；附筒内设置有两组旋流雾化板，烟气通过两组旋流雾化板时进行最后的脱硫及脱水后经烟道通过烟囱排入大气。脱硫除尘用循环液加氢氧化钠作为补充液直接加到脱硫塔第二级旋流板用水，沉清池的循环水到其他所需的回路。污水及脱硫除尘附产物由塔底排出，通过冲灰沟冲入沉灰池，灰水沉淀、过滤后循环利用。

2. 脱硫除尘

脱硫塔的作用是利用碱性物质与 SO_2 充分反应而达到脱硫目的，主要由以下四个阶段完成。

(1) 一次脱硫除尘　从工厂锅炉出来的烟气经过冲击除尘系统后，烟气中大量烟尘及少量硫被脱除后，沿切线高速进入圆形筒体内。烟尘粒在旋转离心力的作用下被摔向筒壁，被筒壁碱水膜层俘获下流，实现了第一次脱硫除尘。

(2) 二次脱硫除尘　烟气继续旋转上升，离心半径逐渐变小。在多级旋叶的作用下迫使烟气旋转上升，离心高度增大，离心半径增加，大的烟尘颗粒被摔向筒壁碱水膜，较细小颗粒则顺着导向片到达筒壁碱水膜，实现第二次脱硫除尘。

(3) 三次脱硫除尘　继续上升的烟气与离心柱的水膜层及喷淋下的水流碰撞、接触、混合，顺水下流，实现烟气第三次脱硫除尘。

(4) 四次脱硫除尘 带水烟气到达离心锥,绕离心锥旋转,水气分离,在离心锥周围形成的干燥烟气便顺着筒体进入烟道,而在离心锥外围旋转的带水烟气则被再次甩向筒壁水膜层实现第四次脱硫除尘。

3. 气水分离

净化后的带水烟气经分离旋叶片进入气水分离段时,气流方向发生改变,利用气和水的不同惯性,实现部分气水分离;气流在旋叶片的作用下,按一定速度绕分水锥和筒壁旋转上升,在离心力的作用下使水滴甩向筒壁,同时利用水的黏性大的特点,使水滴黏附在筒壁的分水锥表面,实现气水分离;当气流上升超过分水锥后,在适当的速度下和分离空间里,在重力的作用下,再次实现气水分离,杜绝了引风机带水的问题,最后烟气除尘效率达99%以上,脱硫率达85%以上。

4. 运行方式

脱硫塔的运行方式,见图5-32、图5-33所示,需要说明的是:虚线部分表示未运行,实线部分表示实际的运行方式。

(1) 未检修时的运行方式 锅炉产生的烟气经电除尘器除尘后,除去约99%左右的灰尘,进入脱硫塔脱硫,脱硫率约95%左右,脱硫后的气体进入引风机进口段烟道,在引风机的作用下送到烟囱排放到大气中,见图5-32。

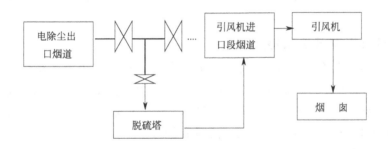

图 5-32 脱硫塔未检修时运行方式

(2) 检修时的运行方式 进行脱硫塔检修时,锅炉产生的烟气经电除尘器除尘后,进入引风机进口段烟道,在引风机的作用下送到烟囱排放到大气中,见图5-33。

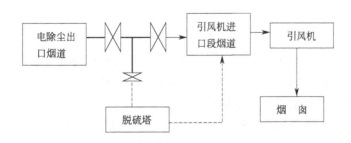

图 5-33 脱硫塔检修时运行方式

本脱硫系统脱硫塔具有以下优点。

① 采用多级雾化,脱硫率高,耗水量低。烟气通过本设备时需前后经过六组碱性水组成的雾化带,分别捕捉、层层过滤,提高了水气间有效接触及停留时间,从而降低了耗水

量,并提高脱硫效果。

② 合理布置设备结构。由于现场场地紧张,不能按常规进行布置,脱硫除尘塔向空中延伸,节省场地,预留检修通道。

③ 塔内采用旋流板,材料采用优质天然花岗石,精加工而成,防腐蚀,使用寿命长,代替以往不足的钢结构旋流板。

(四) 脱硫副产品的利用

脱硫副产品的大量堆存,既占用土地,又浪费资源,含有的酸性及其他有害物质容易对周边环境造成污染,已经成为制约我国烟气脱硫可持续发展的重要因素。

在我国,燃煤电厂产生的脱硫石膏主要应用于水泥和石膏板行业,另外在粉刷石膏、石膏粉、石膏黏结剂、农业、矿山填埋灰浆以及公路路基材料等领域也有所应用,但均未形成工业规模。

二、密闭电石生产尾气除尘与资源化

我国电石行业有电石炉七百多座,年产量居世界首位。据不完全统计,目前全国电石生产能力为1000万吨。我国电石行业是高能耗、高污染产业。电石炉型大致可分为密闭炉、半密闭炉、开放炉,不同炉型的技术装备水平差距很大。

密闭炉是目前国内先进技术设备,主要包括尾气及其热能回收系统、粉炭和粉灰回收利用系统。

1. 密闭电石炉尾气性质特点

密闭电石炉尾气温度高、气量波动大、成分复杂、粉尘粒径小、黏性较强。一般情况下,尾气温度在650~1200℃左右,粉尘浓度在100~250g/m^3,含有75%左右CO及少量煤焦油成分。因此,密闭电石炉尾气易燃、易爆、粉尘显黏性,同时粉尘颗粒比表面积大、密度小、难溶于水,且低温下难以清灰,治理难度较大。

密闭电石炉尾气成分见表5-3。

表5-3 密闭电石炉尾气成分

尾气成分/%	CO	N_2	H_2	CO_2	O_2	焦油	
	72~85	5.5~7	3~12	1.5~5	0.5~1	1.5~2	
粉尘成分/%	烧失量	CaO	Al_2O_3	Fe_2O_3	MgO	SO_3	SiO_2
	30.16	40.15	2.28	0.73	9.09	4.26	6.52

从表5-3可以看出,尾气成分中CO含量高,净化后可作为燃料或化工原料。粉尘中烧失量及CaO含量最高,它们分别来自于焦炭和石灰,经过除尘器的捕捉,收集到的粉尘都是粒度极细的颗粒,给运输带来一定困难。

结合电石炉尾气CO含量高的特点,大部分电石厂均建设电石炉尾气回收利用装置,把电石炉尾气作为燃料,提高环保效益,使废物再利用。例如:安徽省维尼纶厂把电石炉尾气净化后输送至燃气锅炉,产生的蒸汽供厂内生活取暖用。张家口下花园电石厂利用净化后的尾气做锅炉燃料发电。新疆中泰矿冶有限公司电石厂用电石炉尾气烧石灰窑。宁夏大地冶金化工公司则使用电石炉尾气作化工原料,于2009年建成2×31500kV·A密闭电石炉尾气生产6万吨合成氨项目。

2. 密闭电石炉尾气除尘工艺

目前,国内现有的密闭电石炉尾气除尘和资源化利用主要有湿法净化回收利用、直接利用后除尘、干法除尘后再利用三种工艺。

(1) 湿法净化回收利用 湿法净化回收利用工艺在贵州水晶密闭电石炉运用,应当说采用湿法除尘技术能够达到一定的净化效果,炉气中的焦油等有机物也能够被有效捕集,净化后的炉气仅当做燃烧料煤气是能够满足要求的。但湿法除尘工艺系统较复杂,系统的气密性要求高、安全隐患较多、系统中的灰尘易结块需要定期清理,除此之外,系统的动力消耗大、维护费用较高、占地面积大、投资大。因此,国内的电石厂基本不采用。

湿法净化回收利用工艺流程见图 5-34。

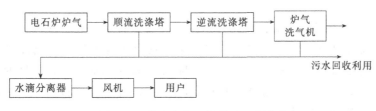

图 5-34　湿法净化回收利用工艺流程

(2) 直接利用后除尘 我国较早利用直接利用后除尘工艺的是杭州电化厂、浙江巨化电石厂、四平联合化工、湖南维尼纶厂、西安西化热电厂、乌海海吉氯碱公司等企业。该工艺利用炉气在余热锅炉内燃烧,使气体及灰尘中的氰化物全部分解,并使灰尘的物理性质发生变化,由原来的疏松、轻、黏变成了结构密实、重、黏性降低,可使除尘难度大大降低,并解决了氰化物的污染问题。这套工艺后来被国内多数电石厂广泛采用。

电石炉尾气直接利用后除尘工艺流程如图 5-35 所示。

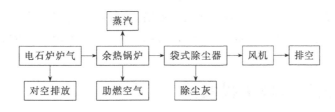

图 5-35　炉气直接利用后除尘工艺流程

该工艺采用锅炉燃烧尾气,经济合理、流程短、占地面积小、系统安全性大大增强,但其粉尘具有很强的吸附力,在锅炉换热面极易黏结,严重时厚达 5~10mm,遇潮时团聚严重,并且有固化现象,采取吹灰清灰技术也无法彻底清除积灰,必须停炉进行清灰,降低了锅炉的作业率。

(3) 干法除尘后再利用 干法净化除尘工艺是指电石炉尾气经空气冷却器后进入沉降除尘器,经过两级除尘后送至下级用户。该法大大降低了电石炉尾气的温度,方便下级用户使用,但除尘效果欠佳,未除尽的粉尘给下级用户带了很多麻烦,需经常停车清除积灰。

干法除尘后再利用工艺流程如图 5-36 所示。

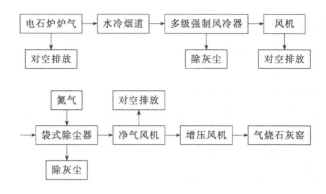

图 5-36 干法除尘后再利用工艺流程

工艺要求如下。

① 电石炉炉气采用两级降温措施，先采用水冷套管将烟气温度降低，然后进入多级强制风冷器进一步降至 240~260℃。通过调节强制风冷器上变频风机控制冷风量，以实现温度控制；温度要低于 260℃ 以保护滤袋、高于 240℃ 以避免焦油析出；一旦烟气超温，可以掺入氮气辅助降温；若温度仍然超限，可进行放散处理；除尘后输送管道要采取保温措施，避免温度降低析出焦油，导致管道阻塞。

② 管道的密封性能要好，同时，管道要安装氧气自动分析仪，一旦气体达到爆炸极限自动充氮气以降低气体的爆炸极限，否则，可进行放散处理；系统利用一级高温风机克服除尘前管道阻力后将烟气送入玻纤袋式除尘器，然后再利用二级高温风机克服除尘器的阻力；除尘后的尾气利用增压风机送入石灰窑的喷嘴燃烧。

③ 在一些易堵部位，包括水平管、管路及设备底部，增设清灰孔，以解决运行中的粉尘沉积过多问题。

④ 为了适应电石炉烟气工况的波动，系统风机采用变频调速，以满足工艺系统的要求。

⑤ 控制系统对温度、流量、气体成分进行实时记录分析并显示，采用数据模块控制；一旦超限则进行预先报警并提示启动自动或手动措施，以保护整个系统。

⑥ 由于一氧化碳气体具有有毒、易燃易爆的特性，所以要求系统的管道、法兰及设备等要具有良好的密封和防爆措施。

三、NO_x 废气治理工程实例

氮氧化物（NO_x）是一种毒性很大的黄烟，不经治理通过烟囱排放到大气中，形成触目的棕（红）黄色烟雾，俗称"黄龙"，在众多废气治理中 NO_x 难度最大，是污染大气的元凶。如果得不到有效控制不仅对操作人员的身体健康与厂区环境危害极大，而且随风飘逸扩散对周边居民生活与生态环境造成公害。

浙江某铝业公司是咖啡壶出口量大的企业，在产品表面处理过程中，产生大量的氮氧化物废气，该公司曾建有废气通风净化装置，然而废气排放仍见"黄龙"，处理效果不尽如人意，周边纠纷不断。

1. NO_x 废气来源

废气主要来自酸洗车间四只酸洗槽使用的硝酸与氢氟酸溶液。酸洗对产品具有独特的表面处理使其外观精美的功效，但在酸洗过程中，将产生大量的 NO、NO_2、N_2O、N_2O_3、

N_2O_4、N_2O_5 等有毒有害废气，总称氮氧化物，用 NO_x 通式表示。

2. 工艺流程

NO_x 气体危害大，治理难度也大。国内外报道过许多方法，归纳有干法、湿法和干湿三种方法。由于各厂产品不同，选择适合生产实际的治理工艺方案和净化设备十分重要。经研究确定采用两级湿法废气净化塔治理 NO_x 气体的方案，并设计了一套 NO_x 瞬时爆发性浓度极高、废气量大，适合敞开作业的通风净化系统装置。NO_x 废气处理的主要工艺流程如图 5-37 所示。

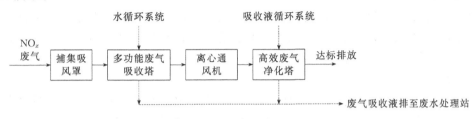

图 5-37 NO_x 废气治理工艺流程

3. 净化主要设备

吸风罩、通风管道、废气净化塔和风机的设计与选用决定了整套通风净化系统的正常运行和处理效果。

根据四只酸洗槽敞口面积，计算实际需要的 NO_x 废气排风量，以及整个通风管道、吸风罩、净化塔的阻力损失，选用通风机的排风量和风压损失。同时还应考虑风量、风压的附加安全系数是设计通风净化系统的重要技术指标。本系统处理 NO_x 废气量为 $12000 m^3/h$。该工程使用的主要设备见表 5-4。

表 5-4 净化主要设备

设备名称	型号规格	数量	备注
流线型毒气抽风柜	3000mm×600mm×1300mm	2 座	耐酸防腐 PP 或 PVC 材质
通风管道	$D=600mm$	12m	配有弯管与柔性接口等
玻璃钢离心通风机	BF4-72-8c	1 台	配有减震台与电机防雨罩
循环液泵	50YV-2-35-20	1 台	配有调节阀与电机防雨罩
多功能废气吸收台	WXS-24 型	1 台	有配液槽
高效废气净化塔	FQX-20 型	1 台	有配液槽
塔体井架	3000mm×3000mm×8000mm	1 座	配有爬梯、顶部有监测台
抽空风管	$D=600mm$	2m	有监测采样口

4. 处理效果

经过调试运行，系统运行效果见表 5-5。

表 5-5 系统运行效果   单位：mg/m^3

监测点	NO_x	均值
进气口	8743～26257	17500
排放口	89.6～118.2	103.9
排放标准	≤240	≤240

注：1. 表中进气口采样点，在吸风罩与前级吸收塔中部通风管道处；排气口采样点，在排气筒距净化塔≥1.5m 处。
2. 表中数据为上、下午各两个运行时段共 4 次，实际监测的最低与最高 NO_x 污染物浓度。
3. 标准是以达到 GB 16297—1996《大气污染物综合排放标准》中，按新污染源大气污染物排放限值执行（排气筒高度≥15m）。

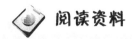

阅读资料

PM$_{2.5}$与雾霾

一、定义

PM$_{2.5}$是对空气中直径小于或等于2.5μm的固体颗粒或液滴的总称。这些颗粒如此细小，肉眼是看不到的，它们可以在空气中漂浮数天。人类纤细的头发直径大约是70μm，这就比最大的PM$_{2.5}$还大了近30倍。

空气中的灰尘、硫酸、硝酸等颗粒物组成的气溶胶系统造成视觉障碍的叫霾。当水汽凝结加剧、空气湿度增大时，霾就会转化为雾。出现雾时空气潮湿；出现霾时空气则相对干燥，空气相对湿度通常在60%以下。

二、来源

PM$_{2.5}$主要来源于人为排放的气体污染物在空气中转化而成。比如化石燃料（煤、汽油、柴油）的燃烧、生物质（秸秆、木柴）的燃烧。在空气中转化成PM$_{2.5}$的气体污染物主要有二氧化硫、氮氧化物、氨气、挥发性有机物。其他的人为来源包括：道路扬尘、建筑施工扬尘、工业粉尘、厨房烟气。2000年有研究人员测定了北京的PM$_{2.5}$来源：尘土占20%；由气态污染物转化而来的硫酸盐、硝酸盐、氨盐各占17%、10%、6%；烧煤产生7%；使用柴油、汽油而排放的废气贡献7%；农作物等生物质贡献6%；植物碎屑贡献1%。有趣的是，吸烟也贡献了1%。

雾霾主要是大气空气气压低，空气不流动时产生。主要来源：①由于空气的不流动，使空气中的微小颗粒聚集，漂浮在空气中；②地面灰尘大，空气湿度低，地面的人和车流使灰尘搅动起来；③汽车尾气是主要的污染物排放，近年来城市的汽车越来越多，排放的汽车尾气是雾霾的一个因素；④工厂制造出的二次污染；⑤冬季取暖排放的CO_2等污染物。

三、成分

PM$_{2.5}$的来源复杂，成分自然也很复杂。主要成分是元素碳、有机碳化合物、硫酸盐、硝酸盐、铵盐。其它的常见的成分包括各种金属元素，既有钠、镁、钙、铝、铁等地壳中含量丰富的元素，也有铅、锌、砷、镉、铜等主要源自人类污染的重金属元素。

二氧化硫、氮氧化物和可吸入颗粒物这三项是雾霾的主要组成，前两者为气态污染物，最后一项颗粒物才是加重雾霾天气污染的罪魁祸首。它们与雾气结合在一起，让天空瞬间变得灰蒙蒙的。

四、对健康的危害

PM$_{2.5}$主要对呼吸系统和心血管系统造成伤害，包括呼吸道受刺激、咳嗽、呼吸困难、降低肺功能、加重哮喘、导致慢性支气管炎、心律失常、非致命性的心脏病、心肺病患者的过早死。老人、小孩以及心肺疾病患者是PM$_{2.5}$污染的敏感人群。如果空气中PM$_{2.5}$的浓度长期高于10$\mu g/m^3$，死亡风险就开始上升。浓度每增加10$\mu g/m^3$，总的死亡风险就上升4%，得心肺疾病的死亡风险上升6%，得肺癌的死亡风险上升8%。

雾霾天气引起的健康影响主要以急性效应为主，主要表现为上呼吸道感染、哮喘、结膜炎、支气管炎、眼和喉部刺激、咳嗽、呼吸困难、鼻塞流鼻涕、皮疹、心血管系统紊乱等疾病的症状增强；呼吸系统疾病的发病入院率增高。此外，雾霾天气还会对人体健康产生一些间接影响。霾的出现会减弱紫外线的辐射，如经常发生霾，则会影响人体维生素 D 合成，导致小儿佝偻病高发，并使空气中传染性病菌的活性增强。霾天气还会影响人们的心理健康，使人产生压抑、悲观等不良情绪。

五、$PM_{2.5}$与雾霾的关系

$PM_{2.5}$浓度的增加，直接导致雾霾天气频发和雾中有毒有害物质的大幅增加。虽然$PM_{2.5}$只是地球大气成分中含量很少的组分，但它对空气质量和能见度等有重要的影响。与较粗的大气颗粒物相比，$PM_{2.5}$粒径小，富含大量的有毒、有害物质，且在大气中的停留时间长、输送距离远，因而对人体健康和大气环境质量的影响更大。

第六章 城市污水处理与回用

随着我国国民经济的迅猛发展，城市规模不断扩大，人口数目增长迅速，随之而来的是城市生活污水的水量不断加大，水质也越来越复杂，仅仅依靠稀释及水体自净作用处理过的污水已经无法满足达标排放的要求，会对下游水体产生较大的污染和影响。在这种情况下，我们就不得不采取措施加大对城市生活污水的处理力度，以改善不断恶化的水环境污染趋势。

第一节 城市污水处理概述

在人们的生活和生产活动中，每天都在使用和接触水，在这一过程中，水受到人类活动的影响，其物理性质与化学性质发生了变化，就变成了污染过的水，简称污水。

一、城市污水来源

1. 水体有机污染

水体有机污染主要是指由城市污水、食品工业和造纸工业等排放含有大量有机物的废水所造成的污染。这些污染物在水中进行生物氧化分解过程中，需消耗大量溶解氧，一旦水体中氧气供应不足，会使氧化作用停止，引起有机物的厌氧发酵，散发出恶臭，污染环境，毒害水生生物。

2. 水体无机污染

水体无机污染指酸、碱和无机盐类和水体的污染，首先是使水的pH值发生变化，破坏其自然缓冲作用，抑制微生物生长，阻碍水体自净作用。同时，还会增大水中无机盐类和水的硬度，给工业和生活用水带来不利影响。

3. 水体的有毒物质污染

各类有毒物质进入水体后，在高浓度时，会杀死水中生物；在低浓度时，可在生物体内富集，并通过食物链逐级浓缩，最后影响到人体。

4. 水体的富营养化污染

含植物营养物质的废水进入水体会造成水体富营养化，使藻类大量繁殖，并大量消耗水中的溶解氧，从而导致鱼类等窒息和死亡。

5. 水体油污染

沿海及河口石油的开发、油轮运输、炼油工业废水的排放等可造成水体油污染，而且当油在水面形成油膜后,影响氧气进入水体,对生物造成危害。此外,油污染还破坏海滩休养地、风景区的景观与鸟类的生存。

6. 水体的热污染

热电厂等的冷却水是热污染的主要来源。这种废水直接排入天然水体,可引起水温升高,造成水中溶解氧减少,还会使水中某些毒物的毒性升高。水温升高对鱼类的影响最大,可引起鱼类的种群改变与死亡。

7. 水体的病原微生物污染

生活污水、医院污水以及屠宰肉类加工等污水,含有各类病毒、细菌、寄生虫等病原微生物,流入水体会传播各种疾病。

二、城市污水分类

城市污水是通过下水管道收集到的所有排水,是排入下水管道系统的各种生活污水、工业废水和城市降雨径流的混合水。

生活污水是人们日常生活中排出的水。它是从住户、公共设施和工厂的厨房、卫生间、浴室和洗衣房等生活设施中排放的水。生活污水中通常含有泥沙、油脂、皂液、果核、纸屑和食物屑、病菌、杂物和粪尿等。这些物质按其化学性质来分,可以分为无机物和有机物,通常无机物为40%,有机物为60%。生活污水的水质一般比较稳定,浓度较低,也较容易用生物化学方法进行处理。

工业废水是生产过程中排出的废水,包括生产工艺废水、循环冷却水冲洗废水以及综合废水。工业废水水质水量差异大,具有浓度高、毒性大等特征,不易通过一种通用技术或工艺来治理,往往要求其在排出前在厂内处理到一定程度。

降雨径流是由降水或冰雪融化形成的。对于分别敷设污水管道和雨水管道的城市,降雨径流汇入雨水管道,对于采用雨污水合流排水管道的城市,可以使降雨径流与城市污水一同加以处理,但雨水量较大时由于超过截留干管的输送能力或污水处理厂的处理能力,大量的雨污水混合液出现溢流,将造成对水体更严重的污染。

三、城市污水处理现状

我国污水处理面临着水污染严重,污水治理起步晚、基础差、要求高的形势。近些年,城市污水处理的建设有了很大发展,截至2005年6月底,全国661个设市城市建有污水处理厂708座,处理能力为4912万立方米每天,是2000年的两倍多;全年城市污水处理量162.8亿立方米,比2000年增加了43%,城市污水处理率达45.7%。但绝大多数城市的污水处理能力满足不了实际需要,全国还有297个城市没有建成污水处理厂,其中,地级以上城市63个,包括人口50万以上的大城市8个。

与国际相比,我国城市污水处理率较低,其主要原因是我国的城市污水处理厂建设滞后。据资料介绍,美国现在平均每1万人就拥有1座污水处理厂,英国和德国每7000~8000人拥有1座污水处理厂。而我国城镇人口中,平均每150万人才拥有1座污水处理厂。

城市污水处理能力增长缓慢和污水处理率低是造成我国水环境污染的主要原因,由此导致了水环境的持续恶化,并严重制约了我国经济与社会的发展。我国城市污水处理能力增长缓慢的主要原因可以归结为以下三个方面。

(1) 污水处理技术落后 城市污水处理技术是城市污水处理设施能否高效运转的关键。长期以来，我国的污水处理技术都是沿袭了欧美国家近百年来的路线和处理技术，在吸收、消化国外技术的同时也形成了自己的技术，城市污水处理技术有了很大的发展，但是我国现阶段采用的污水处理技术与同期国外的技术水平相比依然还很落后，始终存在效率低、能耗高、维修率高、自动化程度低等缺点，从而影响它们在污水处理厂投标中的竞争力。

(2) 资金短缺，投资力度不够 城市污水处理系统是城市的重要基础设施之一，也是防止水污染、改善城市水环境质量的重要手段。

我国经济水平相对于发达国家还比较落后，用于水污染治理的资金还很紧缺，不可能完全照搬国外的技术和模式，依靠大规模建设城市污水处理厂来改善水环境在现阶段实现的可能性不大。

即使修建了城市污水处理厂，其高昂的运行维护管理费用也是城市污水处理率低，水体污染严重的主要原因之一。据清华大学紫光顾问公司调查：我国污水处理设备运行状况是1/3运行正常、1/3不正常、1/3处于闲置状态，污水处理厂的实际运转率只能达到50%，我国污水的实际处理率远远低于污水处理设施的处理能力。统计资料表明，2010年就增加6722万吨的污水处理，投入了1344亿元的环保资金。

(3) 管理水平低 传统的处理技术较复杂，目前我国操作人员的技术素质及管理水平不能适应，这样就造成了即使已建成的污水厂也不能正常运行，严重制约了已建城市污水厂的正常运行。

四、城市污水的性质与指标

城市污水的性质与指标主要指物理性质、化学指标、生物指标三项。

1. 物理性质

城市污水的物理性质包括颜色、气味、水温、氧化还原电位等指标。

(1) 颜色 以生活污水为主的污水厂，进水颜色通常为灰褐色，这种污水比较新鲜，但实际上进水的颜色通常变化不定，这取决于城市下水管道的排水条件和排入的工业废水的影响。如果进水呈黑色且臭味特别严重，则污水陈腐，可能在管道中存积太久。如果进水中混有明显可辨的其他颜色如红、绿、黄等，则说明有工业废水进入。对一个已建成的污水厂来说，只要它的服务范围与服务对象不发生大的变化，则进水的污水颜色一般变化不大。要按流程逐个观测各污水池上的污水。活性污泥的颜色也有助于判断构筑物运转状态，活性污泥正常的颜色为黄褐色，正常的气味应为土腥味，运行人员在现场巡视中应有意识地观察与嗅闻。如果颜色变黑或闻到腐败气味，则说明供氧不足，或污泥已发生腐败。

(2) 气味 污水中的气味有助于我们判别污水所处的条件和处理工艺的运行状况。一般新鲜的生活污水不含有霉味，若有其他气味则说明存在有工业废水或其他特殊的生活污水。污水厂的气味除了正常的粪臭味外，有时在集水井附近有臭鸡蛋味，这是管道内因污水腐化而产生的少量硫化氢气体所致。活性污泥混合液也有一定气味，当操作工人在曝气池旁嗅到一股土腥味时，则就能断定曝气池运转良好。若城市污水中有汽油、溶剂、香味，可能是有工业废水排入。

(3) 水温 对污水的生物、物理、化学处理均有影响，污水的温度一般较原水高，因为在生活、工业或商业的用水过程中往往有热量加入，我国大部分地区城市污水的水温变化在10~30℃之间。

(4) 氧化还原电位 正常的城市污水具有约+100mV 的氧化还原电位，小于+40mV 的氧化还原电位或负值氧化还原电位说明污水已经厌氧发酵或有工业还原剂的大量排放。氧化还原电位超过+300mV，说明有工业氧化剂废水大量排入。

2. 化学指标

城市污水的化学指标很多，它包括酸碱度（pH）、碱度、生化需氧量（BOD）、化学需氧量（COD）、固体物质、氨氮（NH_3-N）、总磷（TP）、重金属含量等。

(1) 酸碱度（pH） 城市污水 pH 一般为 6.5~7.5。pH 的微小降低可能是由于城市污水输送管道中的厌氧发酵。雨季时进水较低的 pH 往往是城市酸雨造成的，这在合流系统尤其突出。pH 的突然大幅度变化不论是升高还是降低，通常是由于工业废水的大量排入造成的。

(2) 生化需氧量（BOD） 城市污水处理中，常用生化需氧量 BOD 指标反映污水中有机污染物的浓度。生化需氧量是在制定的温度和制定的时间段内，微生物在分解、氧化水中有机物的过程中所需要的氧的数量，单位为 mg/L。由于微生物的好氧分解速度开始很快，约 5 天后其需氧量即达到完全分解需氧量的 70%左右，因此在实际操作中常用 5d 生化需氧量（BOD_5）来衡量污水中有机物的浓度。

(3) 化学需氧量（COD） 化学需氧量是指用强氧化剂使被测废水中有机物进行化学氧化时所消耗的氧量。COD 测定速度快，不受水质限制，用它指导生产较方便。常用的氧化剂为 $KMnO_4$ 和 $K_2Cr_2O_7$。$KMnO_4$ 的氧化能力较弱，往往只有一部分被氧化，因此所测定的结果与实际情况有很大的差别，而 $K_2Cr_2O_7$ 的氧化能力很强，能使污水中的绝大部分有机物氧化，故常用 $K_2Cr_2O_7$ 来测定。

在城市污水处理分析中，把 BOD_5/COD 比值作为可生化性指标。当 $BOD_5/COD \geqslant 0.3$ 时，可生化性较好，适宜采用生化处理工艺。

(4) 溶解固体（DS）和悬浮固体（SS） 城市污水中含有大量的固体物质，按其物理性质可分为悬浮固体（SS）和溶解固体（DS）。悬浮固体（SS）简称悬浮物，是检测污水的重要指标。

SS 指标的意义如下：

① 表示污水的污染情况，SS 含量的多少直接影响着水环境的外观情况，也不利于水的复氧过程；

② 可以反映用简单沉淀法去除污染物的效果和难易程度。

(5) 总氮（TN）、氨氮（NH_3-N）和总磷（TP） 氮、磷含量是重要的污水水质指标之一，在污水生化处理过程中微生物的新陈代谢需要消耗一定量的氮、磷。如果氮、磷排入到水体中，将会导致水体中藻类的超量增长，造成富营养化问题。

总氮是污水中各类有机氮和无机氮的总和（见图 6-1）。氨氮是无机氮的一种，总磷是污水中各类有机磷和无机磷的总和。

$$总氮（TN） \begin{cases} 有机氮 \begin{cases} 蛋白性氮 \\ 非蛋白性氮 \end{cases} \\ 无机氮 \begin{cases} 氨氮（NH_3\text{-}N） \\ 亚硝酸氮（NO_2\text{-}N） \\ 硝酸盐氮（NO_3\text{-}N） \end{cases} \end{cases}$$

图 6-1 总氮的分类

3. 生物指标

生活污水、医院污水、养殖污水、生物制品及食品工业单位排出的污水都常含有大量的细菌。其中一些可能属于病毒而且数量的变化比较大，一般情况下，细菌数通常在 $10^6 \sim 10^7$ 个/mL 之间，大肠杆菌可达到 10~100 个/mL，病毒为

200~7000 个/L。

污水中的病原微生物是威胁人类身体健康和生命的一个重要因素。

五、城市污水污染物

城市污水中 90% 以上是水，其余是固体物质，水中普遍含有以下各种污染物。

1. 悬浮物

一般为 200~500mg/L，有时候可超过 1000mg/L。其中无机和胶体颗粒容易吸附有机毒物、重金属、农药、病原菌等，形成危害大的复合污染物。悬浮物可经过混凝、沉淀、过滤等方法与水分离，形成污泥而去除。

2. 病原体

病原体包括病菌、寄生虫、病毒三类。常见的病菌是肠道传染病菌，每升污水可达几百万个，可传播霍乱、伤寒、肠胃炎、婴儿腹泻、痢疾等疾病。常见的寄生虫有阿米巴虫、麦地那丝虫、蛔虫、鞭虫、血吸虫、肝吸虫等，可造成各种寄生虫病。病毒种类很多，仅人粪尿中就有百余种，常见的是肠道病毒、腺病毒、呼吸道病毒、传染性肝炎病毒等。每升生活污水中病毒可达 50 万~7000 万个。

3. 需氧有机物

包括碳水化合物、蛋白质、油脂、氨基酸、脂肪酸、酯类等。其浓度常用五日生化需氧量（BOD_5）来表示。也可用总需氧量（TOD）、总有机碳（TOC）、化学需氧量（COD）等指标结合起来评价。

城市污水 BOD_5 一般为每升 300~500mg，造纸、食品、纤维等工业废水可高达每升数千毫克。

4. 植物营养素

生活污水、食品工业废水、城市地面径流污水中都含有植物的营养物质——氮和磷。

城市污水中磷的含量原先每人每年不到 1kg。近年来由于大量使用含磷洗涤剂，含量显著增加，来自洗涤剂的磷占生活污水中磷含量的 30%~75%，占地面径流污水中磷含量的 17% 左右。

氮素的主要来源是食品、化肥、焦化等工业的废水，以及城市地面径流和粪便。硝酸盐、亚硝酸盐、铵盐、磷酸盐和一些有机磷化合物都是植物营养素，能造成地面水体富营养化、海水赤潮和地下肥水。硝酸盐含量过高的饮水有一定的毒性，能在肠胃中还原成亚硝酸盐而引起肠原性青紫症。亚硝酸盐在人体内与仲胺合成亚硝胺类物质可能有致畸作用、致癌作用。

城市污水中除含以上四类普遍存在的污染物外，随污染源的不同还可能含有多种无机污染物和有机污染物，如氟、砷、重金属、酚、氰、有机氯农药、多氯联苯、多环芳烃等。

六、城市污水的特点

城市污水的水质具有生活污水的主要特征。但在不同的城市，因工业的规模和性质不同，城市污水的水质也受工业废水和水量的影响而发生明显变化。

典型的生活污水水质变化大体有一定范围，可参见表 6-1。

表 6-1 典型的生活污水水质示例

指标	浓度/(mg/L) 高	浓度/(mg/L) 中	浓度/(mg/L) 低	指标	浓度/(mg/L) 高	浓度/(mg/L) 中	浓度/(mg/L) 低
固体(TS)	1200	720	350	可生物降解部分	750	300	200
溶解性总固体	850	500	250	溶解性	375	150	100
非挥发性	525	300	145	悬浮性	375	150	100
挥发性	325	200	105	总氮	85	40	20
悬浮物(SS)	350	220	100	有机氮	35	15	8
非挥发性	75	55	20	游离氨	50	25	12
挥发性	275	165	80	亚硝酸盐	0	0	0
可沉降物/(mg/L)	20	10	5	硝酸盐	0	0	0
生化需氧量(BOD_5)	400	200	100	总磷	15	8	4
溶解性	200	100	50	有机磷	5	3	1
悬浮性	200	100	50	无机磷	10	5	3
总有机碳(TOC)	290	160	80	氯化物(Cl^-)	200	100	60
化学需氧量(COD)	1000	400	250	碱度($CaCO_3$)	200	100	50
溶解性	400	150	100	油脂	150	100	50
悬浮性	600	250	150				

注：该表摘自中国市政工程东北设计研究院. 给水排水设计手册. 第 2 版. 北京：中国建筑工业出版社，2004.

七、城市污水排放标准

进入城市污水处理厂的水质，其值不得超过 CJ 3025—93 标准的规定。城市污水处理厂，按处理工艺与处理程度的不同可分为一级处理和二级处理。经城市污水处理厂处理的水质排放标准应符合表 6-2 的规定。城市污水处理后各物质含量标准见表 6-3。

表 6-2 城市污水处理厂污水水质排放标准　　　　　　　　　　单位：mg/L

项目	一级处理 最高允许排放浓度	一级处理 处理效率/%	二级处理 最高允许排放浓度
pH	6.5～8.5		6.5～8.5
悬浮物	<120	不低于 40	<30
生化需氧量(5d,20℃)	<150	不低于 30	<30

表 6-3 城市污水处理后各物质含量标准　　　　　　　　　　单位：mg/L

项目	一级处理 最高允许排放浓度	一级处理 处理效率/%	二级处理 最高允许排放浓度
化学需氧量(重铬酸钾法)	<250	不低于 30	<120
色度(稀释倍数)	—	—	<80
油类	—	—	<60
挥发酚	—	—	<1
氧化物	—	—	<0.5
硫化物	—	—	<1
氟化物	—	—	<15
苯胺	—	—	<3
铜	—	—	<1
锌	—	—	<5
总汞	—	—	<0.05
总铅	—	—	<1

续表

项　目	一级处理		二级处理
	最高允许排放浓度	处理效率/%	最高允许排放浓度
总铬	—	—	<1.5
六价铬	—	—	<0.5
总镍	—	—	<1
总镉	—	—	<0.1
总砷	—	—	<0.5

注：1. 悬浮物、生化需氧量和化学需氧量的标准值系指定时均量混合水样的检测值，其他项目的标准值为季均值。

2. 当城市污水处理厂进水悬浮物、生化需氧量或化学需氧量处于中高浓度范围且一级处理后的出水浓度大于表中一级处理的标准值时，可只按表中一级处理的处理效率考核。

3. 现有城市二级污水处理厂，根据超负荷情况与当地环保部门协商标准值可适当放宽。

八、城市污水的危害

城市污水由于含有大量的无机物、有机物、病原微生物，因此具有一定的危害，这主要表现在几方面。

(1) 危害人体健康　生活污水中往往含有病原微生物，可造成水媒传染病，如伤寒、霍乱、痢疾、脊髓灰质炎等疾病的流行。

(2) 影响工农业生产　城市污水尤其是工业废水排放量大，水质成分复杂，其中含有大量有机和无机污染物质，还可能含有重金属和放射性等有毒、有害物质，是农业用水和河流的主要污染源，若不处理直接排放会导致农业生产环境逐步恶化，抗旱能力降低，大面积生产的产量和农产品质量降低。

(3) 影响景观环境　污水由于具有恶臭味、呈黄褐色，若随意流入景观环境内，不仅会使景观环境整体形象受到影响，同时还具有一定的破坏性。

(4) 影响渔业资源　污水中一般含有较多的蛋白质、糖类、脂肪等营养物和其他有机物及其分解产物，以及氯化物、磷、钾、硫酸盐和泥沙等无机物。这些污染物质使地面水浑浊，导致藻类等水生植物大量繁殖，其有机物氧化分解还能消耗水中溶解氧。这类污染物质如过多排入水中，将造成水中溶解氧缺乏，影响鱼类及其他生物的生长。

(5) 破坏生态平衡　污水中溶解氧耗尽后，有机物将进行厌氧分解，产生硫化氢、氨等物质而使水发臭，水质也进一步恶化。

第二节　城市污水处理方法

城市污水处理是指为改变污水性质，使其对环境水域不产生危害而采取的措施。

一、城市污水处理基本方法

城市污水处理方法很多，按其作用原理，可分为物理处理方法、化学处理方法、物理化学处理方法、生物处理方法等。

1. 物理处理方法

物理处理方法是利用物理作用分离污水中主要呈悬浮状态的污染物质，在处理过程中不改变物质的化学性质。典型的物理处理方法有筛滤法、沉淀法、上浮法、气浮法、过滤法、反渗透法等。

2. 化学处理方法

化学处理方法是利用化学反应作用来分离或回收污水中的污染物质，或使其转化为无害的物质。典型的化学处理方法有中和、混凝、电解、氧化还原、汽提、萃取、吸附、离子交换、电渗析等。

3. 物理化学处理方法

物理化学处理方法是通过物理化学过程使污水得到净化的方法，主要有吸附、萃取、离子交换、反渗透等方法。

4. 生物处理方法

生物处理方法是利用微生物的作用来去除污水中溶解的和胶体状态的有机物的方法。生物处理方法可分为好氧生物处理（主要有活性污泥法、生物膜法等）和厌氧生物处理两大类。

城市污水处理工艺，实际上是以上这些处理方法的应用和组合。

二、城市污水处理级别

城市污水处理技术按处理程度一般分为一级、二级和三级处理。通常城市污水处理以一级处理为预处理，二级处理为主体，三级处理很少使用。一般工厂排出的污水，至少应采取两级处理。城市污水处理典型工艺流程见图6-2。

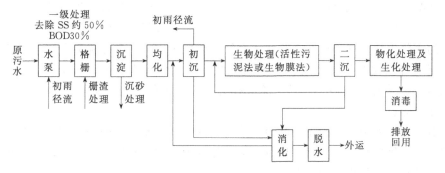

图 6-2 城市污水处理典型工艺流程

1. 一级处理

污水预处理和一级处理称为物理处理或机械处理，如图6-3所示。它是去除污水中的漂浮物和悬浮物的处理过程，一般能去除悬浮固体SS约$50\%\sim60\%$，BOD_5去除$20\%\sim30\%$。出水达不到排放标准，故一级处理属于二级处理的前处理。图6-3为城市污水一级处理系统。

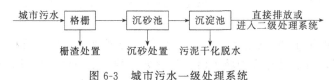

图 6-3 城市污水一级处理系统

一级处理主要应用在以下方面：

① 沿海或靠近较大水体的城市，经充分论证后，可采用一级处理或一级强化处理方案，污水经处理后直接排放或排入地面水体。

② 城市污水进行二级处理时先进行一级处理，可减轻二级处理负担，保证二级处理系统正常工作。

③ 城市污水进入稳定塘处理系统前需要进行一级处理，避免稳定塘产生淤积，延长使用年限。

④ 城市污水进入土地处理系统前，也应进行一级处理，避免污水中杂质堵塞土壤颗粒间隙，并提高土地处理的程度。

2. 二级处理

城市污水经一级处理后，再经生化处理后的出水处理称为二级处理。这一过程主要利用生物处理法将污水中胶体和溶解性有机物氧化降解为简单的物质，BOD_5 去除率达 85%～95%。

处理方法主要有：活性污泥法（传统法、氧化沟、SBR 等）、生物膜法（曝气生物滤池，接触氧化法等）。

(1) 基本原理 利用好氧微生物的新陈代谢处理污水的过程称为污水的好氧生物处理，利用厌氧微生物的新陈代谢处理污水的过程称为污水的厌氧生物处理。有时为了实现特殊的处理目标，在一个系统中既有好氧过程又有厌氧过程，则称为厌氧好氧生物处理。

在污水的好氧处理过程中一部分被微生物吸收的有机物被氧化分解成简单的无机物，如有机物中的碳被氧化成二氧化碳、氢与氧化合成水；氮被氧化成氨、亚硝酸盐和硝酸盐；磷被氧化成磷酸盐等。氧化分解过程中释放出的能量，作为微生物自身生命活动的能源，并将另一部分有机物作为其生长繁殖所需要的构造物质，合成新的细胞体。

污水的厌氧生物处理分成两个阶段。在第一阶段中，有一类被称为产酸细菌的微生物把污水中的复杂有机化合物转化成较简单的有机物（如低级脂肪酸和醇类）和 CO_2、NH_3、H_2O 等无机物。在第二阶段中，另一类被称为甲烷细菌的微生物将简单的有机物分解成甲烷和二氧化碳等。

在好氧处理过程中，必须不间断地供给充足的氧，否则好氧处理将部分或全部转化成厌氧处理过程。厌氧生物处理不需要供氧，但其处理速率比好氧处理慢得多，因而在同样规模的单元内，处理污水量也要少得多。

(2) 技术分类 污水生物处理从总体上可分为两大类：一类是微生物在人工为其营造的环境中处理污水，称为人工处理方法；另一类是微生物在天然生态环境中处理污水，称为天然生态处理方法。人工处理方法效率较高，但投资及运行费用也较高；天然生态处理方法虽然投资及运行费用低，但由于受气候因素影响，处理效果不稳定。

人工处理方法主要包括活性污泥法和生物膜法。在活性污泥工艺中，微生物群体悬浮在污水中生长，因此也称为悬浮增长工艺。在生物膜工艺中，微生物群体一般固着在某种介质上生长，因此也称为固着增长工艺。天然生态处理方法主要包括生物稳定塘、土地处理和湿地系统三种方法。

活性污泥工艺产生于 20 世纪初，由于其较高的处理效率，且运行稳定可靠，在世界各地得到了普遍应用，目前已经成为城市污水生化处理的主要方法。但是，传统活性污泥处理系统还存在着某些有待解决的问题，如反应器-曝气池的池体比较庞大、占地面积大、电耗高、管理复杂等。

生物膜法包括生物滤池、生物转盘、塔滤和生物接触氧化等种类。由于生物膜处理效果较活性污泥法差，受温度等环境因素的影响较大，且运行控制的灵活性小，城市污水处理厂较少采用。但生物膜上的微生物浓度很高、抵抗有毒物质能力较强，故该类工艺被广泛地应用于工业废水处理领域。

生物稳定塘是一种很古老的天然处理方法，虽然占地面积较大，但投资及运转费用非常低，在有废坑塘的地区不失为一种很好的处理方法。

污水土地处理是在人工可控制条件下，将污水投配到土地上，通过土壤和植物完成一系列物理的、化学的和生物化学的净化过程。这种方法不仅能有效而经济地净化污水，而且能利用污水中的营养物质和水，促进农作物、牧草和林木的增长，因而也是一种有前途的天然净化方法。土地处理一般分为慢速渗滤和地表漫流两种工艺类型。

湿地系统是另一种天然生态处理工艺。它主要利用芦苇地、树木等天然植物系统来净化污水。

目前，城市污水二级处理技术主要有活性污泥法、A-B法、氧化沟法、SBR法、生物膜法等。

3. 三级处理

三级处理常用于二级处理以后，以进一步改善水质和达到国家有关排放标准为目的，又称深度处理。二级处理后的出水再经过加药、过滤、消毒等其他技术，使出水达到更高的标准。主要利用生物化学法、化学沉淀法、物理化学法等，去除污水中的磷、氮、难降解的有机物、无机盐及微生物等。

一级、二级、三级污水处理方法与效果见表6-4。

表6-4 污水处理方法与处理效果

级别	去除的主要污染物	处理方法	处理效果	处理设备
一级	悬浮固体	沉砂、沉淀等	SS 50%、BOD_5 20%~30%	格栅、沉砂池、隔油池等
二级	胶体和溶解性有机物、悬浮物	好氧处理或厌氧处理法	SS 80%、BOD_5 85%~98% COD 80%~92% TN 30%、TP 10%	曝气池、生物滤池、生物接触氧化池等
三级	难降解的溶解性有机物、悬浮物、影响回用水水质的可溶性无机物及N和P等	混凝、吸附、生物接触氧化等	SS 40%、BOD_5 60% TN 80%、TP 65%	混凝沉淀池、砂滤池、离子交换器等

第三节 城市污水处理工艺

目前城市污水处理工艺主要有活性污泥工艺、生物脱氮除磷工艺、氧化沟工艺、SBR活性污泥法工艺。

一、活性污泥工艺

(一) 工艺原理

1. 活性污泥

活性污泥通常为黄褐色（有时呈铁红色）絮绒状颗粒，也称为"菌胶团"或"生物絮凝体"，其直径一般为0.02~2mm；含水率一般为99.2%~99.8%，密度因含水率不同而异，一般为 1.002~1.006g/cm³，活性污泥具有较大的比表面积，一般为 20~100cm²/mL。

活性污泥由有机物及无机物两部分组成，组成比例因污泥性质不同而异。例如，城市污水处理系统中的活性污泥，其有机成分占 75%~85%，无机成分占 15%~25%。活性污泥中有机物成分主要由生长在活性污泥中的各种微生物组成，这些微生物群体构成了一个相对稳定的生态系统和食物链，其中以各种细菌及原生动物为主，也存在着真菌、放线菌、酵母菌以及轮虫等后生动物。活性污泥及原生物见图 6-4。

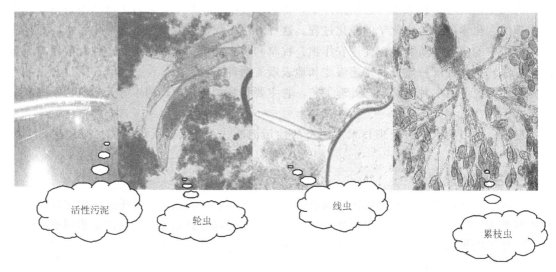

图 6-4 活性污泥及原生物

在活性污泥中，细菌含量一般在 10^7~10^8 个/mL 之间，原生动物为 10^3 个/mL 左右，而原生动物中则以纤毛虫为主，因此可以用其作为指示生物，通过镜检法判断活性污泥的活性。

2. 活性污泥原理

活性污泥法就是以悬浮生长在水中的活性污泥为主体，在微生物生长有利的环境条件下和污水充分接触，使污水净化的一种方法。它的主要构筑物是曝气池和二次沉淀池。

在正常的连续生产（连续进水）条件下，活性污泥中微生物不断利用废水中的有机物进行新陈代谢，由于合成作用的结果，活性污泥大量增殖，曝气池中活性污泥的量愈积愈多，当超过一定的浓度时，应适当排放一部分，这部分被排出的活性污泥称作剩余污泥。

（二）工艺流程

传统活性污泥法工艺系统主要是由曝气池、曝气系统、二次沉淀池以及回流系统和污泥消化系统组成，工艺流程如图 6-5 所示。

1. 曝气池

曝气池是由微生物组成的活性污泥在空气的作用下，与污水中的有机污染物质充分混合接触，并进而将其吸收并分解的场所，它是活性污泥工艺的核心。

曝气池有推流式和完全混合式两种类型。推流式是在长方形的池内，污水和回流污泥从一端流入，水平推进，经另一端流出。推流式曝气见图 6-6。

完全混合式是污水和回流污泥一起进入曝气池就立即与池内其他混合液均匀混合。完全混合式曝气见图 6-7。

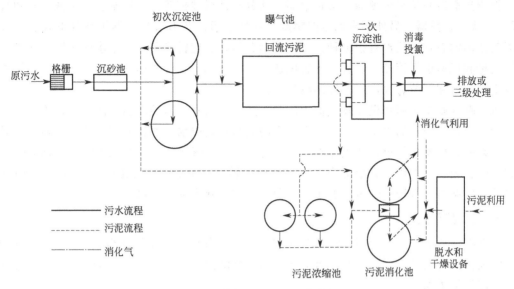

图 6-5 传统活性污泥工艺流程

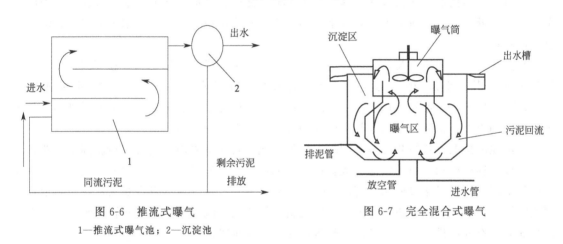

图 6-6 推流式曝气
1—推流式曝气池；2—沉淀池

图 6-7 完全混合式曝气

推流式的特点是池子大小不受限制，不易发生短流，出水质量较高；而完全混合式的特点是池子受池型和曝气手段的限制，池容不能太大，当搅拌混合效果不佳时易产生短流，但它对入流水质的适应能力较强。由于以上特点，城市污水处理一般采用推流式，而完全混合式则广泛应用于工业废水处理。

2. 曝气系统

曝气系统的作用是向曝气池供给微生物增长及分解有机物所必需的氧气，并起混合搅拌作用，使活性污泥与有机污染物质充分接触。曝气系统总体上可分为鼓风曝气和机械曝气两大类。

鼓风曝气是将压缩空气通过管道送入曝气池的扩散设备，以气泡形式分散进入混合液，使气泡中的氧迅速扩散转移到混合液中，供给活性污泥中的微生物。鼓风曝气系统主要由空气净化系统、鼓风机、管路系统和空气扩散器组成。城市污水处理厂采用的鼓风机有多种，如罗茨鼓风机和离心鼓风机。国产罗茨鼓风机单机风量小，适用于中小型污水处理厂；离心风机噪声小、效率高，适用于大型污水厂。空气扩散器也有很多种，按材质分有陶瓷扩散器、橡胶扩散器和塑料扩散器。按扩散器形状分有钟罩型扩散器、长条板型扩散器和圆管式（或筒套式）扩散器，另外还有固定双螺旋、双环伞形以及射流曝气器等特殊形式。扩散器在曝气池内的布置形式也有很多种，如池底满布形式、旋转流形式、半水深布置形式等。风管按气量和风速选择管径，干管、支管风速 10~15m/s，竖管及小支管 4~5m/s。空气管线上设空气计量和调节装置，以便控制曝气量。

机械曝气则是利用装设在曝气池内的叶轮转动，剧烈地搅动水面，使水循环流动，不断更新液面并产生强烈的水跃，从而使空气中的氧与水滴或水跃的界面充分接触，转入到混合液中。因此，机械曝气也称作表面曝气，简称表曝。机械曝气分为竖轴表曝和卧轴表曝两种形式，竖轴表曝机多用于完全混合式的曝气池，转速一般为 20~100r/min，并可有两级或三级的速度调节。卧轴表曝机一般用于氧化沟工艺，称为曝气转盘。

3. 二次沉淀池

二次沉淀池的作用是使活性污泥与处理完的污水分离，并使污泥得到一定程度的浓缩。二次沉淀池内的沉淀形式较复杂，沉淀初期为絮凝沉淀，中期为成层沉淀，而后期则为压缩沉淀，即污泥浓缩。

二沉池的结构形式同初沉池一样，分为平流沉淀池、竖流沉淀池和辐流沉淀池。国内现有城市污水处理厂二沉池绝大多数都采用辐流式。有些中小处理厂也采用平流式，竖流式二沉池尚不多见。

平流式二沉池的构造及布置形式与平流初沉池基本一样，只是工艺参数不同。平流初沉池的水平冲刷流速为 50mm/s，而二沉池的水平冲刷流速为 20mm/s，当水平流速大于 20mm/s 或吸泥机的刮板行走速度大于 20mm/s 时，下沉的污泥将受扰动而重新浮起。除工艺参数不同以外，辐流式二沉池与辐流式初沉池构造形式也基本相似。

二沉池的排泥方式与初沉池差别较大。初沉池一般都是先用刮泥机将污泥刮至泥斗，再将其间歇或连续排除。而二沉池一般直接用吸泥机将污泥连续排除。这主要是因为活性污泥易厌氧上浮，应及时尽快地从二沉池中分离出来。另外，曝气池本身也要求连续不断地补充回流污泥。平流二沉池一般采用桁车式吸泥机，辐流式二沉池一般采用回转式吸泥机。常用的排泥方式有静压排泥、汽提排泥、虹吸排泥或直接泵吸。

4. 回流污泥系统

回流污泥系统把二沉池中沉淀下来的绝大部分活性污泥再回流到曝气池，以保证曝气池有足够的微生物浓度。回流污泥系统包括回流污泥泵和回流污泥管道或渠道。回流污泥泵的形式有多种，包括离心泵、潜水泵和螺旋泵。螺旋泵的优点是转速低，不易打碎活性污泥絮体，但效率较低。回流污泥泵的选择应充分考虑大流量、低扬程的特点，同时转速不能太快，以免破坏絮体。回流污泥渠道上一般应设置回流量的计量及调节装置，以准确控制及调节污泥回流量。

5. 剩余污泥排放系统

随着有机污染物质被分解，曝气池每天都净增一部分活性污泥，这部分活性污泥称为剩余活性污泥，应通过剩余污泥排放系统排出。污水处理厂用泵排放剩余污泥，也可直接用阀门排放。可以从回流污泥中排放剩余污泥，也可以从曝气池直接排放。从曝气池直接排放可减轻二沉池的部分负荷，但增大了浓缩池的负荷。在剩余污泥管线上应设置计量及调节装置，以便准确控制排泥。

(三) 活性污泥工艺参数

活性污泥工艺参数主要包括入流水质水量、回流污泥量和回流比、悬浮固体和回流污泥悬浮固体、活性污泥的有机负荷、溶解氧浓度、剩余污泥排放量和污泥龄等。

1. 入流水质水量

入流污水量 Q 是整个活性污泥系统运行控制的基础。传统活性污泥工艺的主要目标是降低污水中的 BOD_5，因此，入流污水的 BOD_5 必须准确测定，它是工艺调整的一个基础数据。

2. 回流污泥量与回流比

回流污泥量是二沉池补充到曝气池的污泥量，常用 Q_r 表示。Q_r 是活性污泥系统的一个重要控制参数，通过有效地调节 Q_r 可以改变工艺运行状态，保证运行的正常。

回流比是回流污泥量与入流污泥量（Q）之比，通常用 R 表示。保持 R 的相对恒定，是一种重要的运行方式。传统活性污泥工艺的 R 一般在 25%～100% 之间。

3. 悬浮固体和回流污泥悬浮固体

悬浮固体是指混合液中悬浮固体的浓度，通常用 MLSS 表示。MLSS 也可近似表示曝气池内活性微生物的浓度，这是运行管理的一个重要控制参数。当入流污水的 BOD_5 增高时，一般应提高 MLSS，即增大曝气池内的微生物量。实际测得的 MLSS，是混合液的过滤性残渣，活性污泥絮体内的活性微生物量、非活性的有机物和无机物都被滤纸截留而包括入所测得的 MLSS 中，因此 MLSS 值实际比活性微生物的浓度值要大。MLVSS 是 MLSS 中的有机部分，称为混合液的挥发性悬浮固体，由于不包含无机物，它能较好地反映活性污泥微生物的数量，但不是活性微生物的实际浓度。

回流污泥悬浮固体是指回流污泥中悬浮固体的浓度，通常用 RSS 表示，它近似表示回流污泥中的活性微生物浓度。

传统活性污泥法的 MLSS 在 1500～3000mg/L 之间，而 RSS 则取决于回流比 R 的大小，以及活性污泥的沉降性能和二沉池的运行状况。

4. 活性污泥的有机负荷（F/M）

活性污泥的有机负荷是指单位质量的活性污泥，在单位时间内要保证一定的处理效果所能承受的有机污染物量，单位为 $kgBOD_5/(kgMLSS·d)$。活性污泥的有机负荷通常是用 BOD_5 代表有机污染物进行计算的，因此也称为 BOD 负荷。F/M 代表了微生物量与有机污染物之间的一种平衡关系，它直接影响活性污泥增长速率、有机污染物的去除效率、氧的利用率以及污泥的沉降性能。

传统活性污泥工艺的有机负荷值一般在 $0.2～0.4\ kgBOD_5/(kgMLSS·d)$ 之间，即每 1000gMLVSS 每天承受 $0.2～0.4kgBOD_5$。

5. 溶解氧浓度

传统活性污泥工艺主要采用好氧过程，因而混合液中必须保持好氧状态，即混合液内必须维持一定的溶解氧（DO）浓度。DO 是通过单纯扩散方式进入微生物细胞内的，因而混合液须有足够高的 DO 值，以保持强大的扩散推动力，将微生物好氧分解所需的氧强制"注入"微生物细胞体内。

传统活性污泥法一般控制曝气池出口 DO 大于 2.0mg/L。

6. 剩余污泥排放量和污泥龄

剩余活性污泥的排放量用 Q_w 表示。剩余污泥排放是活性污泥系统运行控制中一项最重要的操作，Q_w 的大小，直接决定污泥龄的长短。如从曝气池排放剩余活性污泥，则其浓度为混合液的污泥浓度 MLVSS；如果从回流污泥系统内排除剩余活性污泥，则其浓度为 RSS。绝大部分处理厂都从回流污泥系统排泥，只有当二沉池入流固体值严重超负荷时，才考虑从曝气池直接排放。

污泥龄是指活性污泥在整个系统内的平均停留时间，一般用 SRT 表示。因为活性微生物基本上存在于活性污泥絮体中，因此，污泥龄也就是微生物在活性污泥系统内的停留时间。

传统活性污泥工艺一般控制 SRT 在 3~5d。

（四）活性污泥工艺的改进

随着活性污泥工艺的广泛应用，人们发现传统活性污泥工艺有很多缺点，针对这一情况，很多企业进行了工艺改进。

1. 阶段曝气工艺

该工艺是在传统工艺基础上将曝气池一端进水改成沿池多点进水，如图 6-8 所示。

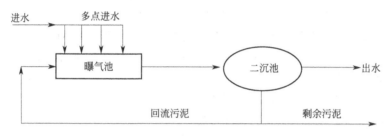

图 6-8　阶段曝气活性污泥工艺

该工艺克服了传统工艺曝气池前段 F/M 高，有时产生供氧不足，而后段 F/M 很低，可能产生供氧过剩。逐点进水工艺能使全池 F/M 基本一致，从而使全池曝气效果均匀。该工艺另一个特点是污泥浓度沿池长逐渐降低，曝气池出口处排入二沉池的混合液 MLSS 浓度很低，有利于二沉池的固液沉降分离。

2. 渐减曝气工艺

传统工艺曝气量沿池长均匀分布，但实际需氧量则沿池长逐渐降低，造成沿池长氧量供需的反差。所谓渐减曝气工艺就是曝气量沿池长逐渐降低，与需氧量的变化相匹配，在保证供氧的前提下，降低能耗，如图 6-9 所示。实际上，新建的所有活性污泥工艺处理厂都设计成渐减曝气。对于典型的城市污水，如把曝气池等分成三段，则每段占总曝气量的比例一般

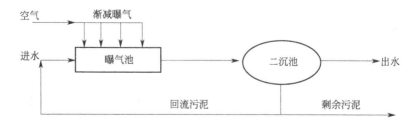

图 6-9　渐减曝气工艺

分别为 50%、35%、15%。

3. 吸附再生工艺

与传统工艺相比，吸附再生工艺的 F/M 比可适当提高，从而减小池容，降低投资。此外，再生池中基本没有营养物质，活性污泥处于"空曝"状态，这样一方面活性污泥微生物处于"饥饿"状态，进入吸附池后会产生更高的吸附速度，另一方面空曝状态能有效抑制丝状菌，使活性污泥不易产生膨胀现象。吸附池也叫接触池，再生池也叫稳定池，因此吸附再生工艺也称为接触稳定工艺。吸附池和再生池可以合建也可以分建，分别如图6-10和图6-11所示。

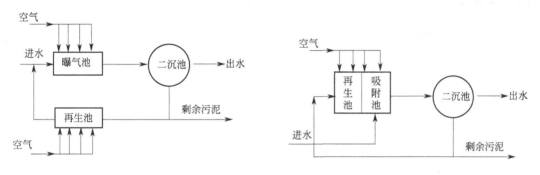

图 6-10　分建式吸附再生工艺　　　　　图 6-11　合建式吸附再生工艺

吸附再生工艺对污水具有一定的承受冲击负荷的能力，当吸附池的活性污泥受到破坏时，可以由再生池内的污泥进行补救。该工艺的缺点是，对于溶解性有机物含量较多的污水，处理效果略差。

二、生物脱氮除磷工艺

传统活性污泥工艺能有效地去除污水中的 BOD_5 和 SS，但不能有效地去除污水中的氮和磷。如果含氮、磷较多的污水排到湖泊或海湾等相对封闭的水体，则会产生富营养化，导致水体水质的恶化或湖泊退化，影响其使用功能。因此，在对污水中的 BOD_5 和 SS 进行有效去除的同时，还应根据需要考虑污水的脱氮除磷。

采用化学或物理化学方法可以有效地脱氮除磷。例如折点加氯或吹脱工艺可以有效地去除氨和氮；采用混凝沉淀或选择性离子交换工艺可以去除磷。但这些方法的运行费用都较高，不适合水量一般都很大的城市污水处理。因此，城市污水的脱氮除磷大量采用的还是生物处理工艺。

根据受纳水体的使用功能和水质要求，城市污水生物脱氮除磷工艺功能可以分成以下几种：
① 去除污水中有机物、有机氮和氨氮；
② 去除 BOD 和脱氮，包括有机氮和氨氮及硝酸盐；
③ 去除污水中 BOD 和氮、磷，即完全的脱氮除磷。

生物脱氮除磷工艺在去除污水中 BOD 的同时，也能有效地去除氮和磷，满足上述脱氮除磷的功能要求，因而愈来愈受到人们的广泛重视。

(一) 生物脱氮机理

1. 生物脱氮过程

污水中的氮主要以下面几种形式存在：有机氮、氨氮、亚硝态氮和硝态氮。一般用来表示氮含量的指标有：总氮（TN）、总凯氏氮（TKN）、硝酸盐氮（NO_3-N）、亚硝酸盐氮（NO_2-N）以及氨氮（NH_3-N）。硝酸盐氮和亚硝酸盐氮统称为硝态氮（NO_x-N）。总凯氏氮（TKN）是指有机氮和氨氮之和。

总氮（TN）则包括所有有机氮、无机氮，即：

$$TN = TKN + NO_3^- \text{-N} + NO_2^- \text{-N}$$

脱氮过程即是各种形态的氮转化为氮气从水中脱除的过程。在好氧池中，污水中的有机氮被细菌分解成氨，硝化作用使氨进一步转化为硝态氮，然后在缺氧池中进行反硝化，硝态氮还原成氮气溢出。图6-12较为详细地显示了生物脱氮的过程。

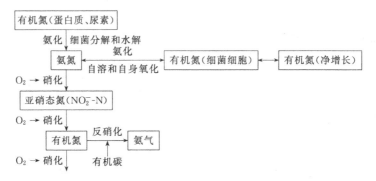

图6-12 各种形态氮的生物转化

原污水中的氮几乎全部以有机氮和氨氮形式存在，首先须通过生物硝化将其转化成硝酸盐，然后利用生物反硝化将其转化成氮气逸出污水，以达到脱氮的目的。

2. 脱氮机理

(1) 氨化作用 生物氨化是指微生物将有机氮转化为NH_3-N的生物过程。一般的异氧微生物都能进行高效的氨化作用，即在细菌分泌的水解酶的催化作用下，有机氮化合物水解断开肽键，脱除羧基和氨基形成氨。在传统活性污泥工艺中，伴随BOD_5的去除，95%以上的有机氮会被转化成NH_3-N。

(2) 硝化作用 生物硝化作用是利用化能自养微生物将氨氮氧化成硝酸盐的一种生化反应过程。硝化作用由两类化能自养细菌参与，亚硝化单细胞菌首先将氨氮NH_3-N氧化成亚硝酸盐NO_2^--N，硝化杆菌再将NO_2^--N氧化成稳定状态的硝酸盐NO_3^--N，反应式如下：

$$NH_4^+ + 1.5O_2 \xrightarrow{\text{亚硝酸菌}} NO_2^- + H_2O + 2H^+ + 能量$$

$$NO_2^- + 0.5O_2 \xrightarrow{\text{硝酸菌}} NO_3^-$$

总反应为：

$$NH_4^+ + 2O_2 \xrightarrow{\text{氧化}} NO_3^- + H_2O + 2H^+ + 能量$$

(3) 反硝化作用 生物反硝化是指污水中的硝酸盐，在缺氧条件下，被微生物还原为氮气的过程。参与这一生化反应的微生物是反硝化细菌，这是一类大量存在于活性污泥中的兼性异养菌，如产碱杆菌、假单胞菌、无色杆菌等菌属均能进行生物反硝化。在有氧存在的好氧状态下，反硝化菌能进行好氧生物代谢，氧化分解有机污染物，去除BOD_5；在无分子氧但存在硝酸盐的条件下，反硝化细菌能利用NO_3^-中的氧（又称为化合态或硝态氧），继续分解代谢有机污染物，去除BOD_5，并同时将NO_3^-中的氮转化为氮气（N_2）。

整个过程分两步进行：第一步由硝酸盐转化为亚硝酸盐，第二步由亚硝酸盐转化为一氧化氮、氧化二氮和氮气，即：$NO_3^- \to NO_2^- \to NO \to N_2O \to N_2$。

3. 生物除磷机理

污水中的磷主要来源于农药、洗涤剂、粪便、含磷工业污水等。污水中的磷，主要以 $H_2PO_4^-$、HPO_4^{2-}、PO_4^{3-} 等聚磷酸盐和有机磷的形式存在。

20世纪70年代中期，人们在传统活性污泥工艺的运行管理中，发现一类特殊的兼性细菌，在好氧状态下能超量地将污水中的磷吸入体内，使体内的磷含量超过10%，有时甚至高达30%，而一般细菌体内的含磷量只有2%左右。这类细菌后来被广泛地用于生物除磷，称为聚磷菌或摄磷菌。最初只发现不动杆菌属的某些细菌具有聚磷作用，现在已发现并分离出60多种细菌和真菌都具有聚磷作用。

生物除磷就是利用这些细菌、藻类等微生物在某种特定条件下在它们体内的细胞内积贮大大超过合成细胞所需的磷，并在厌氧条件下释放出来的原理，通过对微生物的这种过剩摄取和释放磷的控制，排除系统中的剩余污泥，达到生物除磷的目的。

生物除磷过程分为厌氧阶段、好氧阶段两个阶段，详见图6-13。

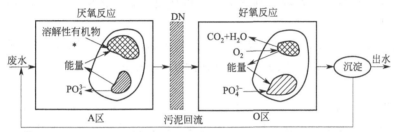

图 6-13 生物除磷的基本原理

(1) 厌氧阶段 这一阶段主要是含磷化合物成溶解性磷，聚磷菌释放出积贮磷酸盐。

(2) 好氧阶段 这一阶段主要是聚磷菌大量吸收并积贮溶解性磷化物中的磷，合成TAP与聚磷酸盐。

聚磷菌是好氧菌，它在活性污泥中不是优势菌种，但能在厌氧环境中将聚磷酸水解。由于它在利用基质的竞争中比其他好氧菌占优势，从而利用它的大量繁殖，经过厌氧与好氧的交替，进行释磷与吸磷的过程，处理后的出水在沉淀池与活性污泥分离，从而通过排除富磷的活性污泥而达到除磷目的。

磷的去除不同于BOD被氧化成 H_2O 和 CO_2，也不同于 NH_3-N 转变为 N_2，它是通过摄取与释放来实现的，因此，在除磷过程中应尽量减少污泥系统中释放和污泥回流磷的数量。

(二) 缺氧/好氧（A_1/O）生物脱氮工艺

缺氧/好氧（简称 A_1/O）工艺流程开创于20世纪80年代初，由缺氧池和好氧池串联而成，该工艺流程见图6-14。

由于将反硝化反应器放置在系统之前，故又称为前置反硝化生物脱氮系统。在反硝化缺氧池中，回流污泥中的反硝化菌利用原污水中的有机物作为碳源，将回流混合液中的大量硝态氮（$NO_x^- -N$）还原成 N_2，达到脱氮的目的，然后再在后续的好氧池中进行有机物的生物氧化、有机氮的氨化和氨氮的硝化等生化反应。O 段后设沉淀池，部分沉淀污泥回流 A 段，以提供充足的微生物。同时还将 O 段内混合液回流至 A 段，以保证 A 段有足够的硝酸盐。

A_1/O 工艺的主要特点：

① 流程简单，构筑物少，只有一个污泥回流系统和混合液回流系统，基建费用可大大节省；

② 反硝化池不需外加碳源，降低了运行费用；

③ A_1/O 工艺的好氧池在缺氧池之后，可以使反硝化残留的有机污染物得到进一步去除，提高出水水质；

④ 缺氧池在前，污水中的有机碳被反硝化菌所利用，可减轻其后好氧池的有机负荷，同时缺氧池中进行的反硝化产生的碱度可以补偿好氧池中进行硝化反应对碱度的需要的一半左右。

A_1/O 工艺的主要缺点是脱氮效率不高，一般为 70%～80%。此外，如果沉淀池运行不当，则会在沉淀池内发生反硝化反应，造成污泥上浮，使处理水水质恶化。尽管如此，A_1/O 工艺仍以它的突出特点而受到重视，该工艺是目前采用比较广泛的脱氮工艺。

（三）厌氧/好氧（A_2/O）生物除磷工艺

厌氧/好氧（简称 A_2/O）工艺的作用在于去除有机物的同时去除污水中的磷，整个流程由沉砂池、厌氧池、好氧池和二沉池组成，其工艺流程如图 6-15 所示。

图 6-15 A_2/O 工艺流程

城市污水和回流污泥进入厌氧池，并借助水下推进式搅拌器的作用使其混合。回流污泥中聚磷菌在厌氧池可吸收去除一部分有机物，同时释放出大量磷。然后混合液流入后段好氧池，污水中的有机物在其中得到氧化分解，同时聚磷菌从污水中吸收更多的磷，然后通过排放富磷剩余污泥而使污水中的磷得到去除。对于低温、低有机物浓度的生活污水，因活性污泥增殖较少，难以通过排放剩余污泥达到除磷效果，宜用旁路除磷工艺达到除磷效果。好氧池在良好的运行状况下，整个 A_2/O 工艺的 BOD_5 去除率大致与一般活性污泥法相同，传统活性污泥工艺排放的剩余污泥中，平均仅含有 2% 左右的磷，而在 A_2/O 除磷工艺排放的剩余污泥中，平均含磷量则在 4%～6%，最高可达 7%。反应池内水力停留时间较短，一般厌氧池 1～2h，好氧池 2～4h，总共 3～6h，厌氧池与好氧池的水力停留时间之比一般为（1:2）～（1:3）。而磷的去除率为 70%～80%，处理后出水磷的浓度一般都小于 1.0mg/L。

（四）厌氧/缺氧/好氧（A/A/O）生物脱氮除磷工艺

厌氧/缺氧/好氧（简称 A/A/O 或 A^2/O）生物脱氮除磷工艺由厌氧池、缺氧池、好氧池串联而成，其工艺流程见图 6-16，是 A_1/O 与 A_2/O 流程的结合。

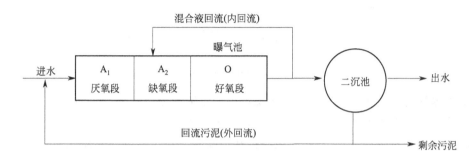

图 6-16 A^2/O 生物脱氮除磷工艺流程

在该工艺流程内，BOD_5、SS 和以各种形式存在的氮和磷将一并被去除。A/A/O 生物脱氮除磷系统的活性污泥中，菌群主要由硝化菌、反硝化菌和聚磷菌组成，专性厌氧和一般专性好氧菌等菌群均基本被工艺过程淘汰。在厌氧段，硝化细菌将入流中的氨氮及由有机铵转化成的氨氮，通过生物硝化作用，转化成氮气逸入大气中，从而达到脱氮的目的；在缺氧段，聚磷菌释放磷，并吸收低级脂肪酸等易降解的有机物；而在好氧段，聚磷菌超量吸收磷，并通过剩余污泥的排放，将磷去除。

以上三类细菌均具有去除 BOD_5 的作用，但 BOD_5 的去除实质上以反硝化细菌为主。

A^2/O 生物除磷工艺的主要特点：

① 厌氧池在前、好氧池在后，有利于抑制丝状菌的生长，污泥易沉淀，不易发生污泥膨胀，并能减轻好氧池的有机负荷；

② 活性污泥含磷率高，一般为 2.5% 以上，故污泥肥效高；

③ 工艺流程简单。

该工艺适用于 TP/BOD 较低的污水。当 TP/BOD 值很高时，BOD 负荷过低会使得剩余污泥量少，这时就难以达到较为满意的处理效果。此外，由于城市污水一天内的进水量变化会造成沉淀池内污水的停留时间长，导致聚磷菌在厌氧状态下产生磷的释放，会降低该工艺的除磷效率，所以应注意及时排泥和污泥回流。

三、氧化沟工艺

氧化沟又名氧化渠（简称 O.D.），因其构筑物呈封闭的沟渠形而得名，实际上它是一种改良的活性污泥法。典型氧化沟工艺的流程见图 6-17。

在氧化沟中，通道转刷（或转盘和其他机械曝气设备），使污水和混合液在环状的渠道内循环流动以及进行曝气。混合液通过转刷后，溶解氧浓度提高，随后在渠内流动过程中又逐渐降低。氧化沟通常以延时曝气的方式运行，水力停留时间为 10~24h，污泥龄为 20~30d。通过设置进水、出水位置及污泥回流位置、曝气设备位置，可以使氧化沟完成硝化和反硝化功能。如果主要去除 BOD_5 或硝化，进水点通常设在靠近转刷的位置（转刷上游），出水点在进水点的上游处。

氧化沟一般呈环形沟渠状，平面多为椭圆形或圆形，总长可达几十米，甚至百米以上。

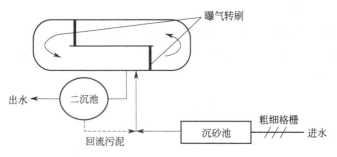

图 6-17　氧化沟工艺流程

沟深取决于曝气装置，从 2～6m。氧化沟渠道内的水流速度为 0.3～0.5m/s，沟的几何形状和具体尺寸与曝气设备和混合设备密切相关，要根据所选择的设备最后确定。常用的氧化沟曝气和混合设备是转刷（盘）、立轴式表曝机和射流曝气机。目前也有将水下空气扩散装置与表曝机或水下扩散装置与水下推进器联合使用的工程实例。

四、SBR 活性污泥法工艺

(一) 工艺原理

SBR 活性污泥法又称序批式活性污泥法、间歇式活性污泥法，其污水处理机理与普通活性污泥法完全相同。1979 年由美国 Irvine 等人根据试验结果提出 SBR 商业化的工艺，随着自控技术的进步，特别是一些在线仪表仪器，如溶解氧仪、pH 计、电导率、氧化还原电位仪等的使用，从 20 世纪 70 年代开始逐步得到应用。

SBR 活性污泥法是将初沉池出水引入具有曝气功能的 SBR 反应池，按时间顺序进行进水、反应（曝气）、沉淀、出水、待机（闲置）等基本操作，从污水的流入开始到待机时间结束称为一个操作周期。这种操作周期周而复始反复进行，从而达到不断进行污水处理的目的，因此 SBR 工艺不需要设置专门的二沉池和污泥回流系统。

SBR 工艺反应流程见图 6-18。

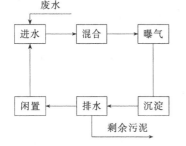

图 6-18　SBR 工艺反应流程

SBR 工艺与普通活性污泥工艺的最大不同，是普通活性污泥法工艺中各反应操作过程（如曝气、沉淀等）分别在各自的单元（构筑物）进行，而 SBR 工艺中，各反应操作过程都在同一池中完成，只是依时间的变化，各反应操作随之变化。

SBR 工艺的反应器运行由 5 个步骤组成，分别为进水、反应、沉淀、排水和闲置，详见图 6-19 所示。分别依次完成这 5 步的操作，从而完成一个周期的运行。

图 6-19　SBR 工艺的运行周期

1. 进水阶段

污水流入曝气池前，该池处于操作期的待机（闲置）工序，此时沉淀后的清液已排放，曝气池内留有沉淀下来的活性污泥。

污水流入，当注满后再进行曝气操作，则曝气池能有效地调节污水的水质水量。如果污水流入的同时进行曝气，则可使曝气池内的污泥再生和恢复活性，并对污水起到预曝气的作用。当污水流入的同时不进行曝气，而是进行缓速搅拌使之处于缺氧状态，则可对污水进行脱氮与聚磷菌对磷的释放。

2. 反应阶段

当污水注入达到预定容积后，即开始反应操作，根据污水处理的目的，如 BOD_5 去除、硝化、磷的吸收以及反硝化等，采取相应的技术措施，如三项为曝气，后一项为缓速搅拌，并根据需要达到的程度以决定反应的延续时间。

如使反应器连续地进行 BOD_5 去除-硝化-反硝化反应时，对 BOD_5 去除-硝化反应，曝气的时间较长。而在进行反硝化时，应停止曝气，使反应器进入缺氧或厌氧状态，进行缓速搅拌，此时为了向反应器内补充电子受体，应投加甲醛或注入少量有机污水。

在反应的后期，进入下一步沉淀过程之前，还要进行短暂的微量曝气，以吹脱污泥近旁的气泡或氮，以保证沉淀过程的正常进行，如需要排泥，也在后期进行。

3. 沉淀阶段

使混合液处于静止状态，进行泥水分离。沉淀工序采用的时间基本同二次沉淀池，一般为 1.0~2.0h。

4. 排放阶段

排除曝气池沉淀后的上清液，留下活性污泥，作为下一个周期的菌种，起到回流污泥的作用。过剩污泥则引出排放。一般而言，SBR 反应器中的活性污泥量占反应器容积的 30% 左右，另外反应池中还剩下一部分处理水，可起循环水和稀释水作用。

5. 闲置阶段

闲置期的作用是通过搅拌、曝气或静置使微生物恢复活性，并起到一定的反硝化作用而进行脱氮，为下一个运行周期创造良好的初始条件。通过闲置后的活性污泥处于一种营养物质的饥饿状态，单位质量的活性污泥具有很大的吸附表面积，能够在下一个周期内发挥较强的去除作用。

（二）典型的 SBR 工艺流程

用于城市污水处理的典型 SBR 处理系统工艺流程见图 6-20。

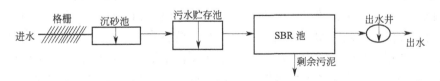

图 6-20 典型 SBR 处理系统工艺

在典型 SBR 工艺中，污水贮存池的作用是对原污水进行部分的贮存。因为 SBR 工艺污水处理厂通常是由几座 SBR 单池构成一个完整的系统，几个池子顺序进水，进行处理。在安排的各池运行周期和进水时，有可能出现各池都不再进水阶段，这样进水就需先贮存起来，等待下一个 SBR 单池开始进水时，由污水贮存池向该 SBR 单池供水。一座污水处理厂的 SBR 系统，通常由不少于两个 SBR 单池组成，按照一定的时间周期运行。SBR 池的配套设备包括曝气系统、混合设备、出水设备和排泥设备等。

五、AB 法工艺

(一) 工艺流程

AB 法污水处理工艺是吸附-生物降解工艺的简称。AB 法污水处理工艺是 20 世纪 70 年代由联邦德国亚琛工业大学的 B. Bohnke 教授在传统的两段活性污泥法（初沉池＋活性污泥曝气池）和高负荷活性污泥法的基础上提出的一种新型的超高负荷活性污泥法-生物吸附氧化法，该工艺不设初沉池，由 A 段和 B 段二级活性污泥系统串联组成，并分别有独立的污泥回流系统。AB 法工艺其突出的优点是 A 段负荷高，抗冲击负荷能力强，特别适用于处理浓度较高、水质水量变化较大的污水。AB 法自问世以来发展很快，目前，国内已有多个城市污水处理厂采用了 AB 法工艺。AB 法工艺流程如图 6-21 所示。

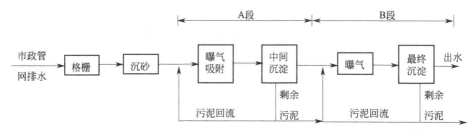

图 6-21　AB 法工艺流程

(二) 工艺基本原理

1. A 段运行机理

相比传统活性污泥法，AB 法在技术上主要突破是 A 段。A 段前省去了初沉池，污水由城市排水管网经格栅和沉砂池直接进入 A 段，A 段在污泥负荷高达 2～6kgBOD$_5$/(kgMLSS·d)、水力停留时间为 30min、DO 为好氧（2mg/L）或微氧（0.2～0.7mg/L）、泥龄短（0.5～0.7d）的条件下运行。

A 段对有机物的去除以细菌的絮凝吸附作用为主。这与传统的活性污泥法有很大的不同。A 段污水中存在大量已适应污水的微生物，这些微生物具有自发絮凝性，形成"自然絮凝剂"。当污水中的微生物进入 A 段曝气池时，在 A 段内原有的菌胶团的诱导促进下很快絮凝在一起，絮凝物结构与菌胶团类似，使污水中有机物质脱稳吸附。在 A 段曝气池中，"自然絮凝剂"、胶体物质、游离性细菌、SS、活性污泥等相互强烈混合，将有机物质脱稳吸附。同时，A 段中的悬浮絮凝体对水中悬浮物、胶体颗粒、游离细菌及溶解性物质进行网捕、吸收，使相当多的污染物被裹在悬浮絮凝体中而去除。水中的悬浮固体作为"絮核"提高了絮凝效果。由于原核微生物体积小、比表面积大、繁殖速度快、活力强，并且通过酶解作用改变了悬浮物、胶体颗粒及大分子化合物的表面结构性质，造成了 A 段活性污泥对水中有机物和悬浮物有较强的吸附能力。一般城市污水中所含的 BOD 和 COD 约 50% 以上是由悬浮固体（SS）形成的。A 段的絮凝吸附作用使其对污水中非溶解性有机物的去除效率很高。由于 A 段能充分利用原污水中繁殖能力很强的微生物并不断进行更新,而且 A 段的水力停留时间和泥龄均很短。缺乏污泥充分再生的有利条件,只有部分快速降解的有机物得以氧化分解,因此,A 段中的 MLSS 大部分由原污水中的悬浮固体组成,而靠生物降解产生的 MLSS 量仅占小部分,增殖作用去除的 BOD 基本上是溶解性 BOD。由于 A 段对有机物的去除机理以絮凝吸附作用为主,以及短泥龄等的特点,使 A 段的剩余污泥产量较大,比初沉池高出 30%,约占整个系统的 80% 左右,且有机物含量高。

2. B 段运行机理

B 段曝气池是 AB 法工艺中的核心部分,它的状态好坏与否将直接影响到出水水质,B 段去除有机污染物的方式与普通活性污泥法基本相似,主要以氧化为主,难溶性大分子物质在胞外酶作用下水解为可溶的小分子,可溶小分子物质被细菌吸收到细胞内,由细菌细胞的新陈代谢作用而将有机物质氧化为 CO_2、H_2O 等无机物,而产生的能量贮存于细胞中。

B 段曝气池为好氧运行,因此它所拥有的生物主要是处于内源呼吸阶段的细菌、原生动物和后生动物,B 段的低污泥负荷和长泥龄为原生动物的生长提供了很好的环境条件,而原生动物的大量存在对游离性细菌的去除又有很好的作用。同时由于 A 段的出水作为 B 段的进水,水质已相当稳定,为 B 段微生物种群的生长繁殖创造了有利条件。

六、生物膜法工艺

生物膜法是一大类生物处理法的统称,主要用于从污水中去除溶解性有机污染物,是一种被广泛采用的生物处理方法。它的主要优点是对水质、水量变化的适应性较强,共同的特点是微生物附着在介质"滤料"表面上,形成生物膜,污水同生物膜接触后,溶解的有机污染物被微生物吸附转化为 H_2O、CO_2、NH_3 和微生物细胞物质,污水得到净化,所需氧气一般直接来自大气。

按照生物膜形成的方式,生物膜法可分为生物滤池法、生物接触氧化法和生物流化床法等。

(一) 生物滤池

1. 工作原理

生物滤池如图 6-22 所示。污水通过布水设备连续、均匀地喷洒到滤床表面上,在重力

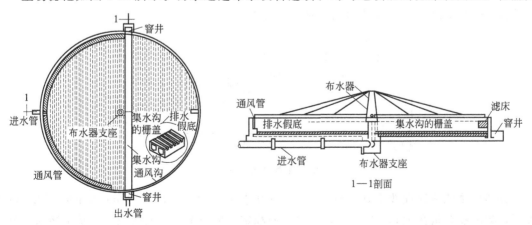

图 6-22 生物滤池示意

作用下，污水以水滴的形式向下渗沥，或以波状薄膜的形式向下渗流，如图 6-23。最后污水到达排水系统，流出滤池。污水流过滤床时，有一部分污水、污染物和细菌附着在滤料表面上，微生物便在滤料表面大量繁殖，不久，形成一层充满微生物的黏膜，称为生物膜。这个起始阶段通常叫"挂膜"，是生物滤池的成熟期。

生物膜是由细菌（好氧、厌氧、兼性）、真菌、藻类、原生动物、后生动物以及一些肉眼可见的蠕虫、昆虫的幼虫等组成的。

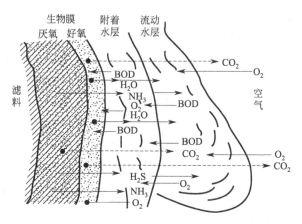

图 6-23　生物膜的形成

污水流过成熟滤床时，污水中的有机污染物被生物膜中的微生物吸附、降解，从而得到净化。生物膜表层生长的是好氧和兼性微生物，其厚度约 2mm。在这里，有机污染物经微生物好氧代谢而降解，终点产物是 H_2O、CO_2、NH_3 等。由于氧在生物膜大多数已耗尽，生物膜内层的微生物处于厌氧状态，在这里，进行的是有机物的厌氧代谢，终点产物为有机酸、乙醇、醛和 H_2S 等。由于微生物的不断繁殖，生物膜逐渐增厚，超过一定厚度后，吸附的有机物在传递到生物膜内层的微生物以前，已被代谢。此时，内层微生物因得不到充分的营养而进入内源代谢，失去其黏附在滤料上的性能，脱落下来随水流出滤池，滤料表面再重新长出新的生物膜。

2. 生物滤池工艺

生物滤池可以分为普通生物滤池（低负荷生物滤池）、高负荷生物滤池、塔式生物滤池以及活性生物滤池。图 6-24 为普通生物滤池法工艺流程。

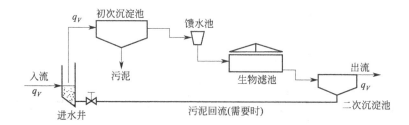

图 6-24　生物滤池法工艺流程

普通生物滤池处理效果好，BOD_5 去除率可达 90% 以上，出水 BOD_5 可下降到 25mg/L 以下，硝酸盐含量在 10mg/L 左右，出水水质稳定。但该工艺占地面积大，易于堵塞，灰蝇很多，影响环境卫生。

(二) 生物接触氧化法

1. 工艺原理

生物接触氧化法也称淹没式生物滤池，其在氧化池内设置填料并淹没在污水中，经曝气充氧的污水与填料上的生物膜相接触。在生物膜的作用下有机物被生物膜所吸附，污水得到净化。虽然吸附过程很短，但被吸附的有机物可以贮存在生物膜中，有较长时间为微生物所氧化、分解、吸收。当生物膜达到一定厚度时，内层生物膜由于缺氧，好氧菌死亡，黏附力减弱，就会脱落，在沉淀池中沉降下来。旧的生物膜脱落后，新的生物膜又会在原来脱落的地方生长起来，如此新陈代谢，使氧化池净化功能处于动态平衡，使出水水质保持稳定。

该工艺处理时间短，节省占地面积。生物接触氧化法的体积：当污水 BOD_5 为 100～150mg/L 时，负荷最高可达 3～6kgBOD_5/(m^3 填料·d)；而且当污水浓度较低，进水 BOD_5 为 30～60mg/L 时，体积负荷可维持 1～2.5kgBOD_5/(m^3 填料·d)。污水在池内停留时间短的只需 0.5～1.5h，与普通活性污泥法相比，时间缩短 2/3 以上。因此，同样大小体积的设备，处理能力提高几倍，使污水处理工艺向高效和节约用地的方向发展。

同时该工艺具有生物活性高、污泥产量低、动力消耗低、可间歇运行等特点。

2. 工艺流程

生物接触氧化法工艺分为一级处理、二级处理、多级处理三类流程。

(1) 一级处理流程 工艺流程如图 6-25 所示，原污水经初次沉淀池处理后进入接触氧化池，经接触氧化池的处理后进入二次沉淀池，在二次沉淀池进行泥水分离，从填料上脱落的生物膜，在这里形成污泥排出系统，澄清水则作为处理水排放。接触氧化池的流态为完全混合型，微生物处于对数增殖期和衰减增殖期的前段，生物膜增长较快，有机物降解速率也较高。一级处理流程的生物接触氧化技术流程简单，易于维护运行，投资较低。

图 6-25 生物接触氧化一级处理流程

(2) 二级处理流程 二级处理流程如图 6-26 所示。二级处理流程的每座接触氧化池的流态都属完全混合型，而结合在一起考虑又属推流式。在一段接触氧化池内 F/M 值应高于 2.1，微生物增殖不受污水中营养物质的含量所制约，处于对数增殖期，BOD

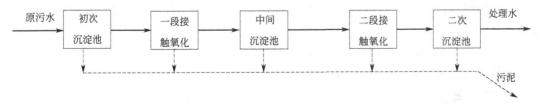

图 6-26 生物接触氧化二段（级）处理

负荷率亦高,生物膜增长较快。在二级接触氧化池内 F/M 值一般为 0.5 左右,微生物增殖处于衰减增殖期或内源呼吸期。BOD 负荷率降低,处理水水质提高,中间沉淀池也可以考虑不设。

(3) 多级处理流程 多级生物接触氧化处理流程如图 6-27 所示,是由连续串联 3 座或 3 座以上的接触氧化池组成的系统。

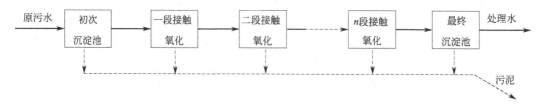

图 6-27 生物接触氧化多段(级)处理

3. 工艺条件

(1) pH 接触氧化法对 pH 有一定的适应能力,但 pH 超过 9 时,其处理效果明显下降,接触氧化法进水的 pH 宜控制在 6.5~8.8。

(2) 水温 温度过高或过低都会抑制微生物的生长,其进水温度应控制在 10~35℃。

(3) BOD 负荷 BOD 负荷与被处理废水的污染物及处理出水水质有密切关系,通常,易降解废水的 BOD 负荷较高,对城市污水,一般取 $1.0 \sim 1.8 \text{kgBOD}_5/(\text{m}^3 \cdot \text{d})$。

(4) 接触时间 相同的进水水质条件下,接触时间愈长,出水的 BOD_5 值愈低,处理效果愈好;反之,则相反。此外,接触时间与采用的处理工艺流程也有很大关系。

(5) 供气量 在生物接触氧化法中,生物膜消耗溶解氧的总量因 BOD_5 的负荷而异,一般在 1~3mg/L。工程上有时间根据试验结果以水气比(处理水量与供气量之比)来确定供气量,如城市废水为 1:(3~5)。

(三) 生物流化床

生物流化床具有以下优点:①带出体系的微生物较少;②基质负荷较高时,污泥循环再生的生物量最小,不会因为生物量的累积而引起体系阻塞;③生物量的浓度较高并可以调节;④液-固接触面积较大;⑤BOD 容积负荷高;⑥占地面积小。

1. 流化床原理

流化床是以砂、活性炭、焦炭一类的较小的惰性颗粒为载体充填在床内,载体表面被覆着生物膜,污水以一定流速从下向上流动,使载体处于硫化状态。载体颗粒小、比表面积大(每立方米载体的表面积可达 2000~3000m²),以 MLSS 比计算的生物量高于任何一种的生物处理工艺,提高了单位容积内的生物量。载体处于流化状态,污水从其下部及左、右侧流道,广泛而频繁多次地与生物膜接触,又由于载体颗粒小在床内比较密集,互相摩擦碰撞,因此,生物膜的活性也较高,强化了传质过程,又由于载体不停地在流动,还能够有效地防止堵塞现象。

生物流化床用于污水处理具有 BOD 容积负荷率高、处理效果好、效率高、占地少以及投资省等优点,如果运行适当还可以取得脱氮的效果。

2. 工艺类型

按载体的动力来源,生物流化床可分为液流动力流化床、气流动力流化床和机械搅动流化床等三种类型，按其本身处于好氧或厌氧状态分为好氧流化床和厌氧流化床。

(1) 液流动力流化床 液流动力流化床工艺流程如图 6-28 所示，该工艺也称为二相流化床，即在流化床内只有污水（液相）与载体（固相）相接触，而在单独的充氧设备内对污水进行充氧。

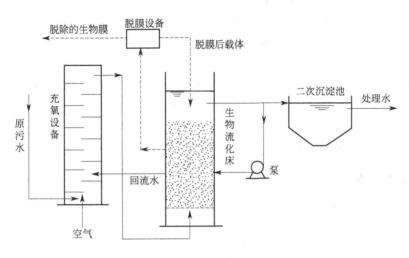

图 6-28 液流动力流化床工艺流程

该工艺以纯氧或空气为氧源，原污水与部分回流水在专设的充氧设备中与氧或空气接触，氧转移至水中，水中溶解氧含量因使用的氧源和充氧设备不同而异。加以纯氧的氧源，而且配以压力充氧设备时，水中溶解氧含量可高达 30mg/L 以上。如采用一般的曝气方式充氧，污水中溶解氧含量较低，一般大致在 8~10mg/L 左右。

经过充氧后的污水与回流水的混合污水，从底部通过布水装置进入生物流化床，缓慢而又均匀地沿床体横断面上升，一方面推动载体使其处于流化状态，另一方面又广泛、连续地与载体上的生物膜接触。处理后的污水从上部流出床外，进入二次沉淀池，分离脱落的生物膜，处理水得以澄清。

(2) 气流动力流化床 该工艺亦称三相生物流化床，即污水（液）、载体（固）及空气（气）三相同步进入床体。污水充氧和载体流化同时进行，废水有机物在载体生物膜的作用下进行生物降解，空气的搅动使生物膜及时脱落，故不需脱膜装置。但有小部分载体可能从床中带出，需回流载体。三相生物流化床的技术关键之一，是防止气泡在床内合并成大气泡而影响充氧效率，为此可采用减压释放或射流曝气方式进行充氧或充气。

气流动力流化床工艺流程如图 6-29 所示。

该流化床由反应区、脱气区和沉淀区组成，反应区由内筒和外筒两个同心圆柱组成，曝气装置在内筒底部，反应区内填充生物载

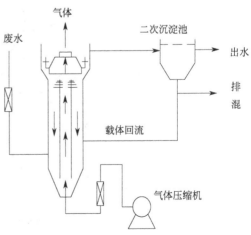

图 6-29 气流动力流化床工艺流程

体。混合液在内筒向上流、外筒向下流构成循环。

七、城市污水处理厂污泥处理工艺

城市污水处理厂在处理城市污水的过程中，会产生大量污泥，按来源分为初沉污泥与剩余活性污泥，统称生污泥。按含水率97%折算，其数量约占处理水量的0.3%~0.5%。城市污水厂污泥处理系统的任务是对生污泥进行稳定处理，大幅度降低污泥的含水率，缩小污泥体积并使其失去流动性，以便外运处置。因此，城市污水处理包括污泥稳定处理与污泥浓缩及脱水处理两项内容。

污泥稳定处理采用生化方法，主要有厌氧消化法与好氧氧化法。污泥浓缩与脱水处理则采用物理方法或物理化学方法，污泥浓缩有重力浓缩、气浮浓缩与机械浓缩等三种类型。污泥脱水通常采用机械脱水方法。

（一）城市污泥的性质与指标

1. 城市污泥特征

城市污泥由水及固体物质组成，水的含量高达95%~99.5%，固体物质仅占总质量的0.5%~5%，由有机物和无机物形成。

污泥中的水分，按其存在方式分为以下几类。

① 颗粒间的空隙水　约占污泥总水分的70%。这部分水一般可借助重力或离心力分离出来，是污泥浓缩的主要对象。因间隙水占有很大比例，浓缩可以大幅度减少污泥体积，并有利于后续处理。

② 毛细水　存在于污泥颗粒间的毛细管中，约占污泥水分的20%。只有施加更大的外力，使毛细孔变形，才能将这部分水分离，通常采用自然干化法和机械脱水法脱去毛细水，使污泥失去流动性，便于运输。

③ 污泥颗粒吸附水和颗粒内部水　内部水存在于污泥颗粒的内部，包括生物细胞内的水分；吸附水为黏附于污泥颗粒表面的附着水。两者约占污泥水分的10%左右。这部分水难以脱除，采用干燥与焚烧的方法可以去除一部分。

污泥的示意图如图6-30所示。

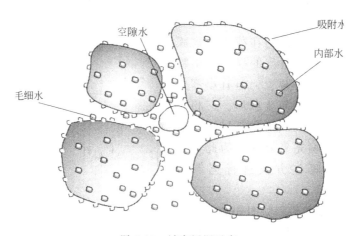

图6-30　城市污泥示意

初沉污泥正常情况下为棕褐色，发生腐败后变为灰黑色，pH值为5.5~7.5之间，往往略偏酸性，含固率约为2%～4%，固体物质以有机物为主，约占55%～70%，易腐化发臭；剩余活性污泥外观的黄褐色絮状，pH值为6.5～7.5之间，含固率约为0.5%～0.8%。固体物质基本上是生物残体，有机组分常在70%～85%之间，污泥龄较短的污泥极易发臭。

2. 污泥指标

(1) 污泥含水率与含固率指标 污泥中所含水分的质量与污泥总质量之比的百分数称为污泥的含水率P_w(%)；污泥中所含固体的质量与污泥总质量之比的百分数称为污泥的含固率P_s(%)。两者的关系为$P_w + P_s = 100\%$。

(2) 挥发性固体与灰分 挥发性固体（VSS）是指在600℃灼烧下减轻的质量，近似代表有机物含量；在600℃灼烧下剩下的残渣即为灰分（SS），表示无机物含量。

(3) 污泥中有毒有害物质 城市污泥中N、P、K含量约分别占固体物质的4%、2.5%和0.5%，有一定肥效。但其中含有致病微生物、寄生虫卵，必须加以处理。污泥中的重金属是主要的有害物质，一些难降解毒性有机物也有危害，必须通过电源治理加以限量。有毒有害物质超标将妨碍污泥的利用。

(二) 常规污泥处理工艺

对于中小城市污水处理厂污泥处理常规的工艺如图6-31所示。

图6-31 污泥处理常规工艺

污泥浓缩包括初沉池和二沉池污泥，二沉池的剩余污泥通常先泵至初沉池，由初沉池统一排往污泥浓缩设备或构筑物。

污泥浓缩设备的浓缩池，则上清液连同污泥脱水的污泥水一起进行化学除磷处理，处理后的水排入全厂污水处理工艺前端的污水提升泵房。

对于中小型污水处理厂，目前通常不设厌氧消化池，如必须采用消化池时，可进行磷的消化封闭处理。方法是向消化池中投加适量的石灰或无机絮凝剂，控制磷释放到消化分离液中。

对污泥进行一系列处理后，就使污泥减量化、稳定化、无害化和资源化了，从而减轻了对环境的污染和对人类造成的不良影响。

污泥处置的途径主要是填埋、焚烧和投放海洋，见表6-5。

表6-5 污泥处置途径

农业利用		工业利用		污泥处置
污泥肥料	污泥与垃圾合并堆肥	干污泥颗粒	燃料掺和料	污泥填埋
		污泥焚烧灰	水泥添加剂	污泥焚烧
污泥饲料	污泥养殖，提炼动物用维生素等	污泥菌蛋白	制造蛋白塑料、生化纤维等	投放海洋
		污泥气	制造燃料气	

第四节 城市污水回用

我国的城市污水处理回用起步较晚，大部分城市的城市污水处理回用工作刚刚起步，有些地区甚至还没有启动。从发展水平看，受水资源条件、经济发展水平的限制，各地城市污水处理回用发展不均衡。北方缺水地区的城市污水处理回用发展较快，而在南方水资源相对丰富的地区，城市污水处理回用工作才刚刚起步，甚至有些地区还尚未开展。因此，研究适合我国国情、满足区域特点的城市污水处理回用工艺显得尤为必要。

一、工艺现状

根据净化原理可将我国城市污水再生回用处理技术及工艺流程分为四种。

(1) 以物理、化学处理技术为核心的工艺流程 典型工艺流程为城市污水二级处理出水或经过预处理的建筑内部优质杂排水→絮凝→沉淀→砂滤→臭氧氧化→活性炭过滤→消毒→回用。此类工艺具有技术成熟、处理效果稳定、出水水质好等优点。不足的是工艺流程长，占地面积大，基建费用高，运行管理麻烦。处理后的水可用于建筑中水、市政杂用水、工业用水等多种用途。

(2) 以生物处理技术为核心的工艺流程 典型工艺流程为城市污水二级处理出水→生物处理，如生物接触氧化、氧化沟、氧化塘、曝气生物滤池等一种或几种组合→消毒→回用。生物处理技术在污水处理中的应用已经非常成熟，运行稳定，通过合适的处理单元组合，可以满足农业用水和简单工业用水以及市政杂用水的水质要求。

(3) 以膜技术为核心的工艺流程 我国近年才开始膜处理技术用于城市污水回用的工程应用研究和开发。典型工艺流程为城市污水二级处理厂出水→砂滤→膜处理→消毒→回用。此类工艺的特点是占地面积小，出水水质稳定且优于常规生化再生处理工艺，操作简单，易实现自动化，但动力消耗大，处理成本高。

(4) 以膜生物技术为核心的工艺流程 用膜生物反应器取代传统污水生化处理工艺中的二沉池，既可以高效地进行固液分离，得到直接使用的稳定中水，又可在生物池内维持高浓度的微生物量。此类工艺剩余污泥少，极有效地去除氨氮，出水悬浮物和浊度很低，出水中细菌和病毒被大幅度去除，占地面积小，操作管理方便，易于实现自动控制，易于从传统工艺进行改造。

二、污水回用水质标准

在《城镇污水处理厂污染物排放标准》(GB 18918—2002) 中，根据污染物的来源及性质，将污染物控制项目分为基本控制项目和选择控制项目两类。

基本控制项目主要包括影响水环境和城镇污水处理厂一般处理工艺可以去除的常规污染物，以及部分一类污染物。选择控制项目包括对环境有长期影响或毒性较大的污染物。

根据城镇污水处理厂排入地表水域环境功能和保护目标，以及污水处理厂的处理工艺，将基本控制项目的常规污染物标准值分为一级标准、二级标准、三级标准，一级标准分为A标准和B标准。一类重金属污染物和选择控制指标不分级，具体见表6-6。

为达到污水回用安全可靠，城市污水回用水水质应满足以下基本要求：
① 回用水的水质符合回用对象的水质控制标准；
② 回用系统运行可靠，水质水量稳定；
③ 对人体健康、环境质量、生态保护不产生不良影响；

④ 回用于生产目的时，对产品质量无不良影响；
⑤ 对使用的管道、设备等不产生腐蚀、堵塞、结垢等损害；
⑥ 使用时没有嗅觉和视觉上的不快感。

表 6-6 城市污水基本控制项目最高允许排放浓度（日均值）

序号	基本控制项目	一级标准 A 标准	一级标准 B 标准	二级标准	三级标准
1	生物需氧量(COD_{Cr})/(mg/L)	50	60	100	120
2	生化需氧量(BOD_5)/(mg/L)	10	20	30	60
3	悬浮物(SS)/(mg/L)	10	20	30	50
4	动植物油/(mg/L)	1	3	5	20
5	石油类/(mg/L)	1	3	5	15
6	阳离子表面活性剂/(mg/L)	0.5	1	2	5
7	总氮(以 N 计)/(mg/L)	15	20	—	—
8	氨氮(以 N 计)/(mg/L)	5(8)	8(15)	25(30)	—
9	总磷(以 P 计)/(mg/L)	1	1.5	3	5
10	pH	6~9	6~9	6~9	6~9
11	粪大肠菌群数/(个/L)	10^2	10^4	10^4	—

三、污水回用系统

污水回用系统按服务范围可分为以下三类。

1. 建筑物中水系统

建筑物中水系统，是指单幢或几幢相邻建筑物所形成的中水系统，这种系统适用于建筑内部排水系统的分流制，即生活污水单独排出，进入城市排水管网或化粪池，以优质杂排水或杂排水作为中水水源的情况，目前主要在宾馆、饭店中应用。

2. 小区中水系统

小区中水系统，是指以居住小区内各建筑物排放的污废水，作为中水原水的中水系统。居住小区和建筑内部供水管网，分为生活饮用水和杂用水双管配水系统，此系统多用于居住小区、机关大院和高等院校。

3. 城市污水回用系统

城市中水系统，是以该城市二级生物污水处理厂的出水和部分雨水作为中水水源，经提升后送到中水处理站，处理达到生活杂用水水质标准后，供本城镇作杂用水使用。

城市回用水循环示意见图 6-32。

四、回用途径与工艺

城市污水回用主要用于农业、林业、牧业、渔业、工业、环境等方面，详见表 6-7。

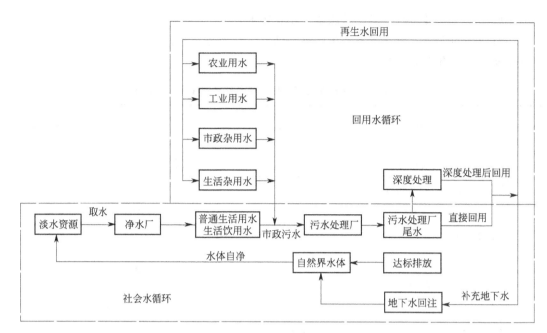

图 6-32 回用水循环示意

表 6-7 城市污水再生利用

序号	分 类	范 围	示 例
1	农、林、牧、渔业用水	农田灌溉	种子与育种、粮食与饲料作物、经济作物
		造林育苗	种子、苗木、苗圃、观赏植物
		畜牧养殖	畜牧、家畜、家禽
		水产养殖	淡水养殖
2	城市杂用水	城市绿化	公共绿地、住宅小区绿化
		冲厕	厕所便器冲洗
		道路清扫	城市道路的冲洗机喷洒
		车辆清洗	各种车辆的冲洗
		建筑施工	施工场地清扫、浇洒、灰尘抑制
		消防	消防栓、消防水炮
3	工业用水	冷却用水	直流式、循环式
		洗涤用水	冲渣、冲灰
		锅炉用水	中压、低压锅炉
		工艺用水	溶料、水浴、蒸煮、漂洗、水力开采
		产品用水	浆料、化工制剂、涂料
4	环境用水	娱乐景观环境用水	娱乐性景观河道、景观湖泊及水景
		观赏景观环境用水	观赏性景观河道、景观湖泊及水景
		湿地环境用水	恢复自然湿地、营造人工湿地
5	补充水源水	补充地表水	河流、湖泊
		补充地下水	水源补给、防止海水入侵、防止地面下降

（一）回用于城市杂用

1. 水质要求

根据《城市污水再生利用 城市杂用水水质标准》（GB/T 18920—2002），城市杂用水包括城市绿化、建筑施工、洗车、道路清扫、消防、厕所冲洗用水等。城市杂用水对水质要求提高污水二级生物处理在低温条件下的硝化效果，强化降低氨氮的功能。当再生水水源中含盐量较高时,需要在再生水处理工艺中考虑设置脱盐处理单元。当再生水回用用途为冲厕和车辆冲洗时,在再生水处理工艺中需要考虑对铁、锰的去除。最后需要足够的投氯量并延长消毒时间,以保证病毒或寄生虫卵灭活或死亡,亦可用其他消毒方法,但一定要保证输水系统管网末端的余氯不小于0.2mg/L,必要时进行臭氧脱色处理。

城市杂用水水质标准见表6-8。

表6-8 城市杂用水水质标准

项 目	厕所便器冲洗,城市绿化	洗车,扫除
浊度/度	10	5
溶解性固体/(mg/L)	1200	1000
悬浮性固体/(mg/L)	10	5
色度/度	30	30
嗅	无不快感	无不快感
pH	6.5~9.0	6.5~9.0
BOD_5/(mg/L)	10	10
COD_{Cr}/(mg/L)	50	50
氨氮(以 N 计)/(mg/L)	20	10
总硬度(以 $CaCO_3$ 计)/(mg/L)	450	450
氯化物/(mg/L)	350	300
阴离子合成洗涤剂/(mg/L)	1.0	0.5
铁/(mg/L)	0.4	0.4
锰/(mg/L)	0.1	0.1
游离余氯/(mg/L)	管网末端不小于0.2	管网末端不小于0.2
总大肠菌群/(个/L)	3	3

2. 回用于城市杂用的再生水处理工艺

回用于城市杂用的再生水处理工艺流程见图6-33。

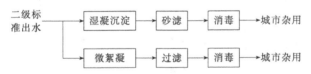

图 6-33 城市杂用再生水处理工艺流程

与混凝沉淀-过滤传统工艺相比,微絮凝-过滤工艺可省略搅拌池和沉淀池,因此混凝沉淀-过滤工艺已更多地被微絮凝代替。

(二) 回用于景观环境

1. 水质要求

景观环境用水包括观赏性和娱乐性景观环境用水,水体分为河道、湖泊和水景三类。

景观环境用水的关键是控制富营养化,为此,需尽可能降低再生水中的氮、磷含量,同时必须保持水体的流速。景观环境用水标准中要求,对于完全使用再生水作为景观河道类水体水力停留时间在5天之内,湖泊类水体水温超过25℃时,水体静止停留时间不宜超过3天。同时为保证污水处理厂的二级处理出水难于满足景观环境用水水质要求,回用工艺应尽可能地降低氮和磷,并进行相应的消毒处理。

2. 回用于景观环境的再生水处理工艺

回用于景观环境的再生水处理工艺流程见图6-34。

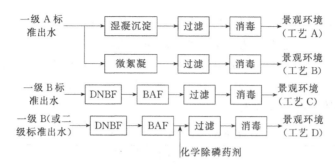

图 6-34　景观环境再生水处理工艺流程

(三) 回用于工业用水

1. 水质要求

工业用水包括冷却用水、洗涤用水、锅炉补给水和工艺与生产用水。不同的工业用水用途对水质的要求均不相同，一般取决于当地的具体情况。回用于冷却用水和锅炉补水时，再生水中高 TDS、溶解性气体及高氧化态金属会导致锅炉和冷却系统结垢、腐蚀，因此应对铁、锰、氯、二氧化硅等的含量、硬度、碱度、硫酸盐、TDS 和粪大肠菌群数进行控制。

2. 再生水处理工艺

在工业用水的四个回用方向中，工业冷却水和锅炉补给水是用水量较大、较稳定的用户，根据目前几个城市已经完成的再生水资源利用规划，工业冷却水的比例最高。

回用于工业再生水处理工艺见图 6-35。

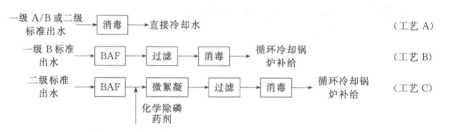

图 6-35　冷却用水和锅炉补给用水再生水处理工艺

(四) 回用于农田灌溉

1. 水质要求

将农业灌溉用水根据灌溉作物的类型分为纤维作物、旱地谷物油料作物、水田谷物和露地蔬菜灌溉用水。将污水回用于农业灌溉，应确保卫生安全，并防止土壤退化或盐碱化等。重金属及有害物质容易在土壤中富集，并通过食物积累于农作物中，如果再生水采用喷灌，尚需要控制悬浮物，以防堵塞喷头。对纤维作物、旱地谷物，污水经一级强化处理再加消毒即可满足要求；对于水田作物、露地蔬菜，污水经二级处理再加消毒即可满足要求。

2. 回用于农田灌溉的再生水处理工艺

再生水农田灌溉过程中，安全、水质和土壤安全是最受关注的三个问题。尽管城镇污水处理厂二级标准出水 SS 和生物化学指标满足农田灌溉用水水质要求，但是为了保证再生水的安全使用，在条件许可时推荐使用图 6-36 工艺。

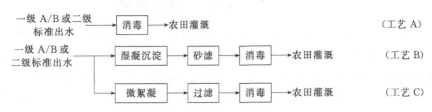

图 6-36　农田灌溉水再生水处理推荐工艺流程

（五）回用于地下水回灌

1. 水质要求

地下水回灌用水包括地表回灌和井灌，其中井灌对水质的要求比地表回灌要高。这是因为污水回用于地下含水层，补充地下水，用以防止因过量开采地下水而造成的地面沉降，但回灌于地下的再生水可能将被重新提取用作农业灌溉用水或生活饮用水源。

2. 回用于地下水回灌的再生水处理工艺

我国还没有将污水回用于地下水回灌的回用工程实例，原因为很多回用工艺及单元技术的处理效果仍需要长时间深入研究和评价，才能确定其水质安全性。

但从我国水资源状况及地下水蓄水动态来看，我国对再生水回灌地下水增强水资源量，保持地下水平衡有较强的潜在需求。

根据国内外的工程实践，地表回灌水和井灌用再生水处理工艺分别推荐使用图 6-37 中的工艺 A 和工艺 B。其中在使用工艺 A 时应及时监测工艺出水的毒理性指标，防止对地下含水层的污染。

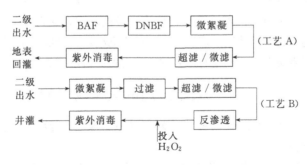

图 6-37　地下水回灌水用再生水处理推荐工艺流程

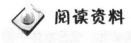 阅读资料

淮河沿岸癌症村现场调查

近一段时间以来，网络上出现了一些所谓我国"癌症村"地图，反映部分地区污染对生存带来的挑战。记者近期在多个省市采访发现，绝大多数被贴上"癌症村"标签的村庄，在缺乏必要医学调查认定情况下，村民普遍反映有疾病多发状况，饮水安全普遍受到不同程度威胁，他们渴望摆脱恶化的生存环境。

"癌症村" 接连曝光

事实上，早在2009年，某周刊以《中国百处致癌危地》作为封面故事，讲述了我国百处致癌危地。同年，华中师范大学地理系学生孙月飞作了题为《中国癌症村的地理分布研究》的本科毕业论文，他在这份论文中表示我国"癌症村"的数量应该超过247个，涵盖我国的27个省份。这也是后来被社会上引述次数最多的数据。

在群众环保意识不断提升的情况下，2013年"癌症村"再次被提及引发持续关注。但由于缺乏权威数据，网络流传的"癌症村"的数量并不统一，但绝大多数报道均将癌症等疾病高发的矛头指向饮用水受到污染。

这些地方生态堪忧

记者结合有关报道和网络上盛传的"癌症村"地图，赴河北、天津、山东、陕西、海南、安徽等省市实地探访发现，村民普遍感到患癌症的情况严重，却无法提供确切数字，他们怀疑水污染的恶果正在集中爆发，已是事关未来发展的问题。

在河北，黄骅中捷农场十六队是《中国癌症村的地理分布研究》中提到"癌症村"之一。记者日前赴当地采访，在村边正好碰到三位外出工作的村民。他们抱怨说，村里的水早就不能喝了，现在全都在喝桶装水。50来岁的村民李学文从外地迁居这里10多年。他说，村里抽出来的水颜色发黄，村民不敢喝，只用来刷锅、洗衣服。这里得癌症的不少，这几年有10多个，但不确定到底是什么原因造成的。除了十六队外，中捷农场场部、刘官庄村、辛庄子村也是当地的"癌症村"。

记者在中捷农场暗访发现，当地多个村就处于一个化工业园区的周边，区内化工厂大小有十几家，一些厂区内不时散发着刺鼻的味道。他们都认为村里的水就是被化工厂污染的。

在陕西，商洛市商州区贺嘴头村从1991年到2003年间，全村共有46人因癌症死亡，高峰期时几乎一个月死亡一名村民，多以罹患食道癌、胃癌为主，这两年数量有所减少。村民赵淑媛说，过去这里河的上游都是造纸厂流出红水，还有酒精厂、金属化工厂，现在河边的沙子挖下去两米多就是红色或者黄色的，村里有深井吃水，但村民自家打的井6m深，水质仍然浑浊。

污染致淮河的鱼是畸形的

7月11日，记者在淮河最大支流沙颍河沈丘段看到，经过多年的治理恢复，这里的水质表面上已有所改观。

今年60岁的霍岱珊人称"淮河卫士"，为淮河污染问题奔波了20年，曾获评为"2007绿色中国年度人物"，是民间保护淮河的一面旗帜。霍岱珊告诉记者，虽然现在水质有所好转，但那些看不到的污染仍致命。经过这么多年的治理，上游那些"会说脏话的排污口"已经很难找到了。现在这里的水质是四类水，你看不到污染，也闻不到怪味儿，但是水体中的持久性化学物污染、重金属超标等仍然存在。

在霍岱珊办公室的水族箱里，十几条畸形严重的鱼分外醒目。有些脊柱弯曲成螺旋形，有些鳞片叠生、身体天然残缺。"这些鱼都来自淮河。因为水污染，淮河的鱼类曾经几乎绝迹。现在即便是有了鱼，我们又发现这些鱼是畸形的，而且比率很高。有些人家几代都是渔民的，以前都没见过这种畸形"。

死亡阴影笼罩沿淮村庄

受污染影响的不仅是河中生物，过去十多年中，淮河流域的河南、江苏、安徽等地"癌症村"频现。在紧靠沙颍河的河南省沈丘县杜营村，村支部书记杜卫民告诉记者，从20世纪90年代末开始，村里不断有人患上怪病。"开始就是吃不下饭，在小地方看不准是什么病。到省城大医院一查，说是癌症"。

死亡阴影笼罩了杜营这个有2000多人口的村庄。杜卫民说，2003～2010年间，村里癌症发病率最高，每年都有十几个人死于癌症。

有关专家认为，"癌症村"背后的污染直接关联的是排污企业，但引进和批准企业政府部门也难逃干系，但往往受到影响的村民只有硬着头皮接受被污染的事实，建议建立责任追溯机制，在充分调查的基础上，对污染企业坚决关停，采取措施积极恢复生态，并对政府及有关负责人追责。

摘自《中华论坛网》

第七章
城市生活固体废物处理与资源化

城市生活固体废物主要是指在城市日常生活中或者为城市日常生活提供服务的活动中产生的固体废物，即城市生活垃圾。主要包括居民生活垃圾、医院垃圾、建筑垃圾、有毒废物，其中最主要的还是居民生活垃圾。

本章主要讲述城市生活固体废物状况、废物生活垃圾的收集与运输、城市生活固体废物卫生填埋、固体废物焚烧技术、城市生活固体废物资源化五个方面的问题。

第一节　城市生活固体废物概述

城市生活垃圾的多寡及成分与居民物质生活水平、习惯、废旧物资回收利用程度、市政建筑情况等有关。城市生活水平愈高，垃圾产生量愈大。我国城市生活垃圾主要为居民生活垃圾中的厨余垃圾。

一、国外城市生活固体废物现状

1. 德国

在德国，大多数城市生活固体废物被回收利用，其填埋的量非常少，其余垃圾直接焚烧后发电。经统计，德国每年产生垃圾6000多万吨，其中3500万吨被回收利用，1100万吨被焚烧，另外1500万吨填埋。目前，德国已有68个垃圾焚烧厂，每年可焚烧包括工厂、办公室产生的生活垃圾近1800万吨。但是，德国每年产生的生活垃圾约1400万吨，不包括纸张、玻璃、肥料等回收后再循环使用的垃圾。

2. 日本

日本由于土地面积的狭小，一直以来都坚持以减少最终填埋量为主要处理方式，并且明确提出了"3R"原则，即减量控制、回收利用和循环再利用。现在，日本80%的生活垃圾被进行焚烧处理，5%左右被回收利用，剩余的15%被填埋。据日本国立环境研究院2006年发表的《日本废弃物焚烧技术发展报告》，1998年日本共建有生活垃圾焚烧厂1676座，年焚烧处理能力约为3760万吨，焚烧处理率占76.1%，到2004年日本的生活垃圾焚烧厂调整为1374座，年焚烧处理能力约为4030万吨，焚烧处理率占77.49%，6年间焚烧厂数量减少了302座，降幅为18%，同期焚烧处理量增长了270万吨，增幅为7.2%。

3. 美国

目前，美国城市生活垃圾的处理方法主要有回收、焚烧和填埋。其中回收占30%，焚烧占14%，填埋占56%。美国的城市生活垃圾都是由专业公司进行废弃物的收集和运输。这些公司有的只是负责收集，分类和运输，有的也有自己的垃圾填埋场和堆肥厂。每个公司的垃圾收集办法不尽相同，不同的地区垃圾处理费用也各不相同。回收的垃圾一部分是将电池、纸类、玻璃、塑料、金属等分类、收集、加工、生产、出售的过程；回收中的另一部分是对食物废弃物和庭院废弃物进行堆肥处理。尽管美国对堆肥很重视，但2001年产生2500万吨食物废弃物，只有2.8%得到了回收利用。

二、我国城市生活固体废物现状

1. 城市垃圾的现状

随着城市规模的扩大和人们生活水平的提高，垃圾量越来越多，城市固体废物排放量相当大。据统计，中国城市垃圾人均年产量达到440kg，1996年，中国城市生活垃圾清运量就已达到了1亿吨，而且每年以8%~10%的速度增长。垃圾的历年堆存量达到60多亿吨，全国有200多座城市陷入垃圾的包围之中。垃圾堆存侵占的土地面积多达5亿多平方米。2000年，中国城市生活垃圾年产量达到了1.5亿吨，相当于中等发达国家水平。北京年产垃圾可以堆出两个半景山，并且以每年吞没500~1000亩土地的速度增长着。如2001年北京市年产垃圾量是309万吨，2002年达321万吨，并以每年4%的速度递增。上海市区每天产生的生活垃圾要达10000多吨，如果用载重4t的卡车装载，首尾相接可排18km长。7天的生活垃圾，其体积相当于24层楼高的国际饭店。

我国现有耕地18.31亿亩，人均1.33亩，不到世界人均数的一半，我国人均粮食370kg，远低于国际上公认的粮食过关线500kg。在这种严峻的形势下，我们再不能掉以轻心。我国历年积存下来的城市垃圾和工业废渣已达66亿吨，占地面积536km^2，而且还在不断增长。特别是近几年，随着人民生活水平日益提高和生产力大力发展，废弃物排放量显著增加，因而引发的问题也越来越明显。

2. 我国城市垃圾的特点

我国城市垃圾的主要特点有：①无机物含量高于有机物含量，不可燃成分高于可燃成分；②不同类别城市之间的差别较大，中小城市垃圾的有机质含量多为20%左右，一些大城市的有机质含量可高达40%以上；③有机成分中，以生物与厨房垃圾所占比例大，纸张较少，而国外垃圾中纸张所占比例很大；④无机成分中，以灰土砖瓦为主，玻璃、金属等含量很低。

我国城市垃圾的主要成分见表7-1。

表7-1 我国城市垃圾的主要成分　　　　　　　　　　　　单位：%

垃圾成分	1989年	1992年	1993年	1994年	1995年
食品垃圾	47.62	56.80	46.00	55.57	58.00
纸	3.94	4.70	8.21	6.11	4.44
布	1.27	1.13	1.18	1.26	1.72
皮革	0.78	0.56	0.75	0.50	
塑料	2.20	3.30	8.05	9.22	11.90
玻璃	4.07	2.00	0.88	1.36	3.76

续表

垃圾成分	1989年	1992年	1993年	1994年	1995年
陶瓷	1.80	0.50			
金属	0.70	0.30	1.43	1.29	0.26
砖块	4.67	1.01	0.22	1.99	3.99
煤灰	32.95	29.70	31.65	22.70	13.30

2011年，我国部分城市与国外垃圾组成对比见表7-2。由此表显示，垃圾组成成分不同，决定了我国垃圾处理应走自己的路，而且不同城市之间也应采取不同的处理办法，绝不能完全去效仿国外。

表7-2 国内外生活垃圾组成对比　　　　　　　　　　单位：%

	项目	有机物					无机物			
		纸品	塑料橡胶	纤维	竹木	厨余	金属	玻璃	灰砖	其他
城市	北京	18.18	10.35	3.56	0.70	39.00	2.96	13.02	10.93	1.30
	上海	8.00	12.00	2.80	0.89	68.12	0.12	4.00	2.19	1.88
	南京	4.90	11.20	1.18	1.08	52.00	1.28	4.09	20.64	3.63
	深圳	7.91	13.70	2.80	5.18	57.03	1.20	3.20	8.00	0.98
国家	美国	47.00	5.77	2.00	0.23	17.00	7.05	9.00	10.64	1.31
	日本	42.60	12.70	6.40	0.45	17.50	5.75	7.22	6.10	1.28

3. 城市垃圾的处理

我国城市生活垃圾清运量很大，但处理率很低，无害化处理率就更低，约占清运总量的2%左右。近年来我国城市垃圾的清运、处理情况见表7-3。

表7-3 近年来我国城市垃圾清运及处理情况

年份/年	清运量/万吨	处理场座数	处理能力/(t/d)	集中处理率/%
2003	14857	575	219607	50.8%
2004	15509	559	238519	52.1%
2005	15577	471	256312	51.7%
2006	14841	419	258048	52.2%
2007	15215	460	271791	62.0%
2008	15500	500	315300	66.0%

城市生活垃圾处理设施能力不足，处理方式单一，生活垃圾急剧增加，处理方式上绝大部分还是采用卫生填埋，土地资源不堪重负。

三、我国城市生活固体废物产生量影响因素

1. 人口

中国城市生活固体废物总量的大幅度增加主要是由于城市规模、城市数量和人口的增加所造成的。近20年来，中国的城市数量和规模不断扩大，21世纪，中国城市数量达到800多个，小城镇2万余个；目前，中国城市常住人口超过5亿，还有相当多的流动人口。据估计，中国的城镇人口将从4亿~5亿增长到9亿。由于城市数量的增加、城市规模的扩大、非农业人口比例的增长、市场的开放、农村剩余劳动力的进城以及旅游事业的发展，大大增加了城市垃圾的产生量，加重了城市环境卫生管理工作的负荷。

2. 经济发展水平

随着国内总产值（GDP）的增加，在包装、餐厨等行业方面的垃圾量也就增大，城市垃圾产量也呈现直线上升趋势。

3. 居民生活水平

城市垃圾产生量与居民生活水平也有很大关系，经济越发达、居民生活水平越高的城市，垃圾产生量远高出居民生活水平相对较低的地区。

4. 燃料结构

由于南北气候的不同，北方城市燃料消费主要以煤为主，致使生活固体废物产生量要远远高于南方城市。

四、城市生活固体废物的危害

城市生活垃圾问题是我国和世界各大城市面临的重大环境问题。未经处理的生活垃圾如果简单露天堆放，不仅占用土地，破坏景观，而且废物中的有害成分还会在空气中传播，经过下雨侵入土壤和地下水源、污染河流，这就构成了危害，主要表现在如下方面。

1. 污染水体

未经处理的城市固体废物，一般内含有病原微生物，在堆放腐败过程中还会产生大量的酸性和碱性有机污染物，并会将垃圾中的重金属溶解出来，形成有机物质、重金属和病原微生物三位一体的污染源，雨水淋入产生的渗滤液必然会造成地表水和地下水的严重污染。如汞（来自红塑料、霓虹灯管、电池、朱红印泥等）、镉（来自印刷、墨水、纤维、搪瓷、玻璃、镉颜料、涂料、着色陶瓷等）、铅（来自黄色聚乙烯、铅制自来水管、防锈涂料等）等微量有害元素，如处理不当，随溶沥水进入土壤，污染地下水，也可随雨水渗入水网、流入水井、河流及附近海域，被植物摄入，再通过食物链进入人体，影响人体健康。一只小纽扣电池所含的有毒物质渗入地下水中，它所污染的水量远远超过一个人一生所用的水量的总和。照相机用的纽扣电池一粒，能使60万升水受到污染。有资料表明，一节废镍铬电池烂在地里，能使$1m^2$的土地失去使用价值，在酸性土壤中这种污染尤为严重，因为它会变成镍、铬离子渗入水体，在食物链的富集化作用下最后进入人体而中毒。城市固体废物污染水体如图7-1所示。

图7-1 固体废物污染水体

美国胡克化学工业公司1930～1935年间，在LoveCanal河谷填埋了2800多吨的有害废物，到1978年，大雨造成大量有害废物外溢，当地大气中有害物质浓度超标500多倍，测出有害物质82种，致癌物质11种，给当地居民造成了巨大的伤害。

2. 污染大气

固体废物中的干质物或轻质物随风飘扬，对大气造成污染。一些有机固体废物长期堆放，在适宜的温度和湿度下被微生物分解，释放出有害气体。

3. 污染土壤

土壤是许多细菌、真菌等微生物聚居的场所，它们与土壤本身构成一个平衡的生态系统，未经处理的有害固体废物，经过风化、雨淋、地表径流等作用，有毒液体渗入土壤，杀死土壤中的微生物，破坏土壤中的生态平衡，污染严重的地方甚至寸草不生。固体废物污染土壤见图 7-2 所示。

图 7-2 固体废物污染土壤

20 世纪 70 年代，在美国的密苏里州，为了控制道路粉尘，曾把含有四氯二苯-对二噁英（2,3,7,8-TCDD）的淤泥当作沥青铺洒路面，造成多处污染，土壤中 TCDD 浓度高达 0.3mg/L，污染深度达 60cm，致使大量牲畜死亡。

4. 侵占土地

垃圾的增长量相当迅速，许多城市出现垃圾围城现象，侵占大片土地，其管理和控制已成为环境保护领域的突出问题之一。据不完全统计，中国城市生活垃圾的历年堆存量已达 60 多亿吨，侵占了 5 亿多平方米土地，造成全国 200 多座城市陷入垃圾包围之中。如此大量的城市生活垃圾若得不到有效的处理，将对城市生态环境及周边的水体、大气、土壤等造成严重的污染，同时也造成了资源的极大浪费。

5. 影响生活环境

城市生活固体废物具有不良外观，容易滋生蚊蝇、蛆虫，散发出恶臭，若随意堆放，既影响市容，又传染疾病，而且危害人民的健康，影响市容。特别是我国生活垃圾清运率还不高，无害化处理率低，部分垃圾堆存于城市的一些死角，严重影响环境卫生，对人的健康构成潜在的威胁。垃圾影响生活环境见图 7-3、图 7-4。

6. 对人体健康影响

城市生活固体废物中，有毒气体随风飘散，空气中二氧化硫、铅含量升高，使呼吸道疾病发病率升高，对人体构成致癌隐患。地下水污染物含量超标，引发腹泻、血吸虫、沙眼

图 7-3 堆积如山的生活垃圾　　　图 7-4 生活垃圾影响市容

等。例如，1983 年贵阳市发生痢疾流行，其原因是地下水被垃圾渗透，大肠杆菌严重超标达 770 倍以上。

五、城市生活固体废物的分类与特点

1. 分类

城市生活固体废物主要分为日常生活垃圾、保洁垃圾、商业垃圾等，其详细情况见表 7-4。一般来说，城市生活水平愈高，垃圾产生量愈大，在低收入国家的大城市，如加尔各答、卡拉奇和雅加达，每人每天产生 0.5～0.8kg；在工业化国家的大城市，每人每天产生的垃圾通常 1kg 左右。

表 7-4　城市生活固体废物来源及分类

废物来源		废物组成
各型住宅、公寓	日常生活垃圾	厨余垃圾、包装废物、粪渣、灰烬、绿化垃圾、特殊废弃物
公路、街道、人行道、巷弄、公园、游戏游乐场、海滨	保洁垃圾	扫集物（枝叶、泥土、泥沙、动物尸骸、水浮莲）、绿化垃圾、特殊废弃物
商店、餐厅、市场、办公室、旅馆、印刷厂、修车厂、医院、机关	商业垃圾	餐厨垃圾、包装废物、动物尸骸、灰烬、建筑废弃物、绿化垃圾、特殊废弃物

2. 城市生活固体废物的特点

（1）**兼有废物和资源的双重性**　固体废物一般具有某些工业原材料所具有的物理化学特性，较废水、废气易收集、运输、加工处理，可回收利用。固体废物是在错误时间放在错误地点的资源，具有鲜明的时间和空间特征。

（2）**富集多种污染成分的终态，污染环境的源头**　废物往往是许多污染成分的终极状态。一些有害气体或飘尘，通过治理，最终富集成为固体废物；废水中的一些有害溶质和悬浮物，通过治理，最终被分离出来成为污泥或残渣；一些含重金属的可燃固体废物，通过焚烧处理，有害金属浓集于灰烬中。这些"终态"物质中的有害成分，在长期的自然因素作用下，又会转入大气、水体和土壤，成为大气、水体和土壤环境的污染"源头"。

（3）**所含有害物呆滞性大、扩散性大**　固态的危险废物具有呆滞性和不可稀释性，一般情况下进入水、气和土壤环境的释放速率很慢。土壤对污染物有吸附作用，导致污染物的迁移速度比土壤水慢得多，大约为土壤水运移速度的 1/(1～500)。

(4) **危害具有潜在性、长期性和灾难性** 由于污染物在土壤中的迁移是一个比较缓慢的过程，其危害可能在数年以至数十年后才能发现，但是当发现造成污染时已造成难以挽救的灾难性成果。从某种意义上讲，固体废物特别是危险废物对环境造成的危害可能要比水、气造成的危害严重得多。

六、城市生活固体废物的处理

应从减容、减量、资源化、能源化及无害化处理等几个方面来处理，处理的方法主要有填埋、堆肥及焚烧三种。

1. 填埋处理

目前，我国城市垃圾处置的最主要方式是填埋，约占全部处置总量的70%以上，其次是高温堆肥，约占20%以上。

填埋处理方法可以处理所有种类的垃圾，而且方法简单，节省投资，所以世界各国广泛沿用这一方法。从无控制的填埋，发展到卫生填埋，包括滤沥循环填埋、压缩垃圾填埋、破碎垃圾填埋等。

采用填埋处理法，首先要防止从废物中挤压出的液体滤沥及雨水径流对地下水的污染。一般规范要求回填地最低处的标高要高出地下水位3.3m以上，并且回填地的下部应有不透水的岩石或黏土层。否则需另设黏土、沥青、塑料薄膜等不透水层；其次，填埋场应设置排气口，使厌氧微生物分解过程中释放出的甲烷等气体能及时逸出，避免发生爆炸。

填埋处理用地，尽量选用天然的或人工挖出的洼地，如开发资源后的废黏土坑、废采石场、废矿坑等。将垃圾填埋于坑中，有利于恢复地貌，维持生态平衡，但如果在大面积的洼地、港湾、山谷等地回填，则需考虑是否会破坏生态环境。回填后的场地，一般在20年内不宜在其上修建房屋，避免由于回填场不均匀下沉造成的结构破坏，但可作绿地、农田、牧场等使用。

垃圾填埋处理具有以下缺点：①填埋场占地面积大，场地选择较困难；②垃圾填埋同时填埋掉了可利用物品；③管理等费用不断提高；④存在严重的二次污染。

2. 堆肥处理

堆肥处理是利用处理垃圾制取农家肥的最古老的办法，被当今世界各国广泛应用，堆肥是使垃圾中的有机物，在微生物作用下，进行生物化学反应，最后形成一种类似腐殖质土壤的物质，用作肥料或改良土壤。

堆肥技术比较简单，适合于易腐有机质含量较高的垃圾处理，可对垃圾中的部分组分进行资源利用，且处理相同质量垃圾的投资比单纯的焚烧处理大大降低。堆肥必须是将新鲜的垃圾首先进行分类后再将易腐有机组分进行发酵。堆肥的关键，在于提供一种使微生物活跃生长的环境，以加速其分解过程，使之达到稳定。

堆肥主要受废物中的养分、温度、湿度、pH等因素的控制。一般采用好氧分解，好氧分解过程可同时产生高温，可以杀灭病虫卵、细菌等。

垃圾堆肥处理具有以下缺点：①堆肥处理的周期较长，占地面积大，卫生条件差；②堆肥产生的产品属农家肥，肥效差，销售相对困难。

3. 焚烧处理

垃圾焚烧处理是指垃圾中的可燃物在焚烧炉中与氧进行燃烧的过程。实质是碳、氢、硫等元素与氧的化学反应。垃圾焚烧后，释放出热能，同时产生烟气和固体残渣。

焚烧法适用于处理可燃物较多的垃圾。垃圾通过焚烧可以使可燃性固体废物氧化分解，达到去除毒性、回收能量及获得副产品的目的。几乎所有的有机性废物都可以用焚烧法处理。对于无机-有机混合性固体废物，如果有机物是有毒有害物质，一般也最好采用焚烧法处理。

采用焚烧法，必须注意不造成空气的二次污染。焚烧处理技术的特点是处理量大，减容性好，无害化彻底，焚烧过程产生的热量用来发电可以实现垃圾的能源化，因此是世界各发达国家普遍采用的一种垃圾处理技术。

垃圾焚烧处理存在以下缺点：①垃圾中可利用资源在焚烧时销毁，是一种浪费资源的处理方法；②焚烧处理对垃圾低量热值有一定要求，不是任何垃圾都可以焚烧的；③焚烧产生的烟气必须净化，净化技术难度大、运行成本高；④焚烧设备一次性投资大，运行成本高。

第二节　废物生活垃圾的收集与运输

城市生活垃圾的收集与运输是城市垃圾处理系统中相当重要的一个环节，其耗资最大，操作过程也最复杂。据统计，垃圾收运费用要占整个处理系统费用的 60%～80%，可见其重要地位。城市垃圾的收运原则是：首先应满足环境卫生的要求；其次应考虑在达到各项卫生目标的同时，费用最低，并有助于降低后续处理阶段的费用。

城市垃圾收运通常需包括三个阶段：①第一阶段是从垃圾发生源到垃圾桶的过程，即搬运与贮存（简称运贮）。②第二阶段是垃圾的清除（简称清运），通常指垃圾的近距离运输。一般用清运车辆沿一定的路线收集清除容器或其他贮存设施中的垃圾，并运至垃圾中转站，有时也可就近直接送至垃圾处理厂或处置场。③第三阶段为转运，特指垃圾的远距离运输，即在中转站将垃圾转载至大容量运输工具上，运往远处的处理处置场。后两个阶段需要应用最优化技术将垃圾分配到不同处置场，以使成本降到最低。

一、生活垃圾的收集与分类

1. 收集

城市生活垃圾的收集方式主要有混合收集和分类收集两类。目前我国主要采用混合收集方式，分类收集还处于试点阶段。

(1) 混合收集　混合收集是指各种城市生活垃圾不经过任何处理，混杂在一起收集的一种方式。

采用混合收集方式的优点：①不需要全民参与垃圾分类，方便垃圾产出者；②各种垃圾混在一起，集中方便；③不受时间限制，任何时间都可倾倒。

由于混合收集自身的特点，该方式也存在一些问题：①增加了垃圾无害化处理的难度，如废电池的混入有可能增加垃圾中的重金属含量；②降低了垃圾中有用物质的纯度和再利用的价值，如废纸会与湿垃圾粘连在一起；③增加了为处理垃圾（如堆肥）而做的后续分拣工作。

(2) 分类收集　分类收集是指按城市生活垃圾的组分进行分类的收集方式。

分类收集的优点：①通过分类收集，可以提高垃圾中有用物质的纯度，有利于垃圾资源化、无害化；②省却了后期处理大量的分类分选工作，降低了预处理成本；③可以减少垃圾运输、处理的工作量；④有利于提高市民的环境意识。

分类收集的缺点：垃圾分类收集不可避免地增加了垃圾产出者的工作量。

垃圾的回收利用在我国有良好的传统，以前废品收购站点多，回收废旧物品范围很广，从废铜烂铁、牙膏皮、骨头到废旧塑料等都能够得到普遍回收，回收后的垃圾成分比较简单，这和当时的社会生产力水平较低，物资匮乏，日常消费品种类少有关。随着经济变革和发展，原有的国营收购网点被合并或被拆除，代之以私人回收，并逐步成为主体形式。随着居民生活水平的提高，一方面废弃物品数量和种类显著增多，如各种废弃的包装物大量增加；另一方面回收价格低的废旧物品如塑料袋等也就无人回收。但到目前为止，大部分居民将家庭中的旧报纸、易拉罐等单独收集，然后卖给"回收工"，然后再卖给废旧物资回收站。这个过程实际上就是垃圾的分类收集过程。

我国废纸回收利用情况见表 7-5。

表 7-5 我国废纸回收利用情况

年份/年	纸和纸板产量/万吨	进口纸量/万吨	废纸回收量/万吨	废纸回收率/%	废纸利用量/万吨	废纸利用率/%	废纸进口量/万吨
1990	1372	96	308	21.0	350	23.8	42
1991	1479	134	383	23.7	445	27.6	62
1992	1725	252	468	23.7	547	27.7	79
1993	1820	241	466	22.6	527	25.5	60
1994	2135	318	534	21.8	611	24.9	77
1995	2400	303	720	26.6	811	30.0	91
1996	2600	450	780	25.6	917	30.1	137
1997	2744	552	876	26.6	1037	31.5	162
1998	2780	577	888	26.4	1080	32.1	192
2002	3350	1874	995	27.0			687

发达国家早期实施城市垃圾分类收集也是从收集旧报纸、易拉罐等开始的。例如：在美国，1971 年俄勒冈州通过第一个回收瓶子议案，其他 9 个州也随后实施类似议案，通过退还现金，每个瓶子支付 5～10 美分的方式来促进瓶类的回收；1972 年在华盛顿州首先成立了回收中心，接受啤酒瓶、铝罐和报纸；1974 年首次在密苏里州大学城市普遍设置回收报纸的垃圾桶。2000 年美国各类废纸回收情况见表 7-6。

表 7-6 2000 年美国各类废纸回收量

类别	产生量/kt	回收量/kt	回收率/%
报纸	15030	8750	58.2
书	1140	220	19.3
杂志	2130	680	31.9
办公用纸	7530	4070	54.1
电话簿	740	130	17.6
邮寄用纸	5570	1780	31.0
其他商业用纸	7040	1650	23.4
纸及纸板合计	39180	17280	44.1
纸箱	30210	21360	70.7
可折叠纸盒	5580	430	7.7
纸袋	1550	300	19.4
纸容器及纸包装合计	37340	22090	59.2
废纸总计	76520	39370	51.5

混合收集和分类收集都需要通过不同的收集方式来实现。选择何种收集方式并制定何种制度，一般应考虑下列因素：废物的产生方式、废物的种类、公共卫生设施、设备的完善程度、地方条件和建筑性质、卫生要求程度、处理处置方式等。

(3) 我国垃圾分类收集的实施与存在的问题　随着人们环保意识的增强，一些环保工作者根据国外的垃圾管理经验，开始倡导垃圾分类收集，认为垃圾分类收集是搞好城市垃圾管理工作的必由之路，是实现垃圾资源化的最有效途径。

基于垃圾分类收集优点，为更好解决城市生活垃圾问题，进一步贯彻实施《固体废弃物污染环境防治法》和《城市市容环境卫生管理条例》等法律、法规，我国于2000年确定北京、上海、广州、深圳等八个城市为"生活垃圾分类收集试点城市"。期间有报道指出取得了一定的成果，但到2008年为止，大部分城市取得的效果不佳。2001年，武汉取消了垃圾分类收集；2007年，广州取消了垃圾分类收集；2008年，深圳也取消了垃圾分类收集。其他有些城市的垃圾分类收集也形同虚设，这说明我国的垃圾分类收集存在很多问题。

2. 城市生活垃圾的分类

城市生活垃圾的组分非常复杂，包括有机物（厨余等）、塑料、纸类（纸、硬纸板及纸箱）、包装物、纺织物、玻璃、铁金属、非铁金属、木块、矿物组分、特殊垃圾和余下物。其中特殊垃圾主要是有毒、有害性垃圾，如灯泡、电池、药品瓶、非空的化妆品瓶、盒等。

目前我国城市生活垃圾主要分为五类：①可回收垃圾，如废弃的纸张、塑料、金属等；②可燃垃圾，如零星肮脏的纸片、塑料袋、废木料等；③有毒有害垃圾，如废电池、废日光灯管等；④大件垃圾，即废弃的家具、家用电器，如床、床垫、沙发等；⑤可堆肥垃圾，如零食垃圾、厨房垃圾等。

城市生活垃圾分类见表7-7。

表7-7　城市生活垃圾分类

分类类别	内　　容
可回收物	包括下列适宜回收循环使用和资源利用的废物： (1) 纸类　未严重玷污的文字用纸、包装用纸和其他纸制品等；制作再生纸； (2) 塑料　废塑料容器、包装塑料等塑料制品(用途：回收燃烧热用于发电，制造人造大理石，生产再生门窗型材、制作化肥包装袋、垃圾袋等)； (3) 金属　各种类别的废金属制品； (4) 玻璃　有色和无色废玻璃制品； (5) 织物　旧纺织衣物和纺织制品
大件垃圾	体积较大、整体性强，需要拆分再处理的废弃物品。包括废家用电器和家具等
可堆肥垃圾	垃圾中适宜于利用微生物发酵处理并制成肥料的物质。包括剩余饭菜等易腐食物类厨余垃圾，树枝花草等可堆沤植物类垃圾等
可燃垃圾	可以燃烧的垃圾。包括植物类垃圾，不适宜回收的废纸类、废塑料橡胶、旧织物用品、废木料等
有害垃圾	垃圾中对人体健康或自然环境造成直接或潜在危害的物质。包括废日用小电子产品、废油漆、废灯管、废日用化学品和过期药品等
其他垃圾	在垃圾分类中，按要求进行分类以外的所有垃圾

垃圾分类应根据城市环境卫生专业规划要求，结合本地区垃圾的特性和处理方式选择垃圾分类方法：

① 采用焚烧处理垃圾的区域，宜按可回收物、可燃垃圾、有害垃圾、大件垃圾和其他垃圾进行分类；

② 采用卫生填埋处理垃圾的区域，宜按可回收物、有害垃圾、大件垃圾和其他垃圾进

行分类;

③ 采用堆肥处理垃圾的区域,宜按可回收物、可堆肥垃圾、有害垃圾、大件垃圾和其他垃圾进行分类。

二、城市生活垃圾的贮存容器

1. 贮存容器的分类

由于城市垃圾产生量的不均性及随意性,以及环境卫生部门收集清除的适应性,需要配备城市垃圾贮存容器。垃圾产生者收集者应根据垃圾的数量、特性及环卫部门要求,确定贮存方式,选择合适的垃圾贮存容器,规划容器的放置地点和足够的数目。

贮存方式大致可分为四类:家庭贮存、街道贮存、单位贮存和公共贮存。

由于受经济条件和生活习惯等各方面条件的制约,各国使用的城市垃圾贮存容器类型繁多,形状不一,容器的材质也有很大的区别。垃圾贮存容器分类主要有这几方面。

① 按用途分类:主要包括垃圾桶(箱、袋)和废物箱两种。

② 按容积分类:垃圾桶和箱分为大(容积大于 $1.1m^3$)、中(容积 $0.1\sim1.1m^3$)、小(容积小于 $0.1m^3$)三种类型。

③ 按材质分类:钢制、塑制(不耐热)两种。

对居民区垃圾提倡使用塑料袋和纸袋,以减少垃圾桶脏污和清洗工作。常见的垃圾贮存容器如图 7-5~图 7-8 所示。

图 7-5 常见生活垃圾贮存容器(一)

图 7-6 常见生活垃圾贮存容器(二)

2. 贮存容器的一般要求

废物贮存对容器的基本要求是:①容积适度,既要满足日常收集附近用户垃圾的需要,又不要超过 1~3 天的贮留期,以防止垃圾发酵、腐败、孳生蚊蝇、散发臭味;②密封性好,要能防蝇防鼠、防恶臭和防风雪,既要配备带盖容器,又要加强宣传,使城市居民在倾倒垃圾后及时盖上收集容器,而且要防止收集过程中容器的满溢;③垃圾收集容器应易于保洁、便于倒空,内部应光滑易于冲刷,不残黏附物质;④由于垃圾中经常会含有一些腐蚀性的物

第七章 城市生活固体废物处理与资源化   163

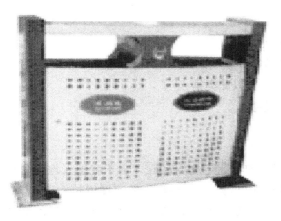
图 7-7 常见生活垃圾贮存容器（三）

图 7-8 常见生活垃圾贮存容器（四）

质，因此垃圾桶应该耐腐蚀；⑤很多情况下贮存容器都设在公共场所，故而垃圾桶材料选择时要考虑不能让其轻易燃烧；⑥容积操作方便、坚固耐用、外形美观、造价便宜、便于机械化清运。

3. 容器设置数量

容器设置数量对费用影响很大，应事先进行规划和估算。某地段需配置多少容器，主要应考虑的因素为服务范围内居民人数、垃圾人均产量、垃圾容重、容器大小和收集次数等。

我国规定容器设置数量按以下方法计算。首先，按下式求出容器服务范围内的垃圾日产生量：

$$W = RCA_1 A_2 \tag{7-1}$$

式中　W——垃圾日产生量，t/d；
　　　R——服务范围内居住人口数，人；
　　　C——实测的垃圾单位产生量，t/(人·d)；
　　　A_1——垃圾日产量不均系数，取 1.1～1.15；
　　　A_2——居住人口变动系数，取 1.02～1.05。

然后，按式(7-2)及式(7-3)折合垃圾日产生体积：

$$V_{ave} = \frac{W}{A_3 D_{ave}} \tag{7-2}$$

$$V_{max} = K V_{ave} \tag{7-3}$$

式中　V_{ave}——垃圾平均日产生体积，m³/d；
　　　A_3——垃圾容重变动系数，取 0.7～0.9；
　　　D_{ave}——垃圾平均容重，t/m³；
　　　K——垃圾产生高峰时体积的变动系数，取 1.5～1.8；
　　　V_{max}——垃圾高峰时日产生最大体积，m³/d。

最后，以式(7-4)和式(7-5)求出收集点所需设置的垃圾容器数量：

$$N_{ave} = \frac{A_4 V_{ave}}{EF} \tag{7-4}$$

$$N_{max} = \frac{A_4 V_{max}}{EF} \tag{7-5}$$

式中　N_{ave}——平时所需设置的垃圾容器数量，个；

　　　E——单个垃圾容器的容积，m^3/个；

　　　F——垃圾容器填充系数，取 0.75～0.9；

　　　A_4——垃圾收集周期，d/次。当每日收集 1 次时，$A_4=1$，每日收集 2 次时，$A_4=0.5$，每二日收集 1 次时，$A_4=2$，以此类推；

　　　N_{max}——垃圾高峰时所需设置的垃圾容器数量。

三、城市生活垃圾的清运

早在 1992 年，我国公布的城市生活垃圾人均年产量已达 440kg，高于我国人均粮食年产量。与此同时，我国的城市生活垃圾清运量仍在以每年 8%～10%的速度增长。1999 年，我国城市生活垃圾清运量达 11415 万吨，年增长速度为 10%，超过了世界城市生活垃圾产生量平均增长速度。2003 年，我国城市生活垃圾清运量达 14857 万吨，而垃圾处理率仅为 50.8%，而我国城市生活垃圾历年的堆存量有增无减，占用了大量的土地面积。

1. 城市生活垃圾清运工具

目前我国城市生活垃圾清运工具主要有人力车、自卸式收集车（适用于固定容器系统，见图 7-9）、密封压缩收集车（适用于分类收集方法，见图 7-10）、活动斗式收集车（适用于拖拽容器系统，见图 7-11）、分类收集车（适用于固定容器系统）、管道真空收集系统（见图 7-12）等类型。

图 7-9　自卸式收集车

图 7-10　后装式密封压缩收集车

图 7-11　拖拽容器收集车

图 7-12　管道真空收集系统

2. 拖曳容器系统清运方式

拖曳容器系统是指将某集装点装满的垃圾连容器一起运往中转站或处理处置场，卸空后再将空容器送回原处（传统法）或下一个集装点（改进法）的垃圾收集系统。它主要分为搬运容器方式和交换容器方式两种。

(1) 搬运容器方式 这种方式是指从收集点将装满废物的容器用牵引车拖曳到处置场倒空后再送回原收集点，然后，牵引车再开到第二个收集点重复操作。其操作模式如图 7-13 所示。

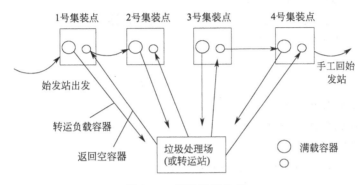

图 7-13 搬运容器方式

(2) 交换容器方式 这种方式指的是当开车去第一个收集点时，同时带去一只空容器，以替换装满废物的容器，待拖到处置场倒空后又将此空容器送到第二个收集点，重复至收集路线的最后一个容器被拖到处置场倒空为止，牵引车带着这只空容器回调度站。交换容器方式的操作模式如图 7-14 所示。

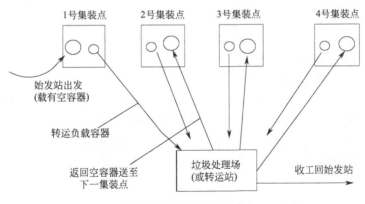

图 7-14 交换容器方式

垃圾收集成本的高低，主要取决于收集时间长短，因此对收集操作过程的不同单元时间进行分析，可以建立设计数据和关系式，求出某区域垃圾收集耗费的人力和物力，从而计算收集成本。

根据垃圾收集过程，可将收集操作过程分为 4 个基本时间：运输时间、装载时间、卸车时间和非收集时间。

① 运输时间 运输时间指收集车从集装点行驶至终点所需时间，加上离开终点驶回原处或下一个集装点的时间，不包括在终点的时间。

对于拖曳容器系统，装载时间和处置场停留时间相对为常数，但运输时间取决于运输速度和运输距离，通过对不同类型的垃圾收集车辆运输速度和往返于行驶距离的关系进行估算，即

$$h = a + bx \tag{7-6}$$

式中　h——运输时间，h；

　　　a——经验时间常数，h；

　　　b——经验平均常数，h/km；

　　　x——平均往返行驶距离，km。

② 装载时间　对传统法，每次行程集装时间包括容器点之间行驶时间，满容器装车时间，及卸空容器放回原处时间三部分。

公式表示为

$$P_{hcs} = p_c + u_c + d_{bc} \tag{7-7}$$

式中　P_{hcs}——装载时间，h；

　　　p_c——装载废物容器所需时间，h；

　　　u_c——卸空容器所需时间，h；

　　　d_{bc}——两个容器收集点之间的时间，h。

③ 拖曳总时间　一次收集清运操作行程所需时间可用下式表示：

$$T_{hcs} = (P_{hcs} + s + h) \tag{7-8}$$

式中　T_{hcs}——拖曳容器系统运输一次废物所需总时间，h；

　　　s——处置场停留时间，h；

　　　h——运输时间，h。

④ 每天每车次能够完成的运输次数　当求出 T_{hcs} 后，则每日每辆收集车的行程次数用下式求出：

$$N_d = [H(1-w) - (t_1 + t_2)] / T_{hcs} \tag{7-9}$$

式中　N_d——每天运输次数，次/d；

　　　H——每天工作时间，h/d；

　　　w——非生产性因子（非工作因子，变化范围 0.1～0.40，常用系数 0.15）；

　　　t_1——从终点（车库）到第一个容器放置点所需时间，h；

　　　t_2——从最后一个容器放置点到终点（车库）所需时间，h。

⑤ 清运指定范围的垃圾每天（或每周）需要的运输次数

$$N_d = V_d / (cf) \tag{7-10}$$

式中　N_d——每天运输次数，次/d；

　　　V_d——平均每天需收集的废物总量，m³/d；

　　　c——容器有效利用系数；

　　　f——容器平均体积，m³。

则每周运输次数（取整数）

$$N_w = V_w / (cf) \tag{7-11}$$

式中　V_w——平均每周需收集的废物总量，m³/周。

每周所需作业时间（h/周）为

$$D_w = N_w T_{hcs} \tag{7-12}$$

3. 固定容器系统清运方式

固定容器系统清运是指用垃圾车到各容器集装点装载垃圾，容器倒空后就地放回原位，垃圾车装满后运往转运站或处理处置场。固定容器收集法的一次行程中，装车时间是关键因素，装车分为机械装车和人工装车两种。

固定容器系统的操作模式如图 7-15 所示。

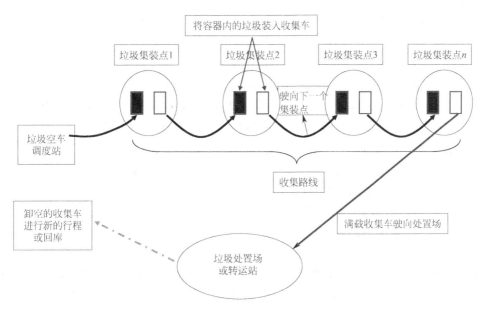

图 7-15　固定容器系统的操作模式

(1) 机械装卸车　一个往返需要的总时间为

$$T_{scs}=P_{scs}+s+a+bx \tag{7-13}$$

式中　T_{scs}——固定容器系统运输一次废物所需总时间，h；
　　　P_{scs}——固定容器系统装载时间，h；
　　　s——处置场停留时间，h。

① 装载时间

$$P_{scs}=C_t u_c+(n_p-1)d_{bc} \tag{7-14}$$

式中　P_{scs}——固定容器装载废物容器所需要时间，h；
　　　C_t——每趟清运的垃圾容器数，个；
　　　u_c——收集一个容器中的废物所需要时间，h；
　　　n_p——每趟清运所能清运的废物收集点数；
　　　d_{bc}——两个容器收集点之间花费的时间，h。

② 每一行程能收集的容器数　每一行程能倒空的容器数直接与收集车容积、压缩比及容器体积有关，即

$$C_t=vr/(cf) \tag{7-15}$$

式中　C_t——每一行程能倒空的容器数；
　　　v——垃圾车容积，m³；
　　　r——垃圾车压缩系数；
　　　c——废物容器容积，m³；

f—— 容器容积利用系数。

③ 平均每天的清运次数
$$N_d = V_d/(vr) \tag{7-16}$$

式中 V_d—— 平均每天需收集的废物总量，m^3；

v—— 垃圾车容积，m^3；

r—— 垃圾车压缩系数。

④ 每天需要的工作时间
$$H = [(t_1 + t_2) + N_d T_{scs}]/(1-w) \tag{7-17}$$

式中 t_1—— 从车库到第一个废物收集点的行驶时间，h；

t_2—— 从最后一个废物收集点到车库的行驶时间，h（若处置场到车库的时间小于半个平均行程的时间，则 $t_2=0$；若处置场到车库的时间大于半个平均行程的时间，则 t_2 为处置场到车库的时间减去半个平均行程的时间）。

⑤ 每周需要的工作时间（t_1 和 t_2 在非工作因子 w 中考虑）
$$T_w = [N_w P_{scs} + t_w(s+a+bx)]/[(1-w)H] \tag{7-18}$$

式中 T_w—— 每周需要的工作时间，d/周；

N_w—— 每周的清运次数，次/周；

t_w—— N_w 取整后的整数，次/周；

H—— 每天的法定工作时间，h/d。

最经济的组合取决于垃圾车的大小、每天往返的次数、收集点与中转站或处置场之间的距离。当长距离运输时，运输次数越小可能越经济，此时垃圾车的容积就必须大。

(2) 人工装卸车辆 根据式(7-17)，当采用人工装卸车辆时，每天的工作时间 H 和每天的收集行程数 N_d 不变，可以计算出每回合的装载时间 P_{hcs}。

① 每一行程清运的废物收集点数量
$$N_p = 60 P_{scs} n/t_p \tag{7-19}$$

式中 N_p—— 每个行程清运的废物收集点数量；

P_{scs}—— 每个行程收集废物的装载时间，h [由式(7-10) 计算]；

n—— 工人数量；

t_p—— 每个废物收集点装载时间，min。

② 每个废物点装载时间
$$t_p = d_{bc} + k_1 C_n + k_2 P_{RH} \tag{7-20}$$

式中 d_{bc}—— 两个容器收集点之间花费的时间，min；

k_1—— 每个容器的装载时间常数，min/个；

C_n—— 每个收集点平均容器数量，个；

k_2—— 分散收集点的装载时间常数，min；

P_{RH}—— 分散收集点的百分比例，%。

③ 需要的收集车辆的容积
$$v = V_P N_P/r \tag{7-21}$$

式中 v—— 收集车辆容积，m^3；

V_P—— 每个收集点的废物量，m^3；

N_P—— 每个行程清运的废物收集点数；

r—— 垃圾车压缩系数。

四、固体生活废弃物的压实

1. 压实的定义与目的

压实是一种通过机械的方法对固体废物进行减容化，降低运输成本，便于装卸、运输、贮存和处置的固体废物预处理技术。

一般压实的实质是将空气挤出，减少固废的空隙率。只有当采用高压压实时，可能导致分子间晶格的破坏而使受压物质变性。城市生活垃圾压实前容重在 0.1~0.6t/m³ 范围，经过压实器或一般压实机械压实后容重可提高到 1t/m³ 左右，体积减小为原体积的 2/3~1/10。

2. 压实处理工艺

压实处理工艺见图 7-16。

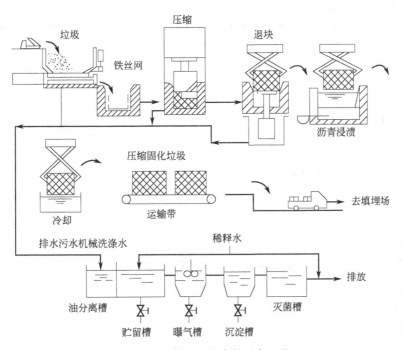

图 7-16　固体生活废弃物压实工艺

基本原理：生活垃圾→预压缩→金属铁丝网包紧→主压缩（160~200MPa，压缩比约 1/5）→捆扎→沥青（180~200℃下浸渍约 10s）包覆→加工成约 1t 重的垃圾捆包（容重可达 1125~1380kg/m³）→填埋。

3. 垃圾压实后的优点

① 压缩捆包后填埋更容易均匀布料，填埋场地的沉降也较均匀，捆包填埋减少了飞扬碎屑的危害；

② 经压实后，可降低填埋垃圾的腐化性；

③ 覆盖较简单；

④ 不易滋生蚊虫，对环境的污染较小；

⑤ 用于焚烧或堆肥的垃圾不宜过度压实。

4. 压实度量

度量是压实程度的常用指标。主要有：空隙比与空隙率、压缩比和压缩系数。

(1) 空隙比　固体废物为多种固体颗粒物质及颗粒间充满空隙所组成的集合体。假设固体废物的总体积（V_m）等于固体颗粒体积（V_s）与空隙体积（V_v）之和，即

$$V_m = V_s + V_v \tag{7-22}$$

则固体废物的空隙比（e）为

$$e = V_v/V_s \tag{7-23}$$

(2) 空隙率

$$\varepsilon = V_v/V_m \tag{7-24}$$

空隙率越低，表明固废的压实率越高，相应的容重越大。空隙率大小对堆肥化工艺的供氧、透气性以及焚烧过程中是否需要提高物料与空气的接触效率影响很大。

(3) 压缩比和压缩系数

① 压缩比　压缩比是指固体废物压缩后与压缩前的体积比，用 r 表示，r 小于 1。

$$r = V_f/V_1 \ (r \leqslant 1) \tag{7-25}$$

② 压缩系数

$$n = V_1/V_f \ (n \geqslant 1) \tag{7-26}$$

五、固体废物分选

固体废物分选简称废物分选，是废物处理的一种方法，目的是将其中可回收利用的或不利于后续处理、处置工艺要求的物料分离出来。

废物分选分为：筛选（分）、重力分选、磁力分选、电力分选、光电分选、摩擦及弹性分选、浮选。

(一) 筛分

筛分是利用筛子将物料中小于筛孔的细粒物料透过筛面，而大于筛孔的粗粒物料留在筛面上，完成粗、细粒物料分离的过程。

在固体废物处理中，最常用的筛分设备是固定筛、滚筒筛、惯性振动筛、共振筛等。

1. 固定筛

固定筛的筛面由许多平行排列的筛条组成，筛面固定不动，筛子可以水平安装或倾斜安装，物料靠自身重力作下落运动。

由于其构造简单、不耗用动力、设备费用低和维修方便，在固体废物处理中应用广泛。

① 格筛　格筛见图 7-17。一般安装在粗碎机之前，以保证入料块度适宜。

② 棒条筛　棒条筛见图 7-18。主要用于粗碎和中碎之前，该筛适用于筛分粒度大于 50mm 的废物。

2. 滚筒筛

滚筒筛见图 7-19。筛面为带孔的圆柱形筛体，在传动装置带动下，筛筒绕轴缓缓旋转。

3. 惯性振动筛

振动筛见图 7-20。常见为惯性振动筛，是通过由不平衡物体（如配重轮）的旋转所产

生的离心惯性力使筛箱产生振动的一种筛子。惯性振动筛适用于细粒废物（0.1～0.15mm）的筛分，也可用于潮湿及黏性废物的筛分。

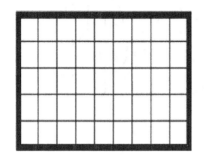

图 7-17　格筛

图 7-18　棒条筛

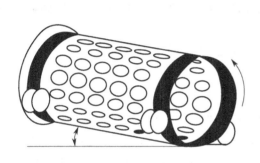

图 7-19　滚筒筛

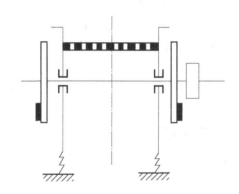

图 7-20　振动筛

4. 共振筛

共振筛是利用连杆上装有弹簧的曲柄连杆机构驱动，使筛子在共振状态下进行筛分的。该弹性系统固有的自振频率与传动装置的强迫振动频率接近或相同，使筛子在共振状态下作筛分，故称为共振筛。

共振筛优点：处理能力大、筛分效率高、耗电少、结构紧凑、功率消耗较小。共振筛缺点：制造工艺复杂、机体笨重、橡胶弹簧易老化。

（二）重力分选

重力分选简称重选，是根据固体废物在介质中的密度差进行分选的一种方法。它利用不同物质颗粒间的密度差异，在运动介质中受到重力、介质动力和机械力的作用，使颗粒群产生松散分层和迁移分离，从而得到不同密度的产品的分选过程。重力分选工艺流程见图 7-21。

按介质不同，固体废物的重力分选可分

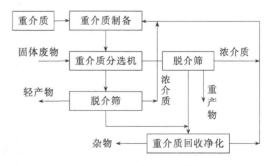

图 7-21　重力分选工艺流程

为风力分选、重介质分选、跳汰分选和摇床分选等。立式风力分选机工作原理见图 7-22。

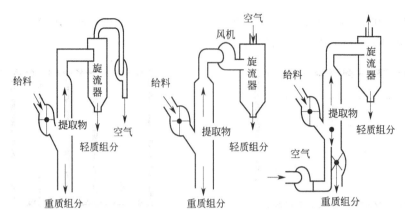

图 7-22　立式风力分选机工作原理

（三）磁力分选

磁力分选简称磁选，是借助磁选设备产生的磁场使铁磁物质组分分离的一种方法。在固体废物的处理系统中，主要用作回收或富集黑色金属，或是在某些工艺中用以排除物料中的铁质物质。

磁选有两种类型：一种是传统的磁选法；另一种是磁流体分选法。磁选是近二十年来发展起来的一种新的分选方法。

1. 磁选原理

固体废物可依磁性分为强磁性、中磁性、弱磁性和非磁性等组分，这些不同磁性的组分通过磁场时，磁性较强的颗粒（通常为黑色金属）就会被吸附到产生磁场的磁选设备上，而磁性弱和非磁性颗粒就会被输送设备带走或受自身重力（或离心力）的作用掉落到预定的区域内，从而完成磁选过程。

磁选的工艺流程见图 7-23。

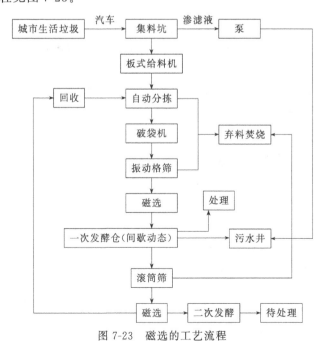

图 7-23　磁选的工艺流程

2. 磁选设备及应用

磁选机主要由磁力滚筒和输送带组成，磁力滚筒是其关键部件。磁力滚筒有永磁和电磁两类。电磁滚筒的主要优点是其磁力可通过激磁线圈电流的大小来加以控制，但电磁滚筒的价格却比永磁滚筒高许多。

在实际中，永磁滚筒应用得较多，永磁滚筒的结构如图 7-24 所示，它的主要组成部件是一个回转的多极磁系和套在磁系外面的用不锈钢或铜、铝等非导磁材料制成的圆筒。

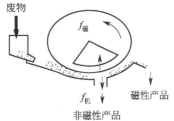

图 7-24 永磁滚筒的结构

（四）电力分选

电力分选简称电选，它是利用固体废物中各种组分在高压电场中电性的差异实现分选的一种方法。

1. 基本原理

电选设备的电场是电晕-静电复合电场，固体废物首先进入电晕电场区，由于空间有电荷，使导体和非导体颗粒都带电（与电晕电极电性相同）。由于导体颗粒放电快，剩余电荷少，而非导体由于放电慢，致使剩余电荷较多，进入静电场区后，导体不再获得负电，不断放电，直至完全放完负电，从带正电的辊筒上排斥而脱落，非导体由于带有较多的负电荷，与辊筒的正电荷相吸，带到辊筒的后方，被毛刷强制刷下；半导体颗粒的运动轨迹介于导体和非导体之间，成为半导体产品落下，从而完成电选分离过程。

复合电场电选分选机见图 7-25。

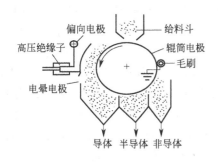

图 7-25 复合电场电选分选机

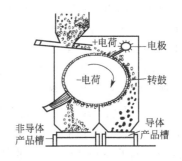

图 7-26 辊筒式静电分选机

2. 电选设备

(1) 静电分选机 图 7-26 是辊筒式静电分选机的构造和原理示意图。将含有铝和玻璃的废物，通过电振给料器均匀地给到带电辊筒上，铝为良导体从辊筒电极获得相同符号的大量电荷，因而被辊筒电极排斥落入铝收集槽内。

玻璃为非导体，与带电辊筒接触被极化，在靠近辊筒一端产生相反的束缚电荷，被辊筒吸住，随辊筒带至后面被毛刷强制刷落进入玻璃收集槽，从而实现铝与玻璃的分离。

(2) YD-4 型高压电选机 YD-4 型高压电选机的构造如图 7-27 所示。该机特点是具有较宽的电晕电场区，特殊的下料装置和防积灰漏电措施。整机密封性能好。采用双筒并列式，结构合理，紧凑，处理能力大，效率高。可作为粉煤灰专用设备。

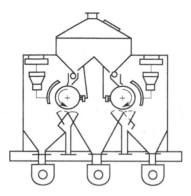

图 7-27　YD-4 型高压电选机

第三节　城市生活固体废物卫生填埋

城市生活垃圾的处理应遵循减量化、资源化、无害化的原则,目前,城市生活垃圾的处理、处置方法主要有三种:焚烧、堆肥和填埋。

一、生活垃圾卫生填埋技术

填埋法是指利用天然地形或人工构造,形成一定空间,将垃圾填充、压实、覆盖达到贮存的目的。垃圾填埋处理具有投资小、运行费用低、操作设备简单、可以处理多种类型的垃圾等特点。

由于目前的城市垃圾仍然未实行分类分拣,填埋处理的对象多为混合垃圾,因此填埋法存在以下问题:①混合垃圾中的大部分可回收物、可焚烧组分或可堆肥组分等被一并填埋,不能再生利用,资源利用率低;②混合垃圾渗出液会污染地下水及土壤,处理成本高;③垃圾堆放产生的臭气严重影响周边环境的空气质量,大多数垃圾填埋场产生的填埋气体直接排入大气,既污染环境、浪费资源又造成安全隐患,目前能够对填埋气体进行资源化利用的填埋场不足 3%;④混合垃圾大量占用填埋场的空间资源,导致填埋场占地面积大,消耗大量土地资源;⑤填埋场处理能力有限,服务期满后仍需投资建设新的填埋场,以北京为例,采用现在的技术将北京市 12000t/d 的垃圾进行卫生填埋处理,仅建设投资就高达 7.2 亿元人民币(不含征地费用),而且填埋场的寿命也只有 12 年。

填埋是我国目前大多数城市解决生活垃圾出路的最主要方法,2005 年底全国共有 356 座生活垃圾填埋场,85% 的城市生活垃圾采用填埋处理。根据工程措施是否齐全、环保标准能否满足来判断,可分为简易填埋场、受控填埋场和卫生填埋场三个等级。

(1) 简易填埋场(Ⅳ级填埋场)　这是我国传统沿用的填埋方式,其特征是:基本上没有什么工程措施,或仅有部分工程措施,也谈不上执行什么环保标准。目前我国约有 50% 的城市生活垃圾填埋场属于Ⅳ级填埋场。Ⅳ级填埋场为衰减型填埋场,它不可避免地会对周围的环境造成严重污染。

(2) 受控填埋场(Ⅲ级填埋场)　Ⅲ级填埋场目前在我国约占 30%,其特征是:虽有部分工程措施,但不齐全;或者是虽有比较齐全的工程措施,但不能满足环保标准或技术规范。目前的主要问题集中在场底防渗、渗滤液处理、日常覆盖等不达标。Ⅲ级填埋场为半封闭型填埋场,也会对周围的环境造成一定的影响。对现有的Ⅲ、Ⅳ级填埋场,各地应尽快列入隔离、封场、搬迁或改造计划。

(3) **卫生填埋场**（Ⅰ、Ⅱ级填埋场）　这是近年来我国不少城市开始采用的生活垃圾填埋技术，其特征是：既有比较完善的环保措施，又能满足或大部分满足环保标准，Ⅰ、Ⅱ级填埋场为封闭型或生态型填埋场。其中Ⅱ级填埋场（基本无害化）目前在我国约占15%，Ⅰ级填埋场（无害化）目前在我国约占5%，深圳下坪、广州丰兴、上海老港四期生活垃圾卫生填埋场是其代表。

二、填埋工艺

卫生填埋是指在铺设有良好防渗性能衬垫的场地上，将城市生活垃圾铺成一定厚度的薄层，加以压实，并加土覆盖。

卫生填埋是一种安全、经济、行之有效的城市生活垃圾最终处置方法，它与传统的倾卸方法相比，能极大地减少垃圾对周边环境的损害。

发达国家为保证卫生填埋技术的可靠应用，制定了严格的填埋场地勘测、设计、施工、设施建设及垃圾渗滤液和甲烷气体的收集、排放标准，并使卫生填埋各工序科学化、系统化，把垃圾卫生填埋对环境的污染降到了最低限度。以德国为例，从垃圾卫生填埋及处理技术、设备及管理现状与发展看，其总体水平应处于国际领先水平。美国是采用卫生填埋比例最高的国家，达95%。从20世纪30年代起，全美就有1400多个城市采用卫生填埋法处置垃圾，至90年代初，全美卫生填埋场多达75000个。

20世纪80年代以前，填埋在我国属分散处理，自然堆放，后来发展到集中堆放，一般无覆土，没有无害化处理和卫生措施。因此，垃圾污水（浸出液）和产生气体（沼气）自由排放，蝇虫滋生，二次污染严重。如杭州的四堡垃圾处理场等，填埋措施都属于无控型处理，因为无填埋技术可言，只能说是土地上堆置，这对堆置场所的区域环境造成严重影响。由于环保意识的提高，逐渐进步到有控处理，即采取一定的工程措施，如底部填土、堆积废物顶部覆土等简单工程性措施，属于填埋法的雏形。采取的措施基本上是各地自行其是，没有统一的标准。至20世纪80年代中期，我国才有了初步的填埋要求，即初始填埋法。发展至现在，我国已经形成了一定的填埋工程规范。

1. 填埋工艺流程

垃圾填埋工艺流程见图7-28。

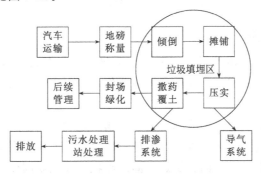

图7-28　垃圾填埋工艺流程

垃圾由车辆按规定的路线经过地磅计量后运至填埋作业单元。经推土机或压实机摊铺后，由压实机分层压实，压实后密度可达$0.9t/m^3$。当每层达到规定的压实厚度后，再覆土，覆土厚度 0.2m，使垃圾不暴露。最终构成一个填埋单元。依次堆至设计标高。垃圾填埋一般分单元填埋和分层填埋相结合。填埋高度达到 2m 时开始埋设沼气导气管，填埋高度上升，完成一个填埋区域（10m 高度）后，进行中间层覆土，厚度为 0.3～0.5m。当填埋作业达到设计高度后应在其顶面进行终场覆盖，封顶时覆盖 0.5m 黏土层，其上再覆盖 0.3m 的卵石层。目的是减少雨水渗入量并且便于垃圾场的生态恢复和终场利用。中间覆土及封顶材料采用黏土，压实密度应大于 95%。填埋场使用容积完成后，再进行最终覆土工作，在卵石层上覆盖 0.5m 以上厚度的营养土层并均匀压实，再进行绿化。为防止填埋过程蚊蝇滋生，每日垃圾压实后及时覆土，并定期进行撒药以保持较干净的工作环境。

在整个垃圾填埋工艺中，垃圾填埋场地的选择是卫生土地填埋场全面设计规划的关键。卫生填埋场地必须具有合适的水文、地质和环境条件，并要进行专门的规划、设计，严格施工和加强管理。为严格防止周围环境被污染，必须设有一个渗滤液收集和处理系统，还要提供气体（主要为甲烷和二氧化碳）的排除或回收通道，并对填埋过程中产生的水、气和附近的地下水进行监测。

垃圾的卫生填埋立体效果见图 7-29。

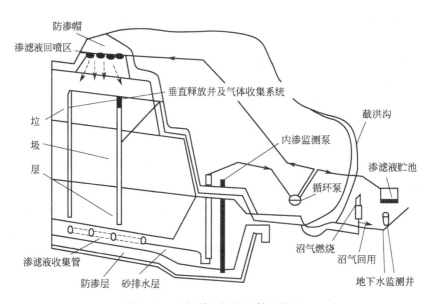

图 7-29 垃圾填埋场的立体示意图

2. 填埋场地的选择

填埋场主要用来填埋城市垃圾等一般固体废物，使其对公共健康和环境安全不造成危害。其场地必须具有合适的水文、地质和环境条件，并要进行专门的规划、设计、严格施工和加强管理。

场址选择的好坏，不仅直接影响到卫生填埋场的建设及建成后的经营管理，而且关系到卫生填埋场的建设是否真正能够实现垃圾处理减容化、资源化、无害化的总目标要求。

填埋场的功能主要有三个方面：①贮留固体废物；②隔断固体废物污染；③对固体废物进行处置。

良好的选址就是要保证城市大气、地下水及地表水环境不受污染。场址的选择通常要遵循两条原则：一是场地能满足防止污染的需要；二是经济合理。

填埋场地的选择一般要考虑以下因素。

(1) 具有良好的自然地理及地质条件

① 卫生填埋场应位于城市常年（主要是夏季）主导风向和城市饮用水源的下游并远离引用水源。

② 场址原则上应该选在渗透性弱的松散或坚硬岩层的基础之上。天然地层的渗透性≤$10^{-8} \sim 10^{-9}$cm/s，并且要求土料液≥30%，塑性指数大于15，且具有一定的厚度。

③ 场址竖向标高应不低于城市防洪标准，且不受洪涝灾害的影响，场址周围应具有很强的泄洪能力。

④ 为防止填满垃圾后由于重力作用造成沉陷、塌方而破坏防渗层，造成垃圾渗滤液渗漏污染地下水，场址最好是独立的水文地质单元。

(2) 具有一定的填埋容量 任何一个卫生填埋场，其建设都需要满足一定的服务年限的要求。《城市生活垃圾卫生填埋技术规范》（CJJ 17—2004）规定：一般垃圾场服务年限不应少于10年，特殊情况下不少于8年，较大规模的填埋场不应少于20年。填埋容量大的场址，单位面积填埋容量大，单位容量投资成本低。

(3) 具有良好的外部条件 首先，场址周围有充足的覆土土源。其次，场址与城区的距离适中。再次，场址应少占或不占耕地及拆迁工程量小。最后，应有方便的外部交通、可靠的供电电源和充足的供水条件。

(4) 满足市政规划 填埋场的选址应根据市政规划，结合城市发展来进行。

3. 填埋工程设计与施工

现代的生活垃圾卫生填埋场包括4大主要系统：防渗层系统、渗滤液收集与处理系统、填埋气体控制与处理系统、最终覆盖层系统。这样既可以有效地隔绝垃圾体和周围环境，同时也使垃圾对环境的影响降到最低。

图7-30为现代生活垃圾卫生填埋场简图。

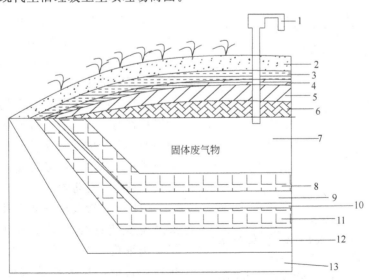

图7-30 现代生活垃圾卫生填埋场
1—排气井；2—土质封顶；3—排水层；4—土工膜；5—压实黏土；6—排气层；
7—固体废物；8—第一次淋滤液收集层；9—土工膜；10—压实黏土；
11—第二次淋滤液收集层；12—土工膜；13—压实黏土

在填埋场设计时，应充分分析和评估几个问题：废弃物堆积体的稳定性、废弃物堆积体的变形、密封层（衬垫层与封闭层）的设计问题、排放系统（渗滤液与气体）的设计问题、动力问题、污染物迁移的计算分析等。

填埋场的设计按垃圾处理常规流程进行，见图7-31。

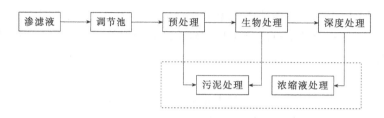

图 7-31　垃圾填埋常规工艺流程

(1) 防渗层系统　位于垃圾填埋场底部和四周的衬垫系统是一种水力隔离措施，用来将生活垃圾和周围环境隔开以避免其污染周围的土地和地下水。为了达到这一目的衬垫系统必须具有渗透性低、与所填垃圾长期兼容、吸附力高和传输系数低的特点。填埋场的衬垫系统通常包括过滤层、排水层（包括渗滤液收集系统）、保护层和防渗层等。其中防渗层的功能就是通过铺设渗透性低的材料来防止渗滤液迁移到填埋场之外的环境中，同时也防止外部的地下水进入填埋场中。

根据其铺设方向不同，可将场地防渗分为垂直防渗和水平防渗两种。

水平防渗系统是在填埋场底部铺设防渗衬垫，将渗滤液封闭于填埋场中进行有控的导出，防止渗滤液向周围渗透污染地下水，同时也阻止地下水流入填埋场。现代的生活垃圾卫生填埋场最经常采用的是双层复合衬垫防渗系统，其结构如图7-32所示。

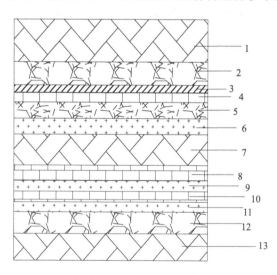

图 7-32　双层复合衬垫防渗系统
1—废物；2—渗滤液收集系统；3—保护层；
4—土工膜；5—GCL；6—保护层；
7—渗滤液收集系统；8—保护层；9—土工膜；
10—GCL；11—保护层；12—渗滤液
收集系统；13—地基

双层复合衬垫系统防渗层采用的是复合防渗层，防渗层之上为渗滤液收集系统，下方为地下水收集系统；通过在两道防渗层之间设排水层来控制和收集从填埋场中渗出的渗滤液。双层复合衬垫系统综合了复合衬垫系统和双层衬垫系统的优点：抗损坏能力强、坚固性好、防渗效果突出。

垂直防渗系统是在填埋场的一边或四周设置垂直的防渗工程，经常应用于坡地型或山谷型填埋场的防渗系统。如杭州的天子岭填埋场和南昌的麦园填埋场均采用了帷幕注浆技术进行垂直防渗。

(2) 渗滤液收集与处理系统　通过防渗层系统收集的垃圾渗滤液水质成分复杂，污染物浓度较高，需要经过处理才能进行排放。目前，垃圾渗滤液处理方法主要有生物处理法、厌氧处理法、物理化学处理法等。

生物处理具有处理效果好、运行成本低等优点，是目前垃圾渗滤液处理中采用最多的方法，包括好氧处理、厌氧处理以及好氧/厌氧结合等三种类型。

好氧处理包括活性污泥法、曝气氧化塘、生物滤池、生物转盘和生物流化床等工艺，能够有效降低渗滤液中的 BOD、COD 和氨氮，还可去除铁、锰等金属。

厌氧生物处理法具有有机负荷高、能耗少、污泥产率低、对无机营养元素含量要求较低和可提高污水可生化性等优点，非常适合于处理有机物浓度高、磷含量低、可生化性差的垃圾渗滤液。近年来，用于垃圾渗滤液处理的厌氧生物处理方法有：普通厌氧消化、两相厌氧消化、厌氧滤池、上流式厌氧污泥床和厌氧复合床等。

同生物处理法相比，物理化学方法处理成本较高，不适于大量的渗滤液的处理，但是物化方法不受水质水量变动的影响，对可生化性较差的渗滤液有较好的处理效果，通常作为渗滤液的预处理或深度处理工艺。物化方法包括混凝沉淀、化学氧化、吸附法、膜分离和氨吹脱法等。

(3) 填埋气体控制与处理系统 填埋气体的收集系统由收集井、集气柜、输气管道和抽气泵站等组成。填埋场内产生的气体，借助压差流向特定的收集井，通过输气管道引至集气柜后，再集中输往抽气泵站。富集的气体经冷凝脱水后即可供直接燃烧，或经净化处理送入内燃机或发电机组。

填埋气体的导出和收集通常有两种形式，即竖向收集导出和水平收集导出方式。前者应用较广，它是在垃圾填埋过程中逐步建成的系统，其方法是在填埋场内均匀布置立式大口径钢管，在每个钢管外砌筑竖井，当填埋厚度达到 2～5m 时，将钢管向上抽一部分，并继续砌筑，直到填埋场达到设计高度，然后将钢管移走，通过将各竖井用排气管水平连接，即可实现垃圾填埋与气体回收同步进行。

填埋气体管道排出后，利用管线将各排气管连接起来形成集气管路系统，将填埋气体收集起来。在集气系统中一般设有真空泵，使系统形成负压，有利于填埋气体的排出与收集。在真空泵后，在填埋气体回用之前设气体燃烧器。燃烧器是用来焚烧处理多余的填埋气体的。当回用气量有波动或回用厂发生故障时，多余的气体可在此烧掉，以防造成环境污染。燃烧器由金属燃烧管、引燃器和配套设施组成，如图 7-33、图 7-34 所示。

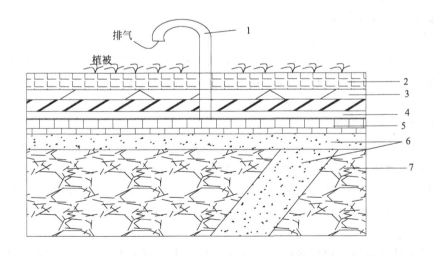

图 7-33 填埋气体的导出示意

1—集气管；2—最终覆盖层；3—排水层；4—压实土；5—集气管；6—砾石通道；7—垃圾

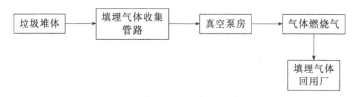

图 7-34 填埋气体导出流程

(4) 最终覆盖层系统 最终覆盖层系统是现代生活垃圾卫生填埋场的重要组成部分，主要目的是防止或减小大气降水的入渗，从而减小垃圾渗滤液的产量和气体的产量，并且可以阻止气体污染空气，阻止风雨对垃圾体的侵蚀。最终覆盖层系统见图 7-35。

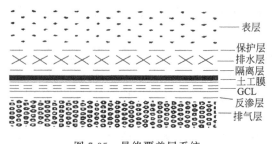

图 7-35 最终覆盖层系统

4. 防渗工程与渗滤液处理

(1) 防渗材料 目前，从国内外的实践实用看来，用于垃圾卫生填埋场应用最广泛最成功的是高密度聚乙烯膜，与其他防渗材料相比，它具有最好的耐久性。从防渗性能和经济实用角度考虑，此工程采用 1.5mm 厚度的高密度聚乙烯膜较为适当。出于摩擦性能的考虑，从安全性的角度出发，在坡面上采用毛面聚乙烯膜较好，但设计中由于有足够的黏土层，所以此工程防渗主体结构全部采用 1.5mm 厚的光面聚乙烯膜。

(2) 防渗结构 在垃圾填埋区场底、侧坡和调节池内都安装严密的防渗系统，使其密不透水，以防止污染地下水。核心部分是双层高密度聚乙烯膜，此外还设置收集层。

场底结构从上到下依次为：过滤层、主滤液收集层、保护层、主防渗层、次要滤液防渗层、次防渗层、保护层、构建底面。其相应的防渗材料设置依次为：轻型土工布、厚度为 600mm 碎石导流层、$500g/m^2$ 无纺土工布层、1.5mm 光面高密度膜、$500g/m^2$ 的无纺土工布层、1.5mm 光面高密度膜、$500g/m^2$ 的无纺土工布层、地基土。

(3) 渗滤液收集导排系统

① 渗滤液导流层（即主滤液收集层和次滤液收集层）

渗滤液主收集层：在无纺土工布保护层上铺设 600mm 的碎石层，粒径要求 20～40mm，按上粗下细进行铺设，防止填埋的垃圾堵塞砾石缝从而影响渗滤液导流的效果。

渗滤液次收集层：直接安装于主防渗层之下，目的是监测主防渗层是否渗漏，若有渗漏，则可在次盲沟中发现并收集起来。

② 渗滤液导渗盲沟 渗滤液导渗盲沟负责渗滤液的最终排放，将其从场区内排往渗滤液沉淀池和调节池进行处理。为了便于渗滤液的收集排放，在各区分别设置纵向盲沟，其中主收集层铺设直径为 $DN250mm$ 的穿孔花管，由导流层形成盲沟断面，并用 $150g/m^2$ 织质土工布包裹。次盲沟由透水和受垃圾沉降影响小的透水软管组成。当次盲沟铺好之后再开始进行中间覆盖。

③ 地下水导排系统 填埋场的工艺设计必须考虑对填埋库区底部可能存在的地下水进行导排。地下水导排沟位于渗滤液主导排沟下约 2m 处。先在沟内铺设反滤 $150g/m^2$ 土工布，然后再铺设 $DN200mm$ 的 HDPE 穿孔花管，最后回填级配碎石到地下水导排沟沟顶。

(4) 渗滤液处理工程

① 垃圾渗滤液　垃圾渗滤液呈淡茶色或暗褐色,色度在 2000～4000 之间。有浓烈的腐化臭味、成分复杂、毒性强烈、有机物含量较多。液内氯氮浓度高,BOD_5 和 COD 浓度也远超一般的污水。

垃圾渗滤液来源于三个方面:一是垃圾本身所带的水分;二是垃圾中有机物经分解后所产生的水;三是以各种途径进入垃圾填埋场的大气降水和地下水。其中进入场区的大气降水和地下水是决定渗滤液产生量的关键因素。

垃圾在填埋场产生的渗滤液与时间的关系可分为以下几个阶段:

a. 调整期　在填埋初期,垃圾体中水分逐渐积累且有氧气存在,厌氧发酵作用及微生物作用缓慢,此阶段渗滤液量较少。

b. 过渡期　本阶段滤液中的微生物由好氧性逐渐转变为兼性或厌氧性,开始形成渗滤液,可测到挥发性有机酸的存在。

c. 酸形成期　滤液中挥发性有机酸占大多数,pH 下降,COD 浓度极高,BOD_5/COD 为 0.4～0.6,可生化性好,颜色很深,属于初期的渗滤液。

d. 甲烷形成期　此阶段有机物经甲烷菌转化为 CH_4 和 CO_2,pH 值上升,COD 浓度急剧降低,BOD_5/COD 为 0.1～0.01,可生化性较差,属于后期渗滤液。

e. 成熟期　此时渗滤液中的可利用成分大大减少,细菌的生物稳定作用趋于停止,并停止产生气体,系统由无氧转为有氧态,自然环境得到恢复。

② 垃圾渗滤液处理工艺方案　从国内外渗滤液水质监测资料分析,渗滤液中 BOD_5/COD 为 0.2～0.8。开始时填埋场的渗滤液生化性较好,但随着时间的推移,其生化性将逐渐降低。城市生活垃圾卫生填埋场渗滤液属于含氮量高、有机物浓度高的污水,其流量和负荷在不断变化。故此工程拟采用生物处理与物化处理相结合的方法,并辅以深度处理,使其扬长避短,将处理效果发挥到最大限度。

采用的设备有 EGSB 反应器和微滤装置 (CMF) 等。其污水处理工程拟采用 EGSB 反应器＋CASS 反应池＋微滤装置 (CMF)＋生物滤池＋反渗透 (RO) 的联合工艺,如图 7-36 所示。

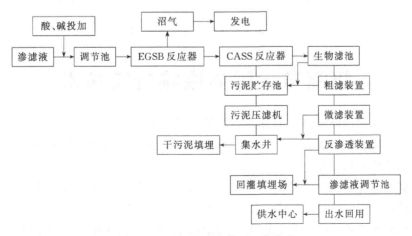

图 7-36　垃圾渗滤液处理工艺流程

5. 填埋气体收集与利用

(1) 填埋气体的主要组成　填埋气体中主要气体包括甲烷、二氧化碳、氨、一氧化碳、氢、硫化氢、氮和氧等,其中最主要的是甲烷和二氧化碳气体。

填埋气体的典型特征:温度达 43～49℃,相对密度约 1.02～1.06,为水蒸气所饱和,高位热值在 15630～19537kJ/m³。

(2) 填埋气体收集方式 考虑到填埋厚度和填埋规模等因素,一般填埋气体的收集采用垃圾单元封闭后钻井下管统一收集填埋气体。

填埋气体主动控制系统主要由抽气井、集气管、冷凝水收集井、泵站、真空源、气体处理站以及气体监测设备等组成。

通常,填埋气体主动控制系统又分为内部填埋气体收集系统和边缘填埋气体收集系统两类。内部填埋气体收集系统常用来回收填埋气体、控制臭味和地表排放。边缘填埋气体收集系统主要是回收并控制填埋气体的横向地表迁移。采用周边抽气井抽气。

(3) 冷凝液收集和排放 填埋气体在输送过程中,会逐渐变凉而产生含有多种有机和无机化学物质及具有腐蚀性的冷凝液。这些冷凝液能引起管道振动,限制气流,增加压力差,阻碍系统运行。为此要设置冷凝液收集系统,一般冷凝液收集井安装在气体收集管道的最低处,避免增大压差和产生振动。

(4) 气体输送系统 收集的气体最终汇集到总干管,经鼓风机将其输送到燃气发电厂。其输送管道材料采用 PE。

(5) 填埋气体的利用 因填埋场工程较大,处理的垃圾量也较大,产生的沼气数量可观,持续的时间长,所以本工程主要把填埋气体用作发电。气体处理与利用工艺流程如图 7-37 所示。

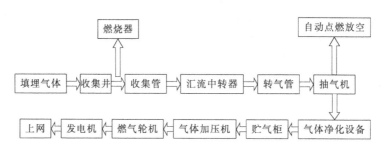

图 7-37 填埋气体的处理与利用工艺流程

第四节 固体废物焚烧技术

城市生活废弃物焚烧是将可燃性生活固体废物与空气中的氧在高温(一般为 900℃ 左右,炉心最高温度可达 1100℃)下发生燃烧反应,使其氧化分解,达到减容、解毒、除害并回收能源的高温处理过程。

通过焚烧处理,废物的体积可减少 80%～95%,残余物为化学性质比较稳定的无机质灰渣,燃烧过程中产生的有害气体和烟尘经处理后可达标排放。

焚烧是目前世界各国广泛采用的城市垃圾处理技术,大型的配备有热能回收与利用装置的垃圾焚烧处理系统,由于顺应了回收能源的要求,正逐渐上升为焚烧处理的主流。国外工业发达国家和地区,特别是日本和西欧,普遍致力于推进垃圾焚烧技术的应用。国外城市垃圾处理方式见表 7-8。

表 7-8 国外城市垃圾处理方式

国家	总量/万吨	填埋/%	焚烧/%	堆肥/%	利用/%
美国	32746	62	10	0	28
日本	5077	12	72.8	8.7	6.5
英国	2000	83	13	0	4
加拿大	2509	73	4	0	23
德国	3380	61	36	3	0
法国	2000	45	42	10	3
意大利	2000	74	16	7	3
西班牙	1330	64	6	17	13
比利时	358	49	35	0	16
奥地利	290	48	24	8	20
丹麦	180	16	71	4	9
芬兰	130	65	4	15	16
爱尔兰	910	97	0	0	3
卢森堡	180	22	75	1	2
荷兰	770	45	35	5	15
挪威	220	67	22	5	6
葡萄牙	265	0	90	10	0
瑞典	320	30	60	0	10
瑞士	370	11	76	13	0
新加坡	292	35	65	0	0

我国城市垃圾处理起步较晚,截至 1992 年底,全国垃圾、粪便清运量已达 11264 万吨,而垃圾、粪便无害化处理厂仅有 371 座,处理总能力 71501t/d。近几年各地根据实际情况,我国许多城市对垃圾处理技术进行了有益的探索。杭州、常州、天津、绵阳、北京、武汉等城市在学习国外城市垃圾处理技术经验的基础上,自行设计了具有中国特色的垃圾机械化堆肥处理生产线;深圳、乐山等城市建设垃圾焚烧厂的成功,也为各城市应用焚烧技术提供了经验;沈阳、鞍山等城市对医院垃圾实行统一管理,集中焚烧,也走出了特种垃圾处理的新路。

卫生填埋、焚烧、堆肥等三种垃圾处理方式比较见表 7-9。

表 7-9 卫生填埋、焚烧、堆肥三种垃圾处理方式比较

内容	卫生填埋	焚烧	堆肥
操作安全性	较好,注意防火	好	好
技术可靠性	可靠	可靠	可靠,国内有相当经验
占地	大	小	中等
选址	较困难,要考虑地形、地质条件,防止地表水、地下水污染,一般远离市区	易,可靠近市区建设,运输距离较近	较易,仅需避开居民密集区,气味影响半径小于 200m,运输距离适中
适用条件	无机物≥60%,含水量<30%,密度≥0.5t/d	垃圾低位热值≥3300kJ/kg 时不需添加辅助燃料	从无害化角度,垃圾中可生物降解有机物≥10%,从肥效出反应>40%
建设投资	较低	较高	适中
资源回收	无现场分选回收实例,但有潜在可能	前处理工序可回收部分原料,但取决于垃圾中可利用物的比例	前处理工序可回收部分原料,但取决于垃圾中可利用物的比例
地表水污染	有可能,但可采取措施减少可能性	在处理厂区无,在炉灰填埋时,其对地表水污染的可能性比填埋小	在非堆肥物填埋时与卫生填埋相仿
地下水污染	有可能,虽可采取防渗措施,但仍然可能发生渗漏	灰渣中没有有机质等污染物,仅需填埋时采取固化等措施可防止污染	重金属等可能随堆肥制品污染地下水
大气污染	有,但可用覆盖压实等措施控制	可控制,但二噁英等微量剧毒物需采取措施控制	有轻微气味,污染指标可能性不大
土壤污染	限于填埋场区	无	需控制堆肥制品中重金属含量

一、焚烧技术的发展历史

焚烧作为一种处理生活垃圾的专用技术,其发展历史与其他垃圾处理方法相比短得多,

大致经历了三个阶段：萌芽阶段、发展阶段和成熟阶段。

萌芽阶段是从 19 世纪 80 年代开始到 20 世纪初。1874 年和 1885 年，英国诺丁汉和美国纽约先后建造了处理生活垃圾的焚烧炉。1896 年和 1898 年，德国汉堡和法国巴黎先后建立了世界上最早的生活垃圾焚烧厂，开始了生活垃圾焚烧技术的工程应用。其中汉堡垃圾焚烧厂被誉为世界上第一座城市生活垃圾焚烧厂，由于技术原始和垃圾中可燃物的比例低，在焚烧过程中产生的浓烟和臭味对环境的二次污染相当严重，直到 20 世纪 60 年代垃圾焚烧并没有成为主要的垃圾处理方法。

从 20 世纪初到 20 世纪 60 年代末，生活垃圾焚烧技术进入发展阶段。在西方发达国家，随着城市建设规模的扩大，城市生活垃圾产量也快速递增，原来的垃圾填埋场已经饱和，垃圾焚烧减量化水平高的优势重新得到了高度重视。

自 20 世纪 70 年代以来，随着烟气处理技术和焚烧设备高新技术的发展，促进垃圾焚烧技术进入成熟阶段，能源危机引起人们对垃圾能量的兴趣。随着人们生活水平的提高，生活垃圾中可燃物、易燃物的含量大幅度增长，这就提高了生活垃圾的热值，为这些国家应用和发展生活垃圾焚烧技术提供了先决条件。这一时期垃圾焚烧技术主要以炉排炉、流化床和旋转窑式焚烧炉为代表。

我国垃圾焚烧技术最早是在 20 世纪 30 年代上海租界内建立的焚烧炉，但真正意义上的垃圾焚烧厂始建于 1988 年的四川乐山凌云垃圾焚烧厂和深圳垃圾焚烧厂。进入 21 世纪以后，垃圾焚烧与热能利用技术得到了快速发展。国内相继建立了许多生活垃圾焚烧厂，但是同发达国家相比，我国垃圾焚烧技术刚刚起步，目前还远远不能满足日益增长的需要，制约我国推广垃圾焚烧技术的主要因素有：

① 大部分城市的生活垃圾的低位热值较低，不能达到自燃的要求；
② 城市生活垃圾中灰渣含量较高，制约了焚烧减量化效益的发挥；
③ 国内尚未系统掌握垃圾焚烧技术，在建设与运行中均缺乏可靠的技术支持；
④ 现代化垃圾焚烧属高成本技术，建设筹资难度较大。

二、垃圾焚烧技术的特点

目前通用的垃圾焚烧炉主要有炉排式、流化床式和旋转窑式焚烧炉。在焚烧炉设备的技术细节方面，国外大量垃圾焚烧经验表明：对于生活垃圾而言，机械炉排焚烧炉与流化床焚烧炉均具有较好的适应性；而对于危险废物，回转窑焚烧炉适应性更强。

焚烧法具有以下许多独特的优点。

(1) 无害化 垃圾经焚烧处理后，垃圾中的病原体被彻底消灭，燃烧过程中产生的有害气体和烟尘经处理后达到排放要求。

(2) 减量化 经过焚烧，垃圾中的可燃成分被高温分解后，一般可减重 80%、减容 90% 以上，可节约大量填埋场占地。

(3) 资源化 垃圾焚烧所产生的高温烟气，其热能被废热锅炉转变成蒸汽，用来供热或发电，垃圾被作为能源来利用，还可回收铁磁性金属等资源。

(4) 经济性 垃圾焚烧厂占地面积小，尾气经净化处理后污染较小，可以靠近市区建厂，既节约用地又缩短了垃圾的运输距离，随着对垃圾填埋的环境措施要求的提高，焚烧法的操作费用可望低于填埋法。

(5) 实用性 焚烧处理可全天候操作，不易受天气影响。

三、垃圾焚烧工艺流程

1. 焚烧系统

实际上,垃圾焚烧系统应包括整个垃圾焚烧厂,即从垃圾的前处理到烟气处理整个过程。此处的焚烧系统仅指垃圾进入焚烧炉内燃烧生成产物(气和渣)及排出的过程,即焚烧系统只涉及垃圾的接收、燃烧、出渣、燃烧气体的完全燃烧以及为保证完全燃烧助燃空气的供应等,如图 7-38 所示。

图 7-38 垃圾焚烧炉的燃烧过程

焚烧系统与前处理系统、余热利用系统、助燃空气系统、烟气处理系统、灰渣处理系统、废水处理系统、自控系统等密切相关。垃圾焚烧工艺流程见图 7-39。

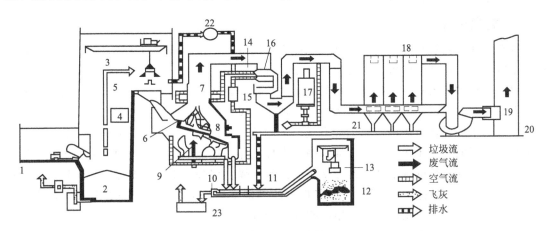

图 7-39 垃圾焚烧工艺流程

1—倾卸平台;2—垃圾贮坑;3—抓斗;4—操作室;5—进料口;6—炉排干燥段;7—炉排燃烧室;
8—炉排后燃烧段;9—焚烧炉;10—灰渣;11—出灰输送带;12—灰渣贮坑;13—出灰抓斗;
14—废气冷却室;15—热交换器;16—空气预热器;17—酸性气体去除设备;18—滤袋积尘器;
19—引风机;20—烟囱;21—飞灰输送带;22—抽风机;23—废水处理设备

2. 焚烧炉

焚烧炉是焚烧过程的关键和核心,它为垃圾燃烧提供了进行的场所和空间。

焚烧炉可以从不同角度进行分类。按焚烧室的多少可分为:单室焚烧炉和多室焚烧炉;按炉型分为固定炉排炉、机械炉排炉、流化床炉、回转窑炉和气体熔融炉等。图 7-40 为机械炉排炉燃烧示意图。

垃圾在焚烧炉中燃烧过程包括:①固体表面的水分蒸发;②固体内部的水分蒸发;③固体中挥发性成分的着火燃烧;④固体碳的表面燃烧;⑤完成燃烧(燃烬)。

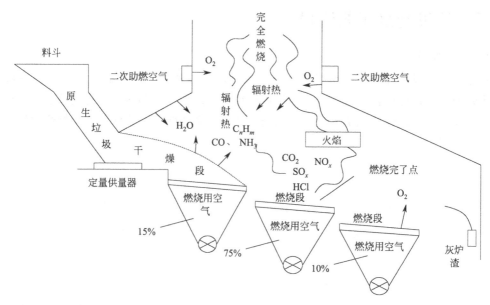

图 7-40 机械炉排炉燃烧示意

以上①和②为干燥过程；③~⑤为燃烧过程。

3. 焚烧过程

物料从送入焚烧炉起，到形成烟气和固态残渣的整个过程总称为焚烧过程。焚烧过程包括三个阶段：干燥加热阶段、燃烧阶段、燃尽阶段。

(1) 干燥加热阶段　对机械送料的运动式炉排炉，从物料送入焚烧炉起，到物料开始析出挥发分和着火这一段时间，都认为是干燥加热阶段。

垃圾的干燥包括：炉内高温燃烧空气、炉侧壁以及炉顶的放射热的干燥；从炉排下部提供的高温空气的通气干燥；垃圾表面和高温燃烧气体的接触干燥；垃圾中部分的燃烧干燥。

利用炉壁和火焰的辐射热，垃圾从表面开始干燥，部分产生表面燃烧。干燥垃圾的着火温度一般为200℃左右。如果提供200℃以上的燃烧空气，干燥的垃圾便会着火，燃烧便从这部分开始。垃圾在干燥段上的停留时间约为30min。

(2) 燃烧阶段　在干燥阶段基本完成后，如果炉内温度足够高，且又有足够的氧化剂，物料就会很顺利地进入真正的焚烧阶段——燃烧阶段。

燃烧阶段是燃烧的中心部分。在干燥段垃圾干燥、热分解产生还原性气体，在本段产生旺盛的燃烧火焰，在后燃烧段进行静态燃烧。燃烧段和后燃烧段界线称为"燃烧完了点"。即使垃圾特性变化，但也应通过调节炉排速度而使燃烧完了点位置尽量不变。垃圾在燃烧段的停留时间约30min，总体燃烧空气的60%~80%在此段供应。为了提高燃烧效果，均匀地供应垃圾，垃圾的搅拌混合和适当的空气分配（干燥段、燃烧段和燃烬段）等极为重要。空气通过炉排进入炉内，所以空气容易从通风阻力小的部分流入炉内。但空气流入过多部分会产生"烧穿"现象，易造成炉排的烧损并产生垃圾熔融结块。因此，设计炉排具有一定且均匀的风阻很重要。

燃烧阶段包括了三个同时发生的化学反应模式。

① **强氧化反应**　物料的燃烧包括物料与氧发生的强氧化反应过程。

② **热解**　热解是在缺氧或无氧条件下，利用热能破坏含碳高分子化合物元素间的化学

键,使含碳化合物破坏或者进行化学重组的过程。

③ 原子基团碰撞　在物料燃烧过程中,还伴有火焰的出现。燃烧火焰实质上是高温下富含原子基团的气流造成的。由于原子基团电子能量的跃迁、分子的旋转和振动等产生量子辐射,产生红外热辐射、可见光和紫外线等,从而导致火焰的出现。

(3) 燃尽阶段　将燃烧段送过来的固定碳素及燃烧炉渣中未燃尽部分完全燃烧。垃圾在燃尽段上停留约 1h。保证燃尽段上充分的停留时间,可将炉渣的热灼减率降至 1%～2%。此时参与反应的物质的量大大减少了,而反应生成的惰性物质、气态的 CO_2、H_2O 和固态的灰渣则增加了。

4. 影响焚烧过程的因素

(1) 焚烧温度　废物的焚烧温度是指废物中有害组分在高温下氧化、分解直至破坏所需达到的温度。它比废物的着火温度要高得多。

合适的焚烧温度是在一定的停留时间下由实验确定的。大多数有机物的焚烧温度范围在 800～1000℃,通常在 800～900℃ 左右为宜。我国《生活垃圾焚烧污染控制标准》(GB 18485—2001)中规定烟气出口温度≥850℃。

(2) 停留时间　烟气停留时间即燃烧气体从最后空气喷射口或燃烧器到换热面(如余热锅炉换热器等)或烟道冷风引射口之间的停留时间。

停留时间的长短直接影响废物的焚烧效果、尾气组成等,停留时间也是决定炉体容积尺寸和燃烧能力的重要依据。

一般情况下,应尽可能通过生产模拟试验来获得设计数据。对缺少试验手段或难以确定废物焚烧所需时间的情况,可参阅经验数据。对于垃圾焚烧,如温度维持在 850～1000℃ 之间,并有良好的搅拌和混合时,燃烧气体的燃烧室的停留时间约为 1～2s。

(3) 搅混强度　为使废物燃烧完全,减少污染物形成,必须使废物与助燃空气充分接触、燃烧气体与助燃空气充分混合,可使用流化床燃烧炉用以增强搅混强度。图 7-41 为流化床结构示意图。

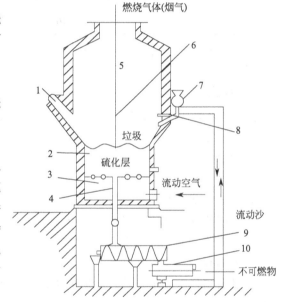

图 7-41　流化床结构示意图
1—助燃气;2—硫化介质;3—散气板;4—不燃物排出管;5—二次燃烧室;6—硫化床炉内;7—供料器;8—二次助燃喷射口;9—硫化介质循环室;10—不燃物排出装置

第五节　餐厨垃圾资源化

一、餐厨垃圾现状

餐厨垃圾是指居民在生活消费过程中形成的生活废物,极易腐烂变质,散发恶臭,传播细菌和病毒。餐厨垃圾主要包括米和面粉类、蔬菜、动植物油、肉骨等食物残余,其主要成分是淀粉、植物纤维、动物蛋白和脂肪类等有机物，同时还存在废餐具、塑料、包装物等多种其他垃圾。

餐厨垃圾是城市生活垃圾的主要组成部分，在城市垃圾中所占比例北京37%、天津54%、上海59%、沈阳62%、深圳57%、广州57%、济南41%。与其他垃圾相比，具有含水量、有机物含量及盐分含量高，营养元素丰富等特点，具有很大的回收利用价值。

据统计，目前我国有酒店、餐馆近350万家，每天产生的餐厨垃圾数量十分惊人。2008年，北京市日产餐厨垃圾将达到1200t左右，我国的另一大城市上海，日产餐厨垃圾也接近1000t，中国城市每年产生餐厨垃圾不低于6000万吨。餐厨垃圾已经成为可以影响我们健康和周围环境安全的重要因素，采取有效的方式管理和控制餐厨垃圾的产生，合理安全处置餐厨垃圾刻不容缓。

二、餐厨垃圾主要成分与特性

1. 主要成分

餐厨垃圾主要含有C、H、O、N、S、Cl等化学元素，其详细情况见表7-10所示。

表7-10 餐厨垃圾的主要元素

元素	C	H	O	N	S	Cl
含量/%	43.52	6.22	34.50	2.79	<0.3	0.21

2. 特性

餐厨垃圾的特性主要有：
① 产生量大；
② 含水量高（80%~90%）；
③ 含油量高；
④ 异杂物成分复杂；
⑤ 有机物含量高（90%以上，以干基计）；
⑥ 易腐烂，腐烂时散发恶臭气味；
⑦ 餐厨垃圾产生源复杂；
⑧ 随着地区、季节、饮食习惯的不同，产出的餐厨垃圾组分、营养成分和纤维含量也会变化。

三、餐厨垃圾的危害

(1) 污染环境、影响市容 因餐厨垃圾含有较高的有机质和水分，容易受到微生物的作用，而发生腐烂变质现象；且废弃放置时间越久，腐败变质现象就越发严重。

(2) 危害人体健康 餐厨垃圾中的肉类蛋白以及动物性的脂肪类物质，主要来自于提供肉类食品的那些牲畜家禽，牲畜在直接吃食未经有效处理的餐厨垃圾后，容易发生同源性污染，危害人体健康，并可能促使某些致命疾病的传播。如1986年英国出现的疯牛病、口蹄疫等。

(3) 传播疾病 餐厨垃圾的露天存放会招致蚊蝇鼠虫的大量繁殖，其是疾病流传的主要媒介。

(4) 加重污水处理厂负担 餐厨垃圾堆放时产生的下渗液进入到污水处理系统，会造成有机物含量的增加，从而加重污水处理厂的负担，增加运行成本。

四、餐厨垃圾资源化及处理技术

餐厨垃圾现在统一按固体废物处理方法处理。处理方法主要有物理法、化学法、生物法等；具体的处理技术有填埋、焚烧、堆肥、发酵等方式，总之其资源化再利用呈现多样化的趋势，其总体处理工艺流程见图 7-42 所示。

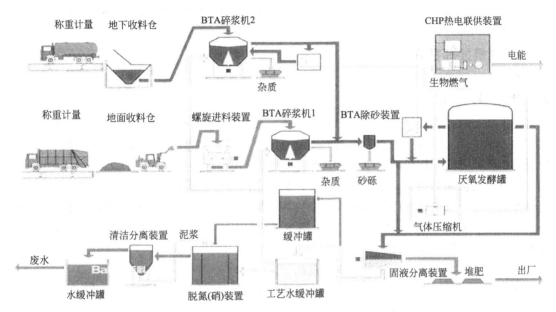

图 7-42　餐厨生活垃圾处理工艺流程

1. 餐厨垃圾饲料化

餐厨垃圾的营养物质，主要成分是油脂和蛋白质，可以替代玉米、鱼粉、粕等加工成高能蛋白优质饲料，也是制取生物柴油的适合原料。按干物质含量计算，5000 万吨餐厨垃圾相当于 500 万吨的优质饲料，内含的能量相当于每年 1000 万亩耕地的能量产出量，内含的蛋白质相当于每年 2000 万亩大豆的蛋白质产出量。也就是说，如果我国一年产出的餐厨垃圾全部得以利用，相当于节约了 1000 万亩耕地。

餐厨垃圾饲料化的主要技术有生物法和物理法。

（1）**生物法**　生物法采取微生物发酵技术制成发酵饲料，这种处理工艺一般周期较长，需要对菌种进行选择管理，工艺较复杂。将经粉碎机粉碎、脱水、加氨中和、灭菌后的餐厨废弃物及泔水物料与通过流量控制器混合控制的酵母和微生物生物菌种进行混合接种后经计算机控制分批进行固体发酵，再经干燥、磨粉、化验及包装制成高钙多维酵母蛋白饲料。餐厨垃圾生物法处理工艺见图 7-43。

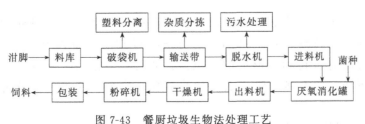

图 7-43　餐厨垃圾生物法处理工艺

(2) 物理法 物理法是将餐厨垃圾脱水后进行干燥消毒，粉碎后制成干饲料。用于制造饲料时，将计量桶内经处方计量混合的厨余垃圾送入卧式搅拌槽，以 100～150℃ 的温度进行搅拌、蒸煮、杀菌后送至脱水机脱水至适当含水量后再进入待料槽；然后由待料槽将脱水后厨余垃圾送入卧式搅拌槽以 120～150℃ 温度进行搅拌干燥，并由油脂贮槽及添加剂贮槽依其配方计量添加适量的油脂及其他营养素，至含水量降至规范要求而制成半成品，送至饲料半成品贮桶；最后依所需将半成品经由造粒机或粉碎机制成颗粒状或粉剂状的鱼、禽、畜饲料或农业用的有机肥料。

2. 焚烧处理技术

焚烧是将可燃性固体废物与空气中的氧在高温下发生燃烧反应，使其氧化分解，达到减容、去除毒性并回收能源的目的。

将生活垃圾作为固体燃料送入炉膛内燃烧，在 800～1000℃ 的高温条件下，城市生活垃圾中的可燃组分与空气中的氧进行剧烈的化学反应，释放出热量并转化为高温的燃烧气体和少量的性质稳定的固体残渣。当生活垃圾有足够的热值时，生活垃圾能靠自身的能量维持自燃，而不用提供辅助燃料。经过焚烧处理，垃圾中的细菌、病毒等能被彻底消灭，各种恶臭气体得到高温分解，烟气中的有害气体经处理达标后排放。但是因餐厨垃圾中含有大量的水分（含水率一般在 80%～90%），故焚烧所消耗的热量很大程度上被用于水分的蒸发上，运行费用高，在经济上不合理。

餐厨垃圾焚烧处理技术的主要优缺点如下。

优点：①焚烧处理量大，减容性好；②热量用来发电可以实现垃圾的能源化。

缺点：①对垃圾低位热值有一定要求；②餐厨垃圾水分含量高会增加焚烧燃料的消耗，增加处理成本；③焚烧厂垃圾贮坑贮存，会增加坑内的浸出水量。

由于生活习惯不同及餐厨垃圾收集分类程度的不同，我国餐厨垃圾与国外餐厨垃圾差异较大，其特点是热值低、含水量高，很难进行焚烧处理，另外焚烧处理投资过高，国内外应用经验较少，不是餐厨垃圾处理的主流技术。

3. 堆肥处理

堆肥反应是利用微生物使有机物分解、稳定化的过程，因此微生物在堆肥过程中起着十分重要的作用。

堆肥初期常温细菌（或称中温菌）分解有机物中易分解的糖类、淀粉和蛋白质等产生能量，使堆层温度迅速上升，称为升温阶段。

但当温度超过 50℃ 时，常温菌受到抑制，活性逐渐降低，呈孢子状态或死亡，此时嗜热性微生物逐渐代替了常温性微生物的活动。有机物中易分解的有机质除继续被分解外，大分子的半纤维素、纤维素等也开始分解，温度可高达 60～70℃，称为高温阶段。

温度超过 70℃ 时，大多数嗜热性微生物已不适宜，微生物大量死亡或进入休眠状态，堆肥过程在高温持续一段时间后，易分解的或较易分解的有机物已大部分分解，剩下的是难分解的有机物和新形成的腐殖质。此时，微生物活动减弱，产生的热量减少，温度逐渐下降，常温微生物又成为优势菌种，残余物质进一步分解，堆肥进入降温和腐熟阶段。

餐厨垃圾集中堆肥资源化处理工艺流程见图 7-44。

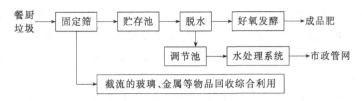

图 7-44 餐厨垃圾集中堆肥资源化处理工艺流程

在整个堆肥过程中，含水率 80%~90% 的餐厨垃圾由专用收集车运至集中处理厂，首先进入固定筛粗选，被截流的玻璃、金属等物品由人工清理回收综合利用；之后自流进入贮存池，在贮存池设置带切碎功能的污泥泵，餐厨垃圾经粉碎提升后进入脱水机，经过脱水机处理后进入到发酵装置进行好氧堆肥，如果使用高温快速发酵在定时投加菌种的前提下经过 24~48h 发酵就可以产出成品。

脱水机排放的废液进入调节池，经泵提升进入水处理系统处理后，达标排入市政管网。

4. 厌氧消化处理

(1) 基本原理 厌氧消化是无氧环境下有机质的自然降解过程，在此过程中微生物分解有机物，最后产生甲烷和二氧化碳。影响反应的环境因素主要有温度、pH、厌氧条件、C/N、微量元素（如 Ni、Co、Mo 等）以及有毒物质的允许浓度等。

(2) 工艺流程 餐厨垃圾处理系统主要包括以下几个部分：进料与预处理单元、厌氧消化单元、残渣脱水单元、生物气利用单元。餐厨垃圾厌氧消化工艺流程见图 7-45。

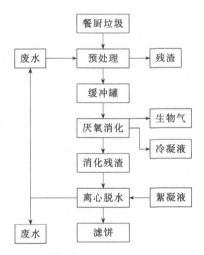

图 7-45 厌氧消化工艺流程

① 预处理 餐厨垃圾经过收运车辆的运输到达处理场地后，倾倒入进料池内。由于在餐厨垃圾产生地如餐馆，饭店收集垃圾时会使用塑料包装袋，因此进料垃圾首先进行破袋处理，破袋后的垃圾再进入预处理阶段，进行机械预处理。

收运来的餐厨垃圾中通常会含有一定量的干扰物质，如纸张、金属、骨头等。这些物质在厌氧发酵过程中不能被降解，因此应在预处理阶段被分选出去。纸张和金属类物质可循环利用，其他的物质进入填埋场进行卫生填埋。

分选后的餐厨垃圾中仍然含有颗粒较大的物质，如水果、蔬菜、肉块等。颗粒较大的垃圾在输送管道内输送或在容器内搅拌时可能对设备的稳定运行产生影响，同时颗粒较大的物质比表面积较小，这样会使得垃圾颗粒在反应器内与厌氧菌的接触面积减小，降低厌氧发酵降解效果。为增强处理过程中设备运行的稳定性以及提高厌氧发酵的效果，在进行分拣后，餐厨垃圾通常需再进行粉碎处理，粉碎后的垃圾颗粒根据不同工艺要求不同，通常情况下颗粒大小在10mm左右。

② 水解酸化　经过预处理的餐厨垃圾进入水解酸化罐内进行水解酸化。在此之前，可以设置热交换设备，使得垃圾在管道输送过程中实现升温，达到水解酸化所需温度，从而避免反应器内温度出现较大的起伏变化。

有机垃圾在反应器内经过水和水解酸化菌的作用下，由块状、大分子有机物，逐步转化成为小分子有机酸类，同时释放出二氧化碳、氢气、硫化氢等气体。水解酸化阶段产生的有机酸主要是乙酸、丙酸、丁酸等。由于水解酸化过程进行得很快，反应器内很快形成酸性环境，也就是说pH在降低。尽管水解酸化菌的耐酸性很好，当pH过低时，菌类仍然会受到抑制，导致降解效果低下。

为解决这一问题，可向反应器内加入碱性物质进行中和，但碱性物质的加入会增加盐度，对厌氧发酵和沼液处理产生负面影响。此外为解决pH过低的问题，也可使用pH较高（约8）的循环回流水进行中和。回流水的使用可部分解决发酵后沼液处理问题，实现厌氧发酵厂内的物质循环利用。同时使用回流水也可补充部分养料及稀有金属供给厌氧菌使用，避免菌类因营养缺乏引起的活性下降甚至死亡。

水解酸化阶段产生的气体中含有硫化氢，不能直接排放进入空气，经过脱硫处理后气体可直接排放或作其他用途。

水解酸化阶段的温度通常控制在25～35℃，并且不会随着产甲烷阶段的温度变化而改变。维持反应器内温度可使用沼气热点联产后产生的热量实现。

③ 产甲烷　产甲烷阶段也可称为产气阶段，这一阶段是厌氧发酵的核心阶段，厌氧发酵的主要产品都来自于这一阶段，因此，控制好这一阶段是控制好整个厌氧处理的关键。

水解酸化阶段的产物如有机酸类和溶解在液体中氢气、二氧化碳等通过管道运输进入产甲烷罐中，有机酸和气体在反应器内被进一步转化为甲烷气体和二氧化碳气体，由于硫化氢在水解酸化阶段已经释放出去，在产甲烷阶段的硫化氢产量很小，几乎可以忽略不计。

由于进入产甲烷罐的物料为水解酸化后的有机酸，因此反应器可以适应较高的有机负荷，同时缩短物料的停留时间。根据国外现有经验表明，反应器的有机负荷通常在3～4.5kg/(m³·d)。沼气产量可稳定保持在700～900L/kg之间，沼气中甲烷浓度在60%～75%间。

影响厌氧发酵的因素有很多，如反应器内的温度，pH，进料垃圾的碳氮比等，这些因素直接影响厌氧降解的稳定性。表7-11中列出了影响厌氧降解过程的各种因素及其工艺适宜值。

表7-11　厌氧降解影响因素及其工艺适宜值

影 响 因 素	水解酸化阶段	产甲烷阶段
温度	25～35℃	中温：35～38℃ 高温：55～60℃
酸碱值(pH)	5.2～6.3	6.8～7.5
碳氮比(C/N)	10～45	20～30
固含量	<40% TS	<30% TS
养料 C∶N∶P∶S	500∶15∶5∶3	600∶15∶5∶3
微量元素	无要求	镍、铬、锰、硒

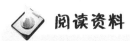 阅读资料

垃圾回收的意义

中国每年使用塑料快餐盒达 40 亿个，方便面碗 5 亿~7 亿个，废塑料占生活垃圾的 4%~7%。生产垃圾中有 30%~40% 可以回收利用，应珍惜这个小本大利的资源。

1t 易拉罐熔化后能结成 1t 很好的铝块，可少采 20t 铝矿，废旧易拉罐可无数次循环再利用，每次循环可节能 95% 左右。

回收 1t 废纸，可重新造出好纸 800kg，可节省木材 300kg，等于少砍 17 棵树；处理回收 100 万吨废纸，即可避免砍伐 600km^2 以上的森林。

回收 1t 废塑料，可回炼 600kg 无铅汽油和柴油；也可造 800kg 塑料粒子，节约增塑剂 200~300kg，节电 5000 度。

回收 1t 废玻璃，可再造 2500 个普通 500g 装酒瓶，节电 400 度，并能减少空气污染。

回收 1t 废钢铁可炼好钢 0.9t；1t 餐厨垃圾经生物处理后可生产 0.3t 优质肥料。

填埋 1 万吨垃圾，如果按堆高 1m 来计算，会占地 12.9 亩，超过 1 个标准足球场的面积。

填埋一次性塑料制品，需要 200 年以上才能降解，并且使土质恶化，农作物减产。

一节 1 号电池烂在土地里，能使 1m^3 的土壤永久失去利用价值；一粒纽扣电池可使 600t 水受到污染，相当于一个人一生的饮水量。

如果生活垃圾不进行分类，不但浪费了宝贵的自然资源，而且会加大处置成本，占用更多的土地资源，造成更大的环境污染，影响人民的身体健康。

第八章 农村生活污水处理与回用

我国是农村人口数量巨大的国家，然而在我国绝大多数的农村生活污水未经处理就直接排放，现已造成严重的农村水环境污染，已影响到我国现代新农村的建设。农村生活污水一般为轻度污染，可生化性强，污水水量不大但变化幅度较大。

本章主要介绍我国目前常用的农村生活污水水处理工艺：好氧生物处理、人工湿地、稳定塘和土壤地下渗滤等工艺的工作原理、特点。

第一节 农村生活污水处理

我国是农业大国、人口大国，水资源严重短缺，人均水资源占有量仅 2200m³，预计到 2030 年我国人均水资源占有量将从现在的 2200m³ 降到 1700～1800m³，需水量接近水资源可开发利用量，缺水问题将更加突出。

一、我国农村生活污水现状

我国农村地区人口多、村庄分布散、经济实力薄弱，加上长期公共财政对农村投入不足，使得农村生活环境长期处于较差水平，更加忽视了农村污水处理问题。

据统计全国农村每年排放生活污水约 80 多亿吨，而 96% 的村庄没有排水渠道和污水处理系统，生活污水随意排放，农村生活污水更是不经处理直接排放，造成河流、水塘污染，以及周边水环境恶化，并进一步威胁群众的身体健康。

生活污水已经成为当前农村地区的主要污染源之一，严重污染了农村的生态环境，生活污水是水环境的重要污染源，以太湖流域为例，水环境治理区内农村生活污水排放量占所有污染源排放量的比例为 COD33.47%、氨氮 22.69%、TN 21.16%、TP50.04%。

农村生活污水直接威胁广大农民群众的身体健康，主要表现在：①未经处理的生活污水自流到地势低洼的河流、湖泊和池塘等地表水体中，严重污染各类水源；②生活污水也是疾病传染扩散的载体，容易造成部分地区传染病、地方病和人畜共患疾病的发生与流行。在浙江省丽水市农民家庭用水水质的抽样检测结果中，63 个水样中大肠杆菌、浑浊度等主要指标超标的占 72%。水源地水质低的状况与农村生活污水未经处理直接排放有直接因果关系。

2007 年中国各地农村生活污水产量见表 8-1。

农村目前的生活污水处理状况主要体现在以下方面。

(1) 农村卫生设施拥有比例很低 长期以来，我国农村卫生条件恶劣，垃圾随意倾倒，脏乱问题严重，厕所多沿街沿河修建，河水兼有饮用、洗衣、洗菜、排污等功能。传统农村的生活污水问题长期以来是依赖农村自然环境的自净方式解决的。但是，随着我国人口增长，环境负荷越来越重，生活污水通过各种途径排入和沉积在村边沟渠和村庄地面，最终进入水体，并超过自然界的自净能力，成为农村环境恶化的重要因素。

表 8-1　2007 年中国各地农村生活污水产生量

地　区	乡村人口		城市人均生活用水量/L	农村生活污水产量/(亿吨/年)
	人口数	比重/%		
全国	73742	56.10	188.3	91.24
北京	248	15.67	154.7	0.25
天津	261	24.27	130.4	0.22
河北	4246	61.56	132.6	3.70
山西	1923	56.99	126.6	1.60
内蒙古	1231	51.36	105.1	0.85
辽宁	1752	41.01	134.1	1.54
吉林	1281	47.03	131.3	1.10
黑龙江	1778	46.50	139.0	1.62
上海	205	11.30	213.1	0.29
江苏	3632	48.10	204.6	4.88
浙江	2166	43.50	230.7	3.28
安徽	3843	62.90	190.0	4.80
福建	1850	52.00	275.4	3.35
江西	2661	61.32	211.6	3.70
山东	5018	53.90	140.9	4.64
河南	6342	67.53	129.5	5.39
湖北	3199	56.20	246.4	5.18
湖南	3887	61.29	252.7	6.45
广东	3442	37.00	260.3	5.89
广西	3084	65.36	269.3	5.46
海南	451	53.90	311.5	0.92
重庆	1497	53.30	174.5	1.72
四川	5367	65.70	205.6	7.25
贵州	2725	72.54	181.2	3.24
云南	3116	69.50	223.2	4.57
西藏	202	71.79	834.8	1.11
陕西	2274	60.88	131.6	1.97
甘肃	1796	68.91	158.6	1.87
青海	333	60.74	183.6	0.40
宁夏	344	57.00	159.6	0.36
新疆	1272	62.06	173.0	1.15

根据第二次全国农业普查资料，我国农村中，饮用水经过集中净化处理的村占 24.5%，有畜禽集中养殖区的村占 8.2%，养殖区有畜禽粪便无害化处理设施的村占 1.6%，有沼气池的村占 33.5%，完成改厕自然村的村占 20.6%，完成改厕的自然村占 16.3%。从上述数字可以看出，我国农村居民仍然面临着不洁净用水的威胁，绝大多数垃圾无法得到集中处理，有畜禽集中养殖区的村是少数，而养殖区有畜禽粪便无害化处理设施的村的比例更低，相对而言，农村沼气建设和改厕工作近年来得到了发展。

（2）农村污水处理的情况因地差异显著　经济发达地区和大城市农村的污水和垃圾处理水平明显高于其他地区。上海市饮用水经过集中净化处理的村、垃圾集中处理的村、完成改厕自然村的村和完成改厕的自然村的比重为99%，北京市的这些比例也在80%～90%，江苏省、浙江省和山东省的比例也很高。

整体上看，东部地区饮用水经过集中净化处理的村的比重为47.4%，有畜禽集中养殖区的村占12.9%，养殖区有畜禽粪便无害化处理设施的村占2.8%，有沼气池的村占22.5%，完成改厕自然村占28.5%。而中部地区的这些比重分别为9.4%、7.9%、15.9%、42.3%和15.7%。西部地区的这些比重分别为11.7%、10.3%、17.7%、42.7%和10.9%。从上述数字可以看出，东部地区有卫生处理设施的村的比重较高，其次是中部和西部地区。

(3) 农村污水处理的难度在加大　随着经济发展水平的提高，农村居民收入水平提高之后，生活方式也发生了改变，农村污水种类和城市趋同。洗衣粉以其他化学产品等在农村的普及，使农村生活污水的排放量和污染负荷在逐步增加。农村生活污水的产生量也在持续增加，但是我国农村污水处理能力远远不能和城市相比，既缺乏基本的排水设施和卫生设施，又缺乏相关的技术，造成农村生活污水的处理率和利用率极低。

二、农村生活污水的分类

农村生活污水是指家庭日常生活产生的杂排水，主要包括厨房污水、洗涤污水、牲畜养殖污水及其他污水。其中厨房污水和洗涤污水约占80%～85%，其他约占15%～20%。其显著特征是来源分散、间歇性排水、日变化系数比较大（一般3.0～5.0之间），污水中有机物和N、P等营养物质浓度高，污水组成成分复杂，但一般不含有毒物。

农村生活污水主要含纤维素、淀粉、糖类、脂肪、蛋白质等有机类物质，还含有N、P等无机盐类，其BOD_5浓度约为100～250mg/L。新鲜生活污水中细菌总数在$5×10^5$～$5×10^6$个/L，并含有多种病原体。生活污水中悬浮固体物质含量一般在200～400mg/L。污染物平均浓度见表8-2。

表8-2　生活污水污染物平均浓度　　　　　　　　　　　　　　　　　　单位：mg/L

项　目	COD_{Cr}	BOD_5	SS	pH
指标	300～350	100～250	300～350	6.5

我国农村生活污水有以下特征。

① 面广、分散　村庄分散的地理分布特征造成污水分散，难于收集。

② 来源多　除了来自人粪便、厨房产生的污水外，还有家庭清洁、生活垃圾堆放渗滤而产生的污水。

③ 增长快　随着农民生活水平的提高以及农村生活方式的改变，生活污水的产生量也随之增长。

④ 处理率低　目前我国的农村生活污水处理率较低，以浙江省丽水市的农村污染情况为例，每年全市农村人粪尿产生总量约180万吨，经化粪池处理的量约为23.03万吨，处理率仅为12.9%。

三、我国农村生活污水的处理方式

按照污水处理的作用机理和常见的处理模式两个方面，我国广大农村最常见的农村污水处理技术的处理方式分类如下。

(1) 处理的作用机理分类　　农村污水处理技术从作用机理上讲，大致可以分为：物理技术、化学技术、物理化学技术、生物处理技术等。

① 物理技术　　即用简单的物理作用分离和去除污水中不溶于水的污染物，达到净化水质的方法。如过滤、隔油、沉淀等。物理处理方法所用的设备大多较简单，易于操作，分离效果较好。

② 化学技术　　即通过化学方法进行污水的处理，在污水中加入一定的化学药剂，使水体中的污染物质被除去或被回收利用。常见的有中和、氧化还原等。

③ 物理化学技术　　即通过物理化学方法进行污水处理，除去水体中污染物的方法。常见的方法有混凝、吸附、离子交换、萃取、汽提、膜分离等。这种方法既有物理处理技术的优点，又有化学处理的优点。

④ 生物处理技术　　运用生物处理方法主要是为了去除污水中呈溶解状态或胶体状态的有机污染物。依据处理过程中有无氧气的参与，生物处理技术主要分为好氧、缺氧、厌氧三种处理方法。生物处理方法具有处理费用低廉、处理效果良好、产生的二次污染物较少的特点，因此越来越受到普遍推广。

(2) 技术处理模式分类　　根据目前国内外在农村污水处理技术上的发展，从技术处理模式上可以简单地分为分散处理与集中处理两种模式。

① 分散处理模式　　即将农户产生的污水按照一定的分区进行收集，一般以居住集中且稍大的村庄或相近的村庄联合在一起，对每一分区的污水单独进行处理。这种模式主要适用于村庄布局松散、人口规模较小、农村经济条件相对较差、主要以产生农村污水为主的地区，也适用于发达地区农村污水处理。

分散式处理模式一般选择成本低、耗能低、维修易、处理率高的污水处理设备或者技术组合。一般在污水分片收集后，采用中小型污水处理设备或自然处理等形式处理村庄污水。

分散处理技术模式具有布局灵活、施工简单、管理方便、出水水质有保障等特点。适用于村庄布局分散、规模较小、地形条件复杂、污水不易集中收集的村庄。

② 集中处理模式　　即把所有居住区内的农户产生的污水通过一定的方式统一收集起来，集中输送到污水处理厂或者统一建设一个污水处理设施来处理居住区全部的污水。

这种污水处理的过程区别于分散型的污水处理技术，往往通过一定的环境工程措施来加强对污水的处理效果。在处理过程中往往也采用厌氧-好氧等组合技术，常见的有自然处理、常规生物处理等工艺形式。

由于这种处理技术一般都需要大量的处理设备，相对工业污水处理而言，这种处理模式一般具有占地面积小、抗冲击能力强、运行安全可靠、出水水质好等特点。这种处理模式适用于农村布局相对密集、人口规模较大、经济条件好、村镇企业或旅游业发达、处于水源保护区内的单村或联村污水处理。

四、农村生活污水处理技术

目前我国农村生活污水的处理技术主要有稳定塘、厌氧沼气池、土壤渗滤、人工湿地等。

1. 稳定塘

稳定塘又称氧化塘或生物塘，是一种利用天然净化能力对污水进行处理的建筑物的总称。其净化过程与自然水体的自净过程相似，通常是将土地进行适当的人工修整，建成池塘并设置围堤和防渗层，依靠塘内生长的微生物来处理污水。主要利用菌藻的共同作用处理废水中的有机污染物。稳定塘污水处理系统具有基建投资低和运转费用低、维护和维修简单、便于操作、能有效去除污水中的有机物和病原体、无需污泥处理等优点。其结构如图 8-1 所示。

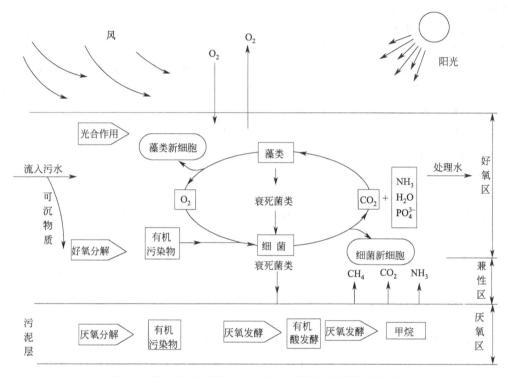

图 8-1　典型的稳定塘生态系统——兼性稳定塘进化模式

稳定塘是以太阳能为初始能量，通过在塘中种植水生植物，进行水产和水禽养殖，形成人工生态系统，在太阳能作为初始能量的推动下，通过稳定塘中多条食物链的物质迁移、转化和能量的逐级传递、转化，将进入塘中污水的有机污染物进行降解和转化，最后不仅去除了污染物，而且又可以以水生植物和水产、水禽的形式作为资源回收，净化的污水也可作为再生资源予以回收再用，使污水处理与利用结合起来，实现污水处理资源化。

在我国，特别是在缺水干旱地区，稳定塘是实施污水资源化利用的有效方法，近年来成为我国农村生活污水处理大力推广的一项技术。陈鹏采用高效藻类塘处理生活污水，取得了稳定的处理效果：COD_{Cr}、BOD_5、NH_3-N 和 TP 的平均去除率分别达到 75%、60%、91.6% 和 50%。我国已经建成稳定塘 118 座，日处理污水量 190 万吨。

2. 厌氧沼气池

农村家用沼气池示意见图 8-2。各种固体有机物在厌氧微生物的作用下，将固体有机质水解成分子量较小的可溶性单糖、氨基酸、甘油、脂肪酸。这些可溶性物质在纤维素细菌、蛋白质细菌、脂肪细菌、果胶细菌胞内酶作用下继续分解转化成低分子物质，如丁酸、丙酸、乙酸以及醇、酮、醛等简单有机物质；同时也有部分氢（H_2）、二氧化碳（CO_2）和氨（NH_3）等无机物的释放，但在这个阶段中，主要的产物是乙酸，约占 70% 以上。由产甲烷菌将第二阶段分解出来的乙酸等简单有机物分解成 CH_4 和 CO_2，其中 CO_2 在 H_2 的作用下还原成甲烷。

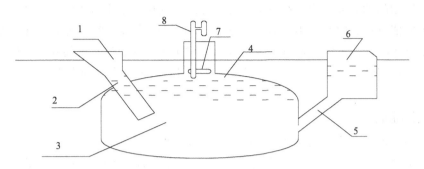

图 8-2　农村家用圆筒形沼气池示意

1—进料口；2—进料管；3—发酵间；4—贮气部分；5—出料管；6—进料间；7—活动盖；8—导气管

生活污水净化沼气池工艺流程见图 8-3。在我国农村生活污水处理的实践中，最通用、节俭、能够体现环境效益与社会效益相结合的农村生活污水处理方式是厌氧沼气池。它将污水处理与其合理利用有机结合，实现了污水的资源化。污水中的大部分有机物经厌氧发酵后产生沼气，发酵后的污水被去除了大部分有机物，达到净化目的。

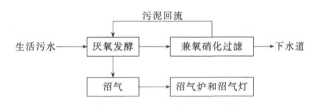

图 8-3　生活污水净化沼气池工艺流程

研究表明，农作物秸秆通过沼气发酵可以使其能量利用效率比直接燃烧提高 4~5 倍；沼液、沼渣作饲料可以使其营养物质和能量的利用率增加 20%；通过厌氧发酵过的粪便（沼液、沼渣），碳、磷、钾的营养成分没有损失，且转化为可直接利用的活性态养分——农田施用沼肥，可替代部分化肥。

3. 土壤渗滤

土壤渗滤处理是一种人工强化的污水生态工程处理技术，它充分利用在地表下面的土壤中栖息的土壤动物、土壤微生物、植物根系以及土壤所具有的物理、化学特性将污水净化，属于小型的污水土地处理系统。土壤渗滤处理如图 8-4 所示。

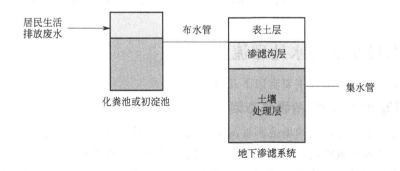

图 8-4　地下土壤渗滤系统工艺流程

地下土壤渗滤法在我国农村生活污水处理中日益受到重视。中科院沈阳应用生态所"八五"、"九五"期间的研究表明，在我国北方寒冷地区利用地下土壤渗滤法处理生活污水是可行的，且出水能够作为中水回用。清华大学在 2000 年科技部重大专项中，首先在农村地区推广应用地下土壤渗滤系统，取得了良好效果，对生活污水中的有机物和氮、磷等均具有较高的去除率和稳定性，COD_{Cr}、BOD_5、$NH_3\text{-}N$ 和 TP 的去除率分别大于 80%、90%、90% 和 98%。

4. 人工湿地

人工湿地是由人工建造和控制运行的与沼泽地类似的地面，将污水、污泥有控制地投配到经人工建造的湿地上，在污水与污泥沿一定方向流动的过程中，主要利用土壤、人工介质、植物、微生物的物理、化学、生物三重协同作用，对污水、污泥进行处理的一种技术。其作用机理包括吸附、滞留、过滤、氧化还原、沉淀、微生物分解、转化、植物遮蔽、残留物积累、蒸腾水分和养分吸收及各类动物的作用。人工湿地的结构见图 8-5。

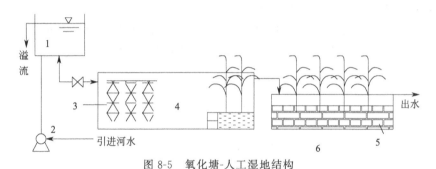

图 8-5 氧化塘-人工湿地结构

1—高位水池；2—潜水泵；3—弹性立体材料；4—氧化塘；5—导流墙；6—人工湿地

人工湿地的工艺流程见图 8-6。

图 8-6 人工湿地工艺流程

目前，北京、深圳等都采用了这一农村生活污水处理技术。云南省澄江县抚仙湖边的马料河湿地工程于 2003 年 10 月建成运行，每天可净化污水 4 万多立方米，净化后的水质优于地表水三类标准。有关研究表明，在进水污染物浓度较低的条件下，人工湿地对 BOD_5 的去除率可达 85%~95%，对 COD_{Cr} 的去除率可达 80% 以上，对磷和氮的去除率分别可达到 90% 和 60%。

五、农村生活污水处理流程

农村生活污水处理流程主要有以下几种。

1. 厌氧滤池-氧化塘-植物生态渠

该工艺适用于拥有自然池塘或闲置沟渠且规模适中的村庄，处理规模不宜超过 200t/d。

生活污水进入厌氧滤池，截流大部分有机物，并在厌氧发酵作用下，被分解成稳定的沉渣。厌氧滤池出水进入氧化塘，通过自然充氧补充溶解氧，氧化分解水中有机物。生态渠利用水生植物的生长，吸收氮磷，进一步降低有机物含量。该工艺流程如图 8-7 所示。

图 8-7　厌氧滤池-氧化塘-植物生态渠工艺流程

工艺参数：厌氧滤池停留时间≥24h，污泥清掏周期 360 天，氧化塘停留时间≥18h，生态渠水力负荷 $0.3 \sim 0.6 m^3/(m^2 \cdot d)$。

该工艺采用生物、生态结合技术，可根据村庄自身情况，因势而建，无动力消耗。厌氧滤池可利用现有净化沼气池改建，氧化塘、生态渠可利用河塘、沟渠改建。生态渠通过种植经济类的水生植物（如水芹、空心菜等），可产生一定的经济效益。

2. 厌氧池-跌水充氧接触氧化-人工湿地

该工艺适用于居住相对集中且有闲置荒地、废弃河塘的村庄，尤其适合于有地势差有乡村旅游产业基础或对氮、磷去除要求较高的村庄，处理规模不宜超过 150t/d。

该组合工艺由厌氧池、跌水充氧接触氧化池和人工湿地三个处理单元串联组成，具有较强的抗冲击负荷能力。核心技术为跌水充氧接触氧化技术，利用微型污水提升泵，一次提升污水将势能转化为动能，分级跌落，形成水幕及水滴自然充氧，无需曝气装置，在降低有机物的同时，去除氮、磷等污染物，能大幅度地降低污水生物处理能耗。该工艺流程如图 8-8 所示。

图 8-8　厌氧池-跌水充氧接触氧化-人工湿地工艺流程

工艺参数：厌氧池水力停留时间 12～30h，污泥清掏周期 360 天；跌水充氧接触氧化池一般由 5 个单池串联而成，每级跌水高度为 0.5～1.2m；人工湿地水力负荷为 $0.24 \sim 0.30 m^3/(m^2 \cdot d)$。

3. 厌氧池-滴滤池-人工湿地

该工艺适用于土地资源紧张或拥有自然池塘、居住集聚程度较高、经济条件相对较好和有乡村旅游产业基础的村庄，尤其适合于有地势差或对氮磷去除要求较高的村庄，处理规模不宜小于 20t/d。

该工艺由厌氧池、滴滤池、潜流人工湿地三个处理单元串联组成。污水经过厌氧池降低有机物浓度后，由泵提升至滴滤池，与滤料上的微生物充分接触，进一步降解有机物，同时可自然充氧，滤后水引入人工湿地或生态净化塘，进一步深度处理去除氮、磷，人工湿地出水外排。该工艺流程如图 8-9 所示。

图 8-9　厌氧池-滴滤池-人工湿地工艺流程

工艺参数：厌氧池水力停留时间 24～48h，污泥清掏周期 360 天；滴滤池水力负荷取 3～7m³/(m²·d)；人工湿地部分设计水力负荷 0.3～0.7m³/(m²·d)。

4. 厌氧池-(接触氧化)-人工湿地

该工艺适用于以生产为主、经济条件有限和对氮磷去除要求不高的村庄。

厌氧池-人工湿地技术利用原住户的化粪池作为一级厌氧池，通过多级厌氧池对污水中的有机污染物进行多级消化后进入人工湿地，污染物在人工湿地内经过滤、吸附、植物吸收及生物降解等作用得以去除。厌氧池-接触氧化-人工湿地技术是在厌氧池-人工湿地技术上进行的改进，通过在厌氧池后增加接触氧化工艺段，提高氮磷的去除率。厌氧池可利用现有三格式化粪池、净化沼气池改建。该工艺流程如图 8-10 所示。

图 8-10　厌氧池-人工湿地工艺流程

工艺参数：一级厌氧池（厌氧活性污泥）处理，水力停留时间约 30h，二级厌氧池（厌氧挂膜）水力停留时间约 20h，污泥清掏周期 360 天；接触氧化渠水力停留时间≥24h；人工湿地水力停留时间≥24h，水力负荷 0.2～0.6m³/(m²·d)。

5. 地埋式微动力氧化沟

本工艺流程适用于土地资源紧张、集聚程度较高、经济条件相对较好和有乡村旅游产业基础的村庄。

该污水处理装置利用沉淀、厌氧水解、厌氧硝化、接触氧化等处理方法，进入处理设施后的污水，经过厌氧段水解、消化，有机物浓度降低，再利用提升泵提升同时对好氧滤池进行射流充氧，氧化沟内空气由沿沟道分布的拔风管自然吸风提供。该工艺流程如图 8-11 所示。

图 8-11　地埋式微动力氧化沟工艺流程

工艺参数：厌氧硝化池水力停留时间≥10h；厌氧滤池水力停留时间≥16h，好氧滤池水力停留时间≥5h。

第二节　沼气的发酵原理与工艺流程

沼气发酵是目前农村生活污水处理的主要工艺之一。沼气是一些有机物质，在一定的温度、湿度、酸度条件下，隔绝空气，经微生物作用而产生的可燃性气体，由于它含有少量硫化氢，所以略带臭味。

一、沼气发展概况

1. 国外沼气发展史

沼气是由意大利物理学家 A. 沃尔塔于 1776 年在沼泽地发现的。世界上第一个沼气发生器是由法国 L. 穆拉于 1860 年将简易沉淀池改进而成的。1925 年在德国、1926 年在美国分别建造了备有加热设施及集气装置的消化池，这是现代大、中型沼气发生装置的原型。

第二次世界大战后，沼气发酵技术曾在西欧一些国家得到发展，但由于廉价的石油大量涌入市场而受到影响，后来随着世界性能源危机的出现，沼气又重新引起人们重视。1955 年新的沼气发酵工艺流程——高速率厌氧消化工艺产生。它突破了传统的工艺流程，使单位池容积产气量在中温下由每天 $1m^3$ 容积产生 $0.7\sim1.5m^3$ 沼气提高到 $4\sim8m^3$ 沼气，滞留时间由 15 天或更长的时间缩短到几天甚至几个小时。

2. 我国沼气发展史

我国沼气事业开始于 1930 年前后，当时绝大多数城镇均无电力供应，制取沼气的主要目的是用于一些商店、寺庙的照明。1929 年夏季在汕头开设了我国第一个沼气商号中国天然气瓦斯灯行。后来在十几个省建立了分行，沼气池的修建遍及 13 个省，所用池型与我国目前使用的水压式沼气池基本相似，均为混凝土结构，至今有的沼气池还可以使用。

1958 年我国沼气事业出现第二次高潮，全国很多省市都修建了沼气池，目的是想解决农村的炊事用能。但由于严格厌氧微生物研究技术上的困难未能突破，修建的沼气池缺乏正确的技术管理，留下来能够使用的沼气池为数很少。

20 世纪 70 年代初期，由于农村生活燃料的严重缺乏，在四川、江苏及河南等省农村又一次掀起了发展沼气的热潮。农村家用沼气池的兴建很快遍及全国，几年时间农用沼气总数达到了 700 万个。但是由于急于求成，建造粗糙，加上水泥等建池材料不足，建成的沼气池的平均使用年限一般只有 $3\sim5$ 年。到 70 年代后期就有大量沼气池报废，曾一度引起一些人对沼气技术的疑虑。

1980 年以后，在政府的大力支持下，对沼气发酵的科学原理和应用技术进行了大量研究工作，取得了许多出色的研究成果。通过国际学术交流和科研工作，使我们深刻认识了沼气发酵的微生物学原理。在我国先后分离出了几十种产甲烷菌，并对其生活条件进行了研究，在沼气发酵工艺研究方面，基本上达到了世界先进水平。

在中央投资带动下，经过各地共同努力，我国农村沼气发展进入了大发展、快发展的新阶段。截至 2011 年底，全国户用沼气达到 3996 万户，占乡村总户数的 23%，受益人口达 1.5 亿多人。中央支持建成了 2.4 万处小型沼气工程和 3690 多处大中型沼气工程，多元化发展的新格局初步形成。全国乡村服务网点达到 9 万个、县级服务站 800 多个，服务沼气用户 3000 万户左右，覆盖率达到 75%。

3. 沼气发酵的优点

沼气发酵主要有以下几方面优点：
① 沼气发酵后残渣中有机物含量减少；
② 消化后残渣是一种气味很小的固体或流体，不吸引苍蝇或鼠类；
③ 可产生有用的终产物——甲烷，它是清洁而方便的燃料；
④ 在沼气发酵过程中杂草种子和一些病原物被杀灭；
⑤ 发酵过程中 N、P、K 等肥料成分几乎得到全部保留，一部分有机氮被水解成氨态氮，速效性养分增加；
⑥ 发酵残渣可作为饲料；
⑦ 沼气发酵在处理有机物时可大量地节省曝气消化所消耗的能量；
⑧ 厌氧活性污泥可保存数月而无需投加营养物，当再次投料时可很快启动。

二、沼气发酵原理

沼气是多种气体的混合物，一般含甲烷 50%~70%，其余为二氧化碳和少量的氮、氢和硫化氢等，其特性与天然气相似。空气中如含有 8.6%~20.8%（按体积计）的沼气时，就会形成爆炸性的混合气体。

沼气除直接燃烧用于炊事、烘干农副产品、供暖、照明和气焊等外，还可作内燃机的燃料以及生产甲醇、福尔马林、四氯化碳等化工原料。经沼气装置发酵后排出的料液和沉渣，含有较丰富的营养物质，可用作肥料和饲料。沼气的利用情况如图 8-12 所示。

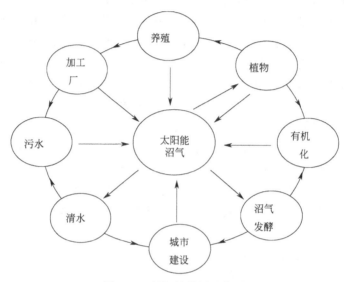

图 8-12 沼气的利用示意图

（一）发酵基本原理

沼气发酵是指各种有机物在一定的水分、温度和厌氧条件下，被各类沼气微生物分解转化，最终生成沼气的过程。

沼气发酵原理见图 8-13。整个发酵过程主要分为液化阶段、产酸阶段、产甲烷阶段。

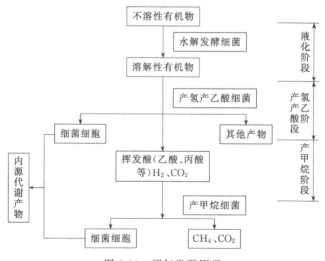

图 8-13 沼气发酵原理

1. 液化阶段

用作沼气发酵原料的有机物种类繁多，如禽畜粪便、食品加工废物和废水、作物秸秆、酒精废料等，其主要化学成分为多糖、蛋白质和脂类。其中多糖类物质是发酵原料的主要成分，它包括淀粉、纤维素、半纤维素、果胶质等。这些复杂有机物大多数在水中不能溶解，必须首先被发酵细菌所分泌的胞外酶水解为可溶性糖、肽、氨基酸和脂肪酸后，才能被微生物所吸收利用。发酵性细菌将上述可溶性物质吸收进入细胞后，经过发酵作用将它们转化为乙酸、丙酸、丁酸等脂肪酸和醇类及一定量的氢、二氧化碳。在沼气发酵测定过程中，发酵液中的乙酸、丙酸、丁酸总量称为中挥发酸。蛋白质类物质被发酵性细菌分解为氨基酸，又可被细菌合成细胞物质而加以利用，多余时也可以进一步被分解生成脂肪酸、氨和硫化氢等。脂类物质在细菌脂肪酶的作用下，首先水解生成甘油和脂肪酸，甘油可进一步按糖代谢途径被分解，脂肪酸则进一步被微生物分解为多个乙酸。

2. 产酸阶段

(1) 产氢产乙酸菌 发酵性细菌将复杂有机物分解发酵所产生的有机酸和醇类，除甲酸、乙酸和甲醇外，均不能被产甲烷菌所利用，必须由产氢产乙酸菌将其分解转化为乙酸、氢和二氧化碳。

(2) 耗氢产乙酸菌 耗氢产乙酸菌也称同型乙酸菌，这是一类既能自养生活又能异养生活的混合营养型细菌。它们既能利用 H_2 和 CO_2 生成乙酸，也能代谢产生乙酸。通过上述微生物的活动，各种复杂有机物可生成有机酸和 H_2、CO_2 等。

3. 产甲烷阶段

在沼气发酵过程中，甲烷的形成是由一群生理上高度专业化的产甲烷菌所引起的，产甲烷菌包括食氢产甲烷菌和食乙酸产甲烷菌，它们是厌氧消化过程食物链中的最后一组成员，尽管它们具有各种各样的形态，但它们在食物链中的地位使它们具有共同的生理特性。它们在厌氧条件下将发酵性细菌、产氢产乙酸菌、耗氢产乙酸菌细菌代谢终产物，在没有外源受氢体的情况下把乙酸和 H_2/CO_2 转化为气体产生 CH_4/CO_2，使有机物在厌氧条件下的分解作用得以顺利完成。

① 由 CO_2 和 H_2 产生甲烷反应为：

$$CO_2 + 4H_2 \longrightarrow CH_4 + 2H_2O$$

② 由乙酸或乙酸化合物产生甲烷反应为：

$$CH_3COOH \longrightarrow CH_4 + CO_2$$

$$CH_3COONH_4 + H_2O \longrightarrow CH_4 + NH_4HCO_3$$

(二) 沼气发酵微生物

沼气发酵微生物包括发酵性细菌、产氢产乙酸菌、耗氢产乙酸菌、食氢产甲烷菌、食乙酸产甲烷菌五大类群。前三类群细菌的活动可使有机物形成各种有机酸，统称为不产甲烷菌。后二类群细菌的活动可使各种有机酸转化成甲烷，统称为产甲烷菌。沼气发酵微生物见图 8-14～图 8-19。

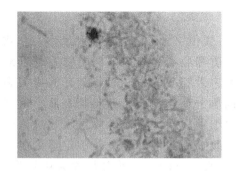

图 8-14　各种发酵性细菌

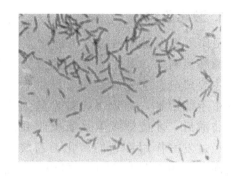

图 8-15　玉米秸发酵时的发酵性细菌

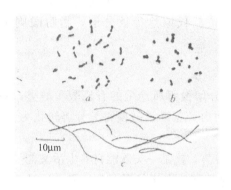

图 8-16　食氢产甲烷菌

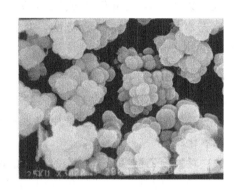

图 8-17　甲烷八叠球菌

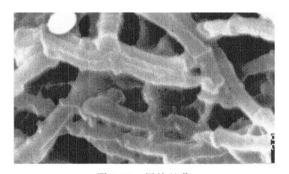

图 8-18　甲烷丝菌

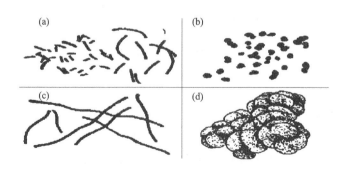

图 8-19　产甲烷菌的形态
(a) 甲烷杆菌类；(b) 甲烷球菌类；(c) 甲烷螺旋形菌类；(d) 甲烷八叠球菌类

1. 不产甲烷菌

不产甲烷菌能将复杂的大分子有机物转化成简单的小分子量的物质。它们的种类繁多，根据作用基质来分，有纤维分解菌、半纤维分解菌、淀粉分解菌、蛋白质分解菌、脂肪分解菌和一些特殊的细菌，如产氢菌、产乙酸菌等。

2. 产甲烷菌

产甲烷菌是沼气发酵的主要成分——甲烷的产生者，是沼气发酵微生物的核心，它们严格厌氧，对氧和氧化剂非常敏感，最适宜的pH值范围为中性或微碱性。它们依靠CO_2和H_2生长，并以废物的形式排出甲烷，是要求生长物质最简单的微生物。

（三）沼气池条件

沼气池发酵必须符合多种条件。

1. 沼气池要密闭

沼气发酵中起主要作用的是厌氧分解菌和产甲烷菌。O_2是它们的毒物，在空气中暴露几秒钟就会死亡，就是说空气中的O_2对它们有毒害致死的作用。因此，严格的厌氧环境是沼气发酵的最主要条件之一。我们根据沼气细菌怕空气的特性，修建的沼气池除进出料口外必须严格密闭，达到不漏水、不漏气，保证沼气细菌正常生命代谢活动和贮存沼气。

2. 适宜的温度

沼气池内发酵液的温度，对产生沼气的多少有很大影响，这是因为在适宜的温度范围内温度越高，沼气细菌的生长、繁殖越快，产沼气量就越多；如果温度不适宜，沼气细菌生长发育慢，产气量就少或不产气。所以，温度是沼气发酵的重要外因条件。沼气池里要维持20～40℃，因为通常在这种温度下产气率最高。

3. 沼气池要有充足的养分

微生物要生存、繁殖，必须从发酵物质中吸取养分。在沼气池的发酵原料中，人畜粪便能提供氮元素，农作物的秸秆等纤维素能提供碳元素。

4. 发酵原料要含适量水

一般要求沼气池的发酵原料中含水80%左右，过多或过少都对产气不利。

5. 合适的酸度

沼气发酵细菌最适宜的pH为6.5～7.5，pH在6.4以下或7.6以上都对产气有抑制作用。如果pH在5.5以下，就是料液酸化的标志，其产甲烷菌的活动完全受到抑制。如沼气池初始启动时，投料浓度过高，接种物中的产甲烷菌数量又不足，或者在沼气池内一次加入大量的鸡粪、薯渣造成发酵料液浓度过高，都会因产酸与产甲烷的速度失调而引起挥发酸（乙酸、丙酸、丁酸）的积累，导致pH下降。这是造成沼气池启动失败或运行失常的主要原因。

三、沼气发酵的基本条件

丰富的有机物质在隔绝空气和保持一定水分、温度的条件下，便能生成沼气。因此沼气发酵的条件主要有以下几个方面。

1. 碳氮比适宜的发酵原料

氮素是构成沼气微生物躯体细胞质的重要原料,碳素不但构成微生物细胞质,而且还提供生命活动的能量。发酵原料的碳氮比不同,其发酵产气情况差异也很大。从营养学和代谢作用角度看,沼气发酵细菌消耗碳的速度比消耗氮的速度要快25~30倍。因此,在其他条件都具备的情况下,碳氮比例配成25~30:1可以使沼气发酵在合适的速度下进行。如果比例失调,就会使产气和微生物的生命活动受到影响。因此,制取沼气不仅要有充足的原料,还应注意各种发酵原料碳氮比的合理搭配。原料产气速率随时间变化情况见表8-3。

2. 质优足量的菌种

沼气发酵微生物都是从自然界来的,而沼气发酵的核心微生物菌是产甲烷菌群,一切具备氧条件和含有有机物的地方都可以找到它们的踪迹。给新建的沼气池加入丰富的沼气微生物群落,目的是为了很快地启动发酵,而后又使其在新的条件下繁殖增生,不断富集,以保证大量产气。农村沼气一般加入接种物的量为总投料量的10%~30%。在其他条件相同的情况下,加大接种量、产气快、气质好,启动不易出现偏差。

表8-3 原料产气速率随时间变化

产气参数	各原料产气速率/%				
发酵天数/天	10	20	30	40	60
猪粪	74.2	86.3	97.6	98.0	100
人粪	40.7	81.5	94.2	98.2	100
马粪	63.7	80.2	89.0	94.5	100
牛粪	34.4	74.6	86.2	92.7	100
玉米秸	75.9	90.7	96.3	98.1	100
麦秸	48.2	71.8	85.9	91.8	100
稻草	46.2	69.2	84.6	91.0	100
青草	75.0	93.5	97.8	98.9	100

3. 严格的厌氧环境

沼气微生物的核心菌群——产甲烷菌是一种厌氧性细菌,对氧特别敏感,它们在生长、发育、繁殖、代谢等生命活动中都不需要空气,空气中的氧气会使其生命活动受到抑制,甚至死亡。产甲烷菌只能在严格厌氧的环境中才能生长,所以,修建沼气池,要严格密闭、不漏水、不漏气。

4. 适宜的发酵温度

研究发现,在10~60℃的范围内,沼气均能正常发酵产气。低于10℃或高于60℃都严重抑制微生物生存、繁殖,影响产气。在这一温度范围内,一般温度愈高,微生物活动愈旺盛,产气量愈高。微生物对温度变化十分敏感,温度突升或突降,都会影响微生物的生命活动,使产气状况恶化。

通常把不同的发酵温度区分为三个范围,即把46~60℃称为高温发酵,28~38℃称为中温发酵,10~26℃称为常温发酵。农村沼气池靠自然温度发酵,属于常温发酵。常温发酵虽然温度范围较广,但在10~26℃范围内,温度越高,产气越好。这就是为什么沼气池在夏季，特别是气温最高的 7 月产气量大，而在冬季最冷的 1 月产气很少，甚至不产气的原因。温度对沼气产量的影响见图 8-20。

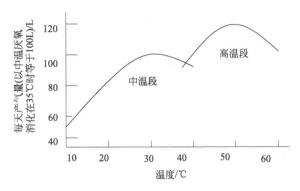

图 8-20　温度对沼气产量的影响

5. 适宜的酸碱度

沼气微生物的生长、繁殖，要求发酵原料的酸碱度保持中性，或者微偏碱性，过酸、过碱都会影响产气。测定表明，酸碱度在 pH＝6～8 之间均可产气，以 pH 为 6.5～7.5 产气量最高，pH 低于 6 或高于 9 时均不产气。

6. 适度的发酵浓度

农村沼气池的负荷通常用发酵原料浓度来体现，适宜的干物质浓度为 4％～10％，即发酵原料含水量为 90％～96％。发酵浓度随着温度的变化而变化，夏季一般为 6％左右，冬季一般为 8％～10％。浓度过高或过低，都不利于沼气发酵。浓度过高，则含水量过少，发酵原料不易分解，并容易积累大量酸性物质，不利于沼气菌的生长繁殖，影响正常产气。浓度过低，则含水量过多，单位容积里的有机物含量相对减少，产气量也会减少，不利于沼气池的充分利用。

7. 持续的搅拌

静态发酵沼气池原料加水混合与接种物一起投进沼气池后，按其密度和自然沉降规律，从上到下将明显地逐步分成浮渣层、清液层、活性层和沉渣层。这样的分层分布，对微生物以及产气是很不利的。主要是导致原料和微生物分布不均，大量的微生物集聚在底层活动，因为此处接种污泥多，厌氧条件好，但原料缺乏，尤其是用富碳的秸秆做原料时，容易漂浮到料液表层，不易被微生物吸收和分解，同时形成的密实结壳，不利于沼气的释放。

为了改变这种不利状况，就需要采取搅拌措施，变静态发酵为动态发酵。沼气池的搅拌通常分为机械搅拌、气体搅拌和液体搅拌三种方式。机械搅拌是通过机械装置运转达到搅拌目的；气体搅拌是将沼气从池底部冲进去，产生较强的气体回流，达到搅拌的目的；液体搅拌是从沼气池的出料间将发酵液抽出，然后从进料管冲入沼气池内，产生较强的液体回流，达到搅拌的目的。采用搅拌后，平均产气量可提高 30％以上。

四、农村沼气基本工艺流程

一个完整的沼气发酵工程包括：原料（废水）的收集、预处理、消化器（沼气池）、出料的后处理和沼气的净化与贮存等部分。农村沼气基本流程见图 8-21 所示。

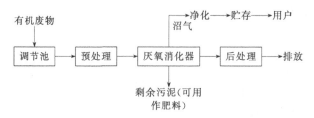

图 8-21　农村沼气工程工艺流程

（一）原料收集

在畜禽场或住家设计时就应当据当地条件合理安排废物的收集方式和集中地点，以便就近进行沼气发酵处理。

收集到原料一般要进入调节池贮存，因为原料收集时间往往比较集中，而消化器的进料常需在一天均匀分配。所以调节池的大小一般要能贮存24h废物量。在温暖季节，调节池常可兼有酸化作用，这对提高原料可消化性和加速厌氧消化都有好处。若调节池内原料滞留期过长，会因耗氧呼吸作用或沼气发酵的进行而损失沼气产量。

（二）原料预处理

原料常混杂有生产作业中的各种杂物，为便于用泵输送及防止发酵过程中出现故障，或为了减少原料中的悬浮固体含量，有的在进入消化器前要进行升温或降温等，因而要对原料进行预处理。畜禽场的粪便原料特性详见表 8-4 所示。

表 8-4　三种发酵原料的特性

种　类	TS/%	产气潜力/[m³/(kgTS)]	物料特征
	一般水平设计参数	一般水平设计参数	
鲜牛粪	15～18	0.18～0.30	草多,沉淀较少,浮渣多于沉渣
鲜猪粪	18～15	0.25～0.45	冬季沉淀物多,沉渣多于浮渣
鲜鸡粪	25～40	0.30～0.55	冬季有鸡毛贝壳沉淀,沉渣结实

在预处理时，牛和猪粪中的长草、鸡粪中的鸡毛都应去除，否则极易引起管道堵塞。

（三）厌氧消化器（沼气池）

厌氧消化器是大中型沼气工程的核心设备，微生物的繁殖、有机物的分解转化、沼气的生成都是在消化器里进行的，因此，消化器的结构和运行情况是一个沼气工程设计的重点。

1. 沼气池的分类

沼气池一般可按以下几种方式进行分类。

(1) 按贮气方式　有水压式、浮罩式和气袋式三大类，在实际应用中，水压式最为普遍，浮罩式次之。

(2) 按几何形状　有圆筒形、球形、椭球形、长方形、方形、拱形等多种形状，其中，圆筒形池和球形池应用最为普遍。

(3) 按建池材料　有混凝土结构池、砖结构池、塑料（或橡胶）池、玻璃钢池、钢丝网水泥池、钢结构池等，在实际应用中，最为普遍的是混凝土结构池。

(4) 按沼气池埋设位置　有地下式、半埋式和地上式，在实际应用中以地下式为主。

(5) 按发酵温度　有常温发酵池、中温发酵池和高温发酵池。除此以外，也有按照发酵工艺进行分类的。

常见圆筒形沼气池结构如图 8-22 所示。

图 8-22　搪瓷拼装型厌氧消化器

常用沼气池的尺寸如表 8-5 所示。

表 8-5　常用沼气池设计几何尺寸

池型容积 /m³	用地范围/m		埋置深度 /m	池内直径 /m	池填高 /m	削球形池盖		削球形池底		出料间（水压箱）	
	长	宽				曲率半径/m	失高/m	曲率半径/m	失高/m	长/m	宽/m
6	4.38	2.88	2.14	2.40	1.0	1.74	0.48	2.55	0.30	1.0	0.8
8	4.88	3.18	2.24	2.70	1.0	1.96	0.54	2.86	0.34	1.2	1.0
10	5.18	3.48	2.34	3.00	1.0	2.18	0.60	3.18	0.38	1.3	1.0
12	5.38	3.78	2.40	3.20	1.0	2.32	0.64	3.40	0.40	1.4	1.0

2. 沼气池的结构

常用沼气池的结构主要有：进料口、进料管、发酵间、贮气室、水压间、活动盖、导气管等。

(1) 进料口和进料管　进料口位于畜禽舍地面下，由设在地下的进料管与发酵间连通。进料口将厕所、畜禽粪便污水通过进料管流入沼气池发酵间。

进料管内径一般为 200～300mm，采取直管斜插于池墙中部或直插于池顶部的方式与发酵间连通，目的是保持进料顺畅、搅拌方便、施工方便。

(2) 发酵间和贮气室　沼气池的主体为发酵间和贮气室。发酵原料在发酵间进行发酵，产生的沼气溢出水面进入上部的削球形贮气室贮存。因此，要求发酵间不漏水，贮气室不漏气。

(3) 水压间（出料间）　主要功能是为贮存沼气、维持正常气压和便于出料而设置的，其容积由沼气池产气量来决定，一般为沼气池 24h 所产沼气的一半。水压间与发酵间的连接，随着出料方式的不同而存在两种方式。

① 当满足沉降、杀灭寄生虫卵的需要，采取中层出料时，水压间通过安装于其中部的出料管与发酵间连接。

② 为便于出料、免除一年一度的大换料，采取底层出料时，水压间通过其下部的出料口与发酵间直接相通。

(4) 活动盖 设计在池盖的顶部，呈瓶塞状，上大下小。活动盖可以按需要开启或关闭，是一个装配式的部件。其主要功能如下。

① 在进行沼气池的维修和清除沉渣时，打开活动盖可以排除池内残存有害气体，并利于通风、采光，使操作安全。

② 当遇到导气管堵塞、气压表失灵等特殊情况，造成池内气压过大时，活动盖即被冲开，从而降低池内气压，使池体得到保护。

③ 当池内发酵表面严重结壳，影响产气时，可以打开活动盖，破碎浮渣层，搅动料液。

(5) 导气管 固定在沼气池拱顶最高处或活动盖上的一根内径 1.2cm，长 25～30cm 左右的铜管、钢管或 PVC 硬塑管等，下端与贮气室相通，上端连接输气管道，将沼气输送至农户，用于炊事与照明。

（四）出料的后处理

出料后处理的方式多种多样，采用能源生态模式，最简便的方法是直接用做肥料施入农田或鱼塘，但施用有季节性，不能保证连续的后处理，应设置适当大小的贮液池，以调节产肥与用肥的矛盾。如采用能源环保模式，则是将出料进行沉淀后再将沉渣进行固液分离，固体残渣用做肥料或配合适量化肥做成适用于各种作物或花果的复合肥料，很受市场欢迎，并有较好经济效益。清液部分可经曝气池、氧化塘、人工湿地处理设备进行深度处理，经处理后的出水，可用于灌溉或达标后排入水体，但花费较大。

（五）沼气的净化、贮存和输配

沼气发酵时会有水分蒸发进入沼气，由于微生物对蛋白质的分解或硫酸盐的还原作用也会有一定量硫化氢（H_2S）气体生成并进入沼气。水的冷凝会造成管路堵塞，有时气体流量计中也充满了水。H_2S 是一种腐蚀性很强的气体，它可引起管道及仪表的快速腐蚀。H_2S 本身及燃烧时生成的 SO_2、H_2SO_3、H_2SO_4，对人都有毒害作用。大型沼气工程，特别是用来进行集中供气的工程必须设法脱除沼气中的水和 H_2S。脱水通常采用脱水装置进行（图 8-23）。沼气中的 H_2S 含量在 $1～12g/m^3$ 之间，蛋白质或硫酸盐含量高的原料，发酵时沼气中的 H_2S 含量就较高。硫化氢的脱除通常采用脱硫塔，内装脱硫剂进行脱硫（图 8-24）。因脱硫剂使用一定时间后需要再生或更换，所以脱硫塔最少要有两个轮流使用。

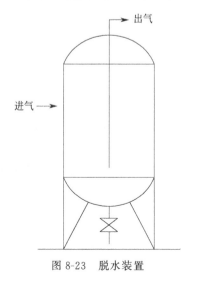

图 8-23 脱水装置

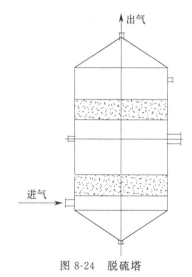

图 8-24 脱硫塔

沼气的输配是指将沼气输送分配至各用户（点），输送距离可达数千米。输送管道通常采用金属管，近年来工程也采用高压聚乙烯塑料管、PE 管、PPR 管等作为输气干管。用塑料管输气避免了金属管的易锈蚀等问题。气体输送所需的压力通常依靠沼气产生池或贮气柜所提供的压力即可满足，远距离输送可采用增压措施。

五、农村沼气工艺的运行管理

农村沼气池的日常管理是获取沼气池最大效益的重要措施。沼气在生产过程中应特别重视安全管理，这是因为：①沼气虽然是一种无色的气体，主要成分是甲烷，约占 55%～70%，但还含有少量的硫化氢、氮气、氢气、一氧化碳、氧气等，因此沼气常常有毒有害；②沼气的热值为 21520kJ/m³，燃点 81.4℃，爆炸范围（与空气混合体积分数）8.8%～24.4%，因此沼气属易燃易爆气体；③沼气池在运行过程中存在一定压力，存在一定的危险性。

类似安全的例子较多：

2001 年北川县香泉乡一农户建池后进行猪圈改造，泥工在输气管距沼气池 1m 左右点火试气，由于刚装少量原料，点火后没发现火苗，结果就离开，刚走出猪圈，轰的一声，沼气池削球盖被炸坏，出料口的粪水震起两米多高，盖板飞出 1m 多远，所幸没造成人员伤亡。

1999 年，成都市一环保能源公司在黄许酒精厂处理酒精生产废液能源环保工程，在调试过程中点火试气，造成容积为八百多立方米的大型沼气池爆炸，虽经多次维修，但都无法正常投入使用，造成直接经济损失 30 多万元。

1986 年，四川省江安县石板乡九村一农户的猪崽从进料口掉入沼气池，户主在未采取任何防护措施，匆忙从活动盖口下去想把猪崽捞上来，下去后很快昏倒在沼气池内，连续下去两人施救，均因没做好安全措施，造成一池死亡 3 人的悲剧。

（一）进池原料

广大农村中发酵原料能进入沼气池的有人畜粪便、农作物秸秆、青草、厨房剩余物等，其中人畜粪便、青草是速效性发酵原料，干秸秆、树叶等属于迟效性发酵原料。农村沼气池要保证产气多、产气快、产气持久，最好是采用人畜粪便和秸秆的混合原料。

农村沼气池发酵产生沼气是一个微生物生命代谢过程，因此有些物质是不能进入沼气池的，如杀虫剂、灭菌剂或刚喷洒过农药的粪便或秸秆等，有些植物有杀菌作用，也不准进入沼气池，如桃叶、马桑叶、大蒜苗、黄芩、马钱子等。

农村中还有些物质，也不要进入沼气池，如油枯、磷肥、油菜籽壳以及过多地加入鸡粪等，因为这些物质中含磷丰富，在厌氧条件下，产生磷化氢，当磷化氢的含量达到 0.56～0.84mg/L 时，只要 0.5h 就会使人中毒死亡。

（二）工艺流程日常管理

沼气池启动投料正常产生沼气后，就进入沼气工艺的日常管理，重点是做到"四勤"，即勤进料、勤搅拌、勤出料、勤检查。

1. 勤进料

坚持每天将猪圈的猪粪定时加入沼气池。勤进料才能保证沼气池产生沼气的有机物原料，若进料间隙时间太长，沼气池的产气量会下降，若长期不进料而一次又进得较多，既可能造成发酵液酸化，产生沼气中甲烷含量低、热值不高，同时又造成原料不能被充分利用。

2. 勤搅拌

要使沼气池正常发酵产生量多质优的沼气，就必须做到入池原料与产甲烷微生物混合均匀，沼气池要搅拌就是满足新进料与产甲烷微生物混合均匀的条件，大型沼气工程均设置有搅拌设备，但农村户用沼气池因受投资的限制，没安装搅拌设备，在通常情况下，农村沼气池的搅拌主要利用在出料间发酵液循环送往进料口迅速倒入的方法，只要坚持经常这样做可以达到搅拌的目的。搅拌可以较好地提高原料利用率和沼气中甲烷的含量。

3. 勤出料

"三结合"沼气池，天天有人畜粪便和猪圈清洗用水进入，若不定期出料，既会占据沼气池的气箱，还会造成发酵后的沉渣堆积，使沼气池有效容积变小，缩短新进料在沼气池内的停留时间，降低沼气的产气效果。农村户用沼气池平时出料每月约 $1m^3$ 左右，每年大出料一次为宜。

4. 勤检查

经常检查沼气池发酵是否正常，经常检查输气管路和接件是否漏气；经常检查沼气阀门是否完好；经常检查灶具是否清洁，孔眼是否堵塞等。若发现问题，及时进行处理，以保证正常使用。

（三）安全事故预防

由于农村户用沼气池建设的技术进步，目前推广的户用沼气池都较浅，加之常温发酵，所产沼气也不是很多，从建设到使用应该是比较安全的，沼气安全事故完全可以避免。下面介绍一些沼气安全操作规程和预防事故的措施。

1. 施工安全操作规程和预防事故的措施

① 防止塌方。采取大开挖池坑时，要根据土质情况进行适当放坡，土质不好的池坑要采取支撑等加固措施，不要在坑沿堆放土方或建池材料；雨季施工一定要采取排水措施。

② 采取漂砖起拱法施工削球盖。在起拱削球盖时，一定要注意砖与砖之间砂浆饱满，砖尖挤拢，最后两块砖之间要用坚硬片石挤紧，若在刚起拱完的球盖上浇筑混凝土，要从边上均匀地往盖中心依次施工。

③ 严禁用焦炭、煤、木柴点火烘烤池壁，以防发生缺氧或煤气中毒。

2. 预防火灾和烧伤

为预防火灾和烧伤，应注意三个方面。

① 点火试气只能在厨房沼气灶具上进行，不准在导气桩出料口点火试气。

② 入池操作人员，不准用打火机、火柴等明火照明。

③ 若在厨房、猪圈或有沼气输气管通过的室内闻到有臭鸡蛋味，说明有沼气泄漏，此时坚决不准用火，必须立即打开门窗或用扇子扇风，马上检查漏气点并进行及时修复，确认已排除漏气问题，室内空气流通后，才可使用沼气。

3. 预防窒息和中毒事故

① 确实需要进入沼气池检查、检修，应尽量将沼气池内的发酵液用液下污泥（水）泵将发酵液抽掉，为减少池内沉渣量，可在用污水泵抽粪时，将泵出水管倒向进料口，使沉渣冲动，便于污水泵抽提。

② 若有人要下池或已进入沼气池，应该用电风扇从进料口往发酵间送风，以保持沼气

池内通风。

③ 不要向沼气池内投加磷矿粉，过磷酸钙等磷肥，也不要向沼气池内加入较多的油菜籽壳或油枯，避免发生磷化氢中毒事故。

六、沼气发酵产物的综合利用

沼气发酵产物的综合利用是指将沼气、沼液、沼渣（简称"三沼"）运用到生产过程中，降低生产成本，提高经济效益的一项技术措施。目前开展的沼气发酵产物综合利用项目范围涉及种植、养殖、农产品加工服务、贮粮等多个行业，对我国农村产业结构调整、改善生态环境、提高农产品质量、增加农民收入、实现可持续发展具有重要的意义。

四位一体综合利用的沼气系统见图 8-25。

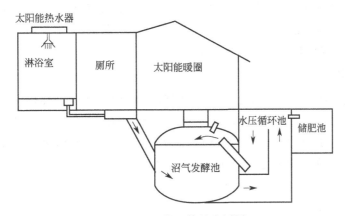

图 8-25 四位一体的庭园图

沼气综合利用做饭、点灯见图 8-26、图 8-27。

图 8-26 沼气做饭

图 8-27 沼气点灯

（一）沼气

沼气可用于炊事、照明、贮粮、保鲜、孵小鸡、发电等多项生活、生产活动。

1. 沼气用于炊事

一口 $6m^3$ 的沼气池每天可生产沼气 $1.2m^3$，每立方沼气相当于 3.3kg 原煤，可使 65kg 水从 20℃煮沸，可以满足三口之家一天的炊事。

2. 沼气可用于照明

1m³沼气能使一盏沼气灯（亮度相当于60W电灯）照明6个多小时。

3. 沼气贮粮

沼气贮粮是根据"低氧贮粮"原理，利用沼气含氧量低的特性，将沼气输入粮食而置换出空气，造成低氧环境，致使粮中害虫窒息而死。它具有方法简单、操作方便、投资少、无污染、防治效果好等多种优点，可在广大农户采用。

4. 沼气保鲜

沼气贮柑橘是利用沼气的非氧成分含量高的特性，置换出贮藏室内的空气，降低氧含量，降低柑橘呼吸强度，减弱其新陈代谢，推迟后熟期，同时使柑橘产乙烯作用减弱，从而达到较长时间的保鲜和贮藏。沼气贮藏柑橘为最先进的气调法保鲜，它具有方法简便、设备投资小、经济效益高等优点，保鲜期可达70~180天，保果率80%~90%以上，失重率低于10%，每100kg鲜果共需输入沼气1.5~1.7 m³。

5. 沼气发电

沼气的热值约为20~25MJ/m³，1m³沼气的热值相当于0.8kg标准煤。沼气发电是能源综合利用的有效途径之一，同时燃气发电机组所产生的余热可以带动余热锅炉为工业或生活提供热水或蒸汽，也可以带动溴化锂机组用来制冷，组成热电冷三联供系统，使得能源利用率达到80%，为缓解国内区域性能源紧张发挥着重要的补充作用。

（二）沼液与沼渣

沼液和沼渣总称为沼肥，是生物经过沼气池厌氧发酵的产物。沼液中含有丰富的氮、磷、钾、钠、钙等营养元素，因此沼液、沼渣不仅能改良土壤的根际环境，疏松土壤，而且很少有盐分积累。

1. 提供养分

作为有机肥，沼液沼渣中的养分含量比任何一种方法制取的有机肥的养分含量都高，N、P、K的回收率高达90%以上，养分速效、易被作物吸收，而且沼液几乎不含重金属元素。

2. 提高产量

利用沼液浸种能提高种子发芽率和成秧率，比清水浸种发芽率提高5%~10%，成秧率提高10%~15%；沼液作肥可使水稻、玉米增产5%~10%，使果蔬、西瓜增产20%以上。同时沼液对果树、蔬菜喷施后，可提高农产品品质，使蔬菜叶绿、茂盛、果品美味鲜甜。

3. 改良土壤

沼液、沼渣既是优质的有机肥料，也是良好的土壤改良剂。据测定，施用沼液沼渣的土壤有机质含量可提高0.17%~0.6%，全氮增加0.003%~0.005%，全磷增加0.01%~0.03%，土壤中的Cu、Zn、Fe等微量元素有不同程度的活化作用，土壤容重降低，总孔隙度增加，活土层深度可比对照增加8cm以上，从而显著改善土壤的物理性状，持水性增强；可以疏松土壤，有利于土壤微生物的活动和土壤团粒结构的形成。

4. 防治病虫害

沼液中含有多种生物活性物质，如氨基酸、微量元素、植物生长激素、B族维生素、某些抗生素等。其中有机酸中的丁酸和植物激素中的赤霉素、吲哚乙酸以及维生素 B_{12} 对病菌有明显的抑制作用。沼液中的氨和铵盐，某些抗生素对作物的虫害有着直接杀灭作用。因沼液防治农作物病虫害，具有无污染、无残留、无抗药性而有"生物农药"之称。

第三节　农村生活污水典型处理工艺

一、生物法处理工艺

1. 工艺流程

生物法处理生活污水工艺适用于人群数较少的地方，主要包括家庭生活用水，服务设施用水，澡堂、商店、餐饮等用水，提供最大水量为 200m³/d。工艺主要由格栅、调节池、污水泵、清水池、氧化池等构成。处理后的指标：pH 6~9、COD_{Cr}≤100mg/L、SS≤70mg/L、BOD_5≤20mg/L。该工艺流程见图 8-28。

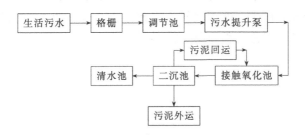

图 8-28　生物法处理生活污水工艺流程

① 排水管网的污水经粗格栅和固定细格栅拦截较大的颗粒物和漂浮物后，进入调节池，再经污水提升泵提升至生物接触氧化池。

② 生物接触氧化法，在反应器内设置填料，经过多次风机、微孔曝气进行充氧，使废水与长满生物膜的填料充分接触，在生物膜微生物的作用下，废水得到净化。

2. 工作原理

生物接触氧化法在运行初期，少量的细菌附着于填料表面，由于细菌的繁殖逐渐形成很薄的生物膜。在溶解氧和食物都充足的条件下，微生物的繁殖十分迅速，生物膜逐渐增厚。溶解氧和污水中的有机物凭借扩散作用为微生物所利用。当生物膜达到一定厚度时，氧已经无法向生物膜内层扩散。好氧菌死亡，而兼性菌、厌氧菌在内层开始繁殖，形成厌氧层，利用死亡的好氧菌为基质，并在此基础上不断发展厌氧菌。经过一段时间后在数量上开始下降，加上代谢气体产物的逸出，使内层生物膜大块脱落。在生物膜已脱落的填料表面上，新的生物膜又重新发展起来。在接触氧化池内，由于填料表面积较大，所以生物膜发展的每一个阶段都是同时存在的，使去除有机物的能力稳定在一定的水平上。生物膜在池内呈立体结构，对保持稳定的处理能力有利。

3. 优点

(1) 体积负荷高，处理时间短，节约占地面积 生物接触氧化法的体积负荷最高可达 $3 \sim 6 \text{kgBOD}/(\text{m}^3 \cdot \text{d})$，与活性污泥法比较，体积负荷可高 5 倍。

(2) 生物活性高 曝气管设在填料下，不仅供氧充分，而且对生物膜起到了搅拌作用，加速了生物膜的更新，使生物膜活性提高。其好氧速率比活性污泥法高 1.8 倍。

(3) 有较高的微生物浓度 一般活性污泥浓度为 $2 \sim 3 \text{g/L}$，而接触氧化池中绝大多数微生物附着在填料上，单位体积内水中和填料上的微生物浓度可达 $10 \sim 20 \text{g/L}$，由于微生物浓度高，有利于提高容积负荷。

(4) 污泥产量低 不需污泥回流，与活性污泥法相比，接触氧化法的体积负荷高，但污泥产量不仅不高，反而有所降低。由于微生物附着在填料上形成生物膜，生物膜的脱落和增长可以自动保持平衡，所以不需回流污泥，给管理带来方便。

(5) 出水水质好而且稳定 在进水短期内突然变化时，出水水质受影响很小。出水外观清澈透明，如再加砂滤处理，可作中水回用。

二、厌氧-跌水充氧接触氧化-人工湿地污水处理工艺

1. 工艺流程

该工艺适用于居住相对集中且有空闲地、可利用河塘的村庄，尤其适合于有地势落差或对氮、磷去除要求较高的村庄，处理规模不宜超过 150t/d。整个工艺流程包括厌氧池、接触氧化池、人工湿地等，工艺流程如图 8-29 所示。

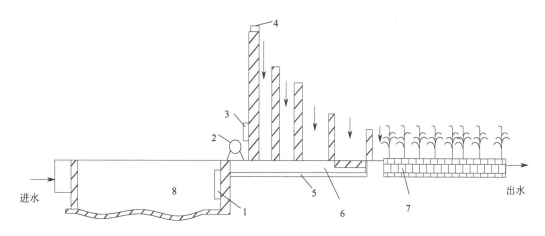

图 8-29 厌氧-跌水充氧接触氧化-人工湿地工艺流程
1—液位控制器；2—自吸式水泵；3—转子流量计；4—高位水箱；5—污水回流；
6—接触氧化池；7—潜流人工湿地；8—氧化池

2. 工艺原理

该组合工艺由厌氧池、跌水充氧接触氧化池和人工湿地三个处理单元组成。跌水充氧接触氧化利用水泵提升，逐级跌落自然充氧，在降低有机物的同时，去除氮、磷等污染物，跌水池出水部分回流反硝化处理，提高氮的去除率，其余流入人工湿地进行后续处理，去除氮、磷。

村庄应尽可能利用自然落差进行跌水充氧，减少或不用水泵提升，跌水充氧接触氧化池

可实现自动控制。

三、厌氧滤池-氧化塘-生态渠污水处理工艺

1. 工艺流程

该工艺适用于拥有自然池塘和闲置沟渠且规模适中的村庄，处理规模不宜超过 200t/d。工艺主要由厌氧池、厌氧滤池、氧化塘、生态渠构成，其工艺流程如图 8-30 所示。

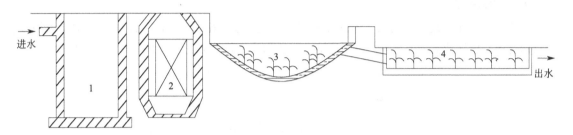

图 8-30　厌氧滤池-氧化塘-生态渠工艺流程
1—厌氧池；2—厌氧滤池；3—氧化塘；4—生态渠

2. 工艺原理

生活污水经过厌氧池和厌氧滤池，截流大部分有机物，并在厌氧发酵作用下，被分解成稳定的沉渣；厌氧滤池出水进入氧化塘，通过自然充氧补充溶解氧，氧化分解水中有机物；生态渠利用水生植物的生长，吸收氮磷，进一步降低有机物含量。

该工艺采用生物、生态结合技术，可利用村庄自然地形落差，因地而建，减少或不需动力消耗。厌氧池可利用三格式化粪池改建，厌氧滤池可利用净化沼气池改建，氧化塘、生态渠可利用河塘、沟渠改建。

生态渠通过种植经济类的水生植物（如水芹、空心菜等），可产生一定的经济效益。

四、厌氧池-人工湿地污水处理工艺

1. 工艺流程

该工艺适用于经济条件一般和对氮、磷去除有一定要求的村庄，主要由厌氧池、人工湿地构成，其工艺流程如图 8-31 所示。

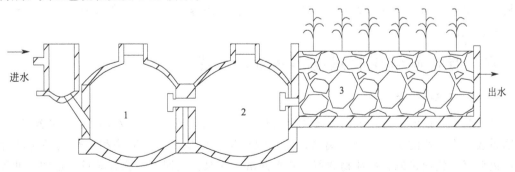

图 8-31　厌氧-人工湿地工艺流程
1——级厌氧池；2—二级厌氧池；3—人工湿地

2. 工艺原理

厌氧池-人工湿地技术利用原住户的化粪池作为预处理，然后再通过两个厌氧池对污水中的有机污染物进行消化沉淀后进入人工湿地，污染物在人工湿地内经过滤、吸附、植物吸收及生物降解等作用得以去除。该技术工艺简单，无动力消耗，维护管理方便。

五、地埋式微动力氧化沟污水处理工艺

1. 工艺流程

该工艺适用于土地资源紧张、集聚程度较高、经济条件相对较好的村庄。工艺主要由格栅、厌氧消化池、厌氧滤池、射流泵、好氧滤池、氧化沟构成，其工艺流程见图 8-32、图 8-33。

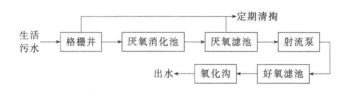

图 8-32　地埋式微动力氧化沟工艺流程（一）

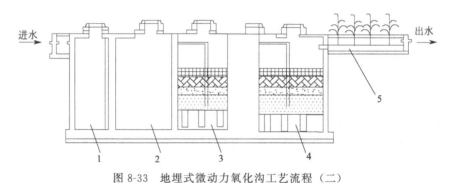

图 8-33　地埋式微动力氧化沟工艺流程（二）
1—蓄存池；2—厌氧池；3—厌氧滤池；4—好氧滤池；5—氧化沟

2. 工艺原理

该污水处理装置组合利用沉淀、厌氧水解、厌氧消化、接触氧化等处理方法，进入处理设施后的污水，经过厌氧段水解、消化，有机物浓度降低，再利用提升泵提升同时对好氧滤池进行射流充氧，氧化沟内空气由沿沟道分布的拔风管自然吸风提供。已建有三格式化粪池的村庄可根据化粪池的使用情况适当减小厌氧消化池的容积。该装置全部埋入地下，不影响环境和景观。

六、导流曝气生物过滤污水处理工艺

（一）工艺流程

该工艺充分借鉴了污水下向流曝气生物滤池法、上向流曝气生物滤池法、接触氧化法、生物膜法、人工快滤法、沉降分离法、给水快滤法、无泵污泥回流法和硝化反硝化法等方法，集曝气、快速过滤、悬浮物截留、两曝两沉、无泵污泥回流、脱氮除磷、定期反冲等工艺于一体，从而使污水在 U 形双锥这个处理系统内，综合实现三级、三区、三相导流、无泵污泥外排及回流处理全过程，是一种典型的高负荷、淹没式、固定化生物床的三相导流脱

氮除磷反应器，处理后的污水优于排放标准，实现中水回用，处理后的污水基本上不受排向影响，较适合越来越严的环保要求，今后无升级改造的后顾之忧，是目前理想的污水处理装置，工艺流程如图8-34所示。

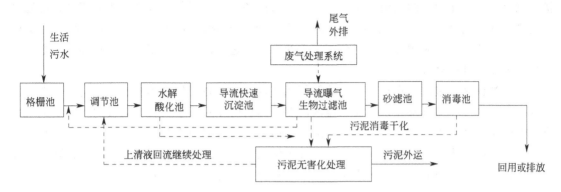

图8-34 导流曝气生物过滤污水处理工艺

(二) 工艺原理

1. 格栅

去除污水中较大的悬浮物，确保污水泵正常稳定地运行。

2. 调节池

调节污水水量、水峰和水质，以削减高峰负荷，利于下一步后续处理，同时用污水提升泵将污水提升，满足污水处理高筑物高程布置。

3. 导流快速沉淀分流系统

采用导流沉淀快速分流工艺，污水以下向流的方式，均匀地进入中间沉降区，并借助于流体下行的重力作用，使污泥以4倍于平流沉淀池的沉速，将污泥快速沉降到导流沉淀快速分流系统底部，在上部水的压力下，通过无泵污泥外排系统，将污泥排至污泥干化池进行处理。污水在导流板的作用下，以向上流的方式，经过斜管沉淀区，以8倍于平流沉淀池的沉淀速度，使污泥在重力的作用下，同样快速沉降到导流沉淀快速分流系统底部，污泥同样经无泵排泥系统流至污泥干化池进行处理。污水经导流沉淀快速分流系统处理后，清水流至导流曝气生物过滤系统，进行继续处理。

4. 水解酸化系统

采用升流式污泥床反应工艺，废水均匀地进入水解酸化池的底部，以向上流的运行方式通过包含颗粒污泥或絮状污泥的污泥床完成水解和酸化的过程，在对悬浮物进行去除的同时，改善和提高原污水的可生化性，以利于后续处理。

5. 导流曝气生物过滤系统

(1) 内锥接触氧化 在内锥即向下流对流接触氧化区内装有粒径较小的滤料，滤料下设有水管和空气管。经格栅、调节池、水解酸化池、导流快速沉降分离池预处理后的污水，自上而下进入内锥即向下流对流接触氧化生物过滤区，通过滤料空隙间曲折下行，而空气是自下而上行，也在滤料空隙间曲折上升，在对流接触氧化池中，与污水及滤料上附着的生物膜充分接触，在好氧的条件下发生气、液、固三相反应。

(2) 导流回流　主要流程：①通过内锥即向下流对流接触氧化生物过滤区处理后的污水，在重力作用下导入沉降无泵污泥回流区，通过导流板的作用，并借助流体下行的重力，使重于水的污泥顺势下沉于锥底。②借助于上部的水压作用，压入锥底排泥管，排至污泥槽，流至污泥干化池。污泥流至干化池后，上清液和污泥在干化过程中外排的废液，都通过回流槽，回流到污水处理池前端，进入厌氧池或水解酸化池反硝化处理，干化污泥外运处理。③将导流沉降无泵污泥回流区分离出来的水，通过导流板的作用，导入外锥即向上流曝气生物过滤区继续处理。

(3) 外锥生物过滤　在外锥对流接触氧化区内也装有粒径较小的滤料，滤料下也设有空气管和水管。经导流沉降无泵污泥回流区沉淀分离后的相对清水，在导流板的作用下进入外锥。经过缓冲区后进入滤层，与空气一道自下而上，通过滤料空隙间曲折上升，与污水及滤料表面附着的生物膜充分接触，在好氧条件下发生气、液、固三相反应，由于生物膜附着在滤料上，不受泥龄限制，因而种类丰富，对于污染物的降解十分有利。

6. 清水反冲洗系统

内锥和外锥在运行过程中，随着生物膜的新陈代谢，脱落在生物膜及滤料上截留的杂质不断增加，滤料中水头损失增大，水位上升，到一定时期，需对滤料进行反冲洗。

7. 砂滤系统

其作用是进一步去除污水中的杂质，使后续快渗系统能够稳定运行。

8. 消毒系统

消毒是水处理的重要工序，消毒由消毒设施和消毒设备两部分组成。消毒设施主要保证污水与消毒剂有效混合和消毒接触时间两个方面，污水消毒设备主要考虑消毒剂的自产和消毒剂的贮存和准确投加三个方面。

9. 污泥消毒干化池

外排污泥流到干化池后，上清液回流到污水池前端继续处理，污泥消毒干化后外运处理。

10. 污水处理房屋

污水处理房由提升泵房、值班室、设备间、污泥干化堆积场组成。

 阅读资料

我国农村水污染现状

水是生命之源，农业之源。有统计表明，在我国农业自然灾害中70%是水旱灾害，而水旱灾害中旱灾又占70%；淡水退化面积占淡水总面积的33%。

随着"农村工业化"步伐的加快，城市工业向农村转移，乡镇工业造成的环境污染逐年增加。根据2000年全国环境统计公报显示，我国乡镇工业废水排放量达41.1亿吨，化学需氧量排放总量254.3万吨，废气排放量463.3万吨，工业废弃物产生量15008.8万吨，工业固体废物排放量2143.4万吨。目前，乡镇工业化学需氧量、粉尘和固体废物排放量占全国工业污染物排放总量的比重均接近或超过50%。以上这些都对农村生态环境造成巨大威胁。

随着城市化进程的加快,小城镇和乡村聚居点人口迅速增加,城市化倾向日趋明显。但与城市相对规范的规划、较完善的基础设施相比,小城镇和乡村聚居点在这些方面明显落后,绝大部分城镇的生活污水未经处理而直接排入河道,成为农村内河水污染的主要来源。据统计,全国农村生活污水日排放量为2320.5万吨,其中总氮日排放量约为283.1t,总磷约为56.6t。另外,大多数村镇没有无害化垃圾填埋场,生活垃圾被随意抛弃在河塘或低洼地,不仅影响城镇卫生,而且造成河流淤积,污染水体。这些已经成为环境保持的突出问题和影响人体健康的主要因素之一。

在诸多的生态环境问题中,农业自身造成的污染也不容忽视。

① 我国化肥、农药的滥用。化肥年使用量多达4124万吨,按播种面积计算,化肥使用量达$400kg/hm^2$,远远超过发达国家为防止化肥对水体造成污染而设置的$225kg/hm^2$的安全上限。化肥的平均利用率仅40%左右,加剧了江河湖泊的富营养化。全国每年农药使用量达30多万吨,除30%~40%被作物吸收外,大部分进入了水体、土壤及农产品中,使全国933.3万公顷耕地遭受了不同程度的污染,严重威胁了人们的身体健康。

② 地膜污染正在加剧。据对有关省区的发现,被调查区地膜平均残留量为$37.8kg/hm^2$,其中最高的达$268.5kg/hm^2$,地膜污染的直接经济损失在1500万元以上。

③ 农业生产残留物如秸秆、畜禽粪便等不合理利用造成的污染也不容忽视。我国每年产出秸秆6.5亿多吨,畜禽养殖场排放的粪便及粪水超过17亿吨。

当前,如何在工业、农业快速发展的同时保护好生态环境,实现农村经济效益、环境效益和社会效益的同步提高,已成为我国农村现代化建设中的一个突出问题。

第九章 农业固体废物处理与回用

随着农业生产水平和农民生活水平的不断提高,对原来用作肥料和燃料的农业废弃物的利用越来越少,农业废弃物越来越多。我国已成为世界上农业废弃物产出量最大的国家,其中农作物秸秆产量达 5 亿吨/年,畜禽粪便排放量达 134 亿吨/年,生活垃圾达 7 万吨/年。随着农业生产的迅速发展和人口的增加,这些废弃物以年均 5%～10%的速度递增,如何合理利用农业废弃物资源,真正实现农业废弃物变"废"为"宝",对缓解我国能源压力,保护生态环境,促进农业的可持续发展具有重大意义。

本章主要讲述这些农业固体废物的来源、分类及其处理。

第一节 农业固体废物来源

我国农业固体废物主要包括畜禽养殖废弃物、农作物秸秆、农用塑料残膜、农村生活垃圾等。

一、畜禽养殖废弃物

1. 来源

我国农村养殖的畜禽主要有猪、牛、马、羊、驴、鸡、鸭、鹅等,此外还有少量的鹿、兔、狐狸、狗、鸵鸟、鸽等。我国的养殖业过去是以农家畜牧分散养殖为主,但随着社会的进步,规模化、集约化生产养殖成为主体且主要是猪、牛、鸡、鸭等,因此畜禽养殖废弃物主要属这几类。规模化养殖见图 9-1、图 9-2。

图 9-1 规模化养鸡

图 9-2 规模化养猪

一般情况下畜禽粪便中含有大量畜禽没有被转化的有机质，以及氮、磷、钾等营养元素，由于大量添加钙、磷等矿物元素以及铜、铁、锌、锰、钴、硒和碘等微量元素，未被吸收的过量矿物元素又从畜禽粪便中排出。据测算，全国每年由猪粪中排出的磷多达106.2万～212.4万吨，添加剂微量元素大约有10万吨。可见畜禽粪便的确是重要资源，资源化利用的潜力巨大。

2. 对环境的污染

畜禽养殖废弃物对环境的污染主要表现在以下几个方面。

(1) 对大气的污染　由于畜禽高度密集，厩舍内潮湿，灰分、粪便、霉变垫料及呼出的二氧化碳等散发出恶臭气，研究表明臭气成分中臭味化合物168种，其中13%以上属于鲜粪成分。

(2) 对水体的污染　畜禽粪便能直接或间接进入地表水体，导致河流严重污染，水体严重恶化，致使公共供水中的硝酸盐含量及其他各项指标严重超标，其对于水体的污染不亚于工业污水。同时，畜禽粪便尿液淋溶性极强，可以通过地表径流污染地下水，也可经过土壤渗透污染地下水。

(3) 对土壤的危害　对土壤的危害主要表现在土壤的营养积累，动物粪便作为有机肥长期使用，将导致N、P、Cu、Zn及其他微量元素在土壤中的富集。

(4) 对生物的危害　畜禽污水会引起传染病和寄生虫的蔓延，传播人畜共患病，直接危害人的健康，特别在非冬季节，畜禽粪便孳生大量蚊蝇，使环境中病原种类、病原菌数量增大，从而造成人、畜传染病和寄生虫的蔓延。

二、农作物秸秆

1. 来源

秸秆是成熟农作物茎叶部分的总称。通常指小麦、水稻、玉米、油料、棉花、甘蔗等农作物在收获籽实后的剩余部分。据统计，我国现有的耕地，农作物秸秆年产出量达6亿吨之多，其中稻草1.8亿吨，玉米2.2亿吨，小麦1.1亿吨，还有油菜秸、大豆秸、甘蔗梢、高粱秸、花生秧及壳等产出的秸秆量都超过千万吨。农作物光合作用的产物有一半以上存在于秸秆中，秸秆富含氮、磷、钾、钙、镁和有机质等，是一种具有多用途的可再生的生物资源，秸秆也是一种粗饲料。特点是粗纤维含量高，达30%～40%，并含有木质素等。堆积的秸秆见图9-3。

图9-3　堆积如山的秸秆

2. 焚烧秸秆的危害

人们现在对秸秆处理方式最直接的印象就是在田里大量焚烧，这种现象在我国东部表现得尤为突出。每年夏收、秋收之后，田野里火光冲天，浓烟笼罩，有时滚滚浓烟几乎使人窒息，由于焚烧秸秆而造成的机场停运、高速公路封闭的情况时有发生，损失难以计数。焚烧秸秆的危害主要表现在以下方面。

(1) 污染空气环境，危害人体健康　据研究表明，焚烧秸秆时，大气中SO_2、NO_2、可吸入颗粒物三项污染指数达到高峰值,其中 SO_2 的浓度比平时高出 1 倍,NO_2、可吸入颗粒物的浓度比平时高出 3 倍。当可吸入颗粒物浓度达到一定程度时,对人的眼睛、鼻子和咽喉含有黏膜的部分刺激较大,轻则造成咳嗽、胸闷、流泪,严重时可能导致支气管炎发生。

(2) 引发火灾,威胁群众的生命财产安全 秸秆焚烧,极易引燃周围的易燃物,尤其是在村庄附近,一旦引发火灾,后果将不堪设想。

(3) 引发交通事故,影响道路交通和航空安全 露天焚烧秸秆带来的一个最突出的问题就是焚烧过程中产生滚滚浓烟,直接影响民航、铁路、高速公路的正常运营,对交通安全构成潜在威胁。机场每逢农作物收割季节都深受秸秆露天焚烧的危害,有时机场能见度低于 400m,严重影响机场航班正常起飞和降落,将造成极为不良的社会影响。

(4) 破坏土壤结构,造成耕地质量下降 在农田焚烧稻草秆、焚烧秸秆使地面温度急剧升高,能直接烧死、烫死土壤中的有益微生物,会使土壤的自然肥力和保水性能大大下降,土壤水分损失 65%～80%,板结不耐旱,从而影响作物对土壤养分的充分吸收,直接影响农田作物的产量和质量,影响农业收益。

三、农用塑料残膜

1. 农用薄膜利用现状

地膜覆盖具有增温、保水功能并能导致农作物增产及作物适作区扩大。随着我国农业的不断发展,20 世纪 80 年代起我国就开始将地膜应用于农业生产,并成为全世界覆盖栽培面积最大的国家。目前,在新疆、山东、山西、内蒙古、黑龙江、陕西、甘肃等高寒、干旱及半干旱地区,地膜覆盖技术已逐渐推广应用到 40 多种农作物的种植上,尤其是在蔬菜、玉米和棉花种植方面应用广泛,并呈现持续增长的趋势。据统计,中国农膜使用量一直保持持续的增长态势,使用量从 1991 年 31.9 万吨增加到 2004 年的 93.1 万吨,增加了近 3 倍。地膜覆盖种植面积大幅度上升,据 1982～2005 年《中国农业统计年鉴》的数据显示,1981 年农作物覆盖种植面积仅为 1.5 万公顷,1991 年达到 490.9 万公顷,2001 年上升到 1096 万公顷,2004 年更进一步达到 1200 万公顷,为 1981 年覆盖面积的 800 倍,增长速度非常快,详见图 9-4、图 9-5。

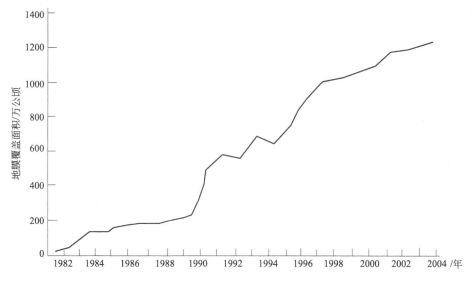

图 9-4　1982～2004 年中国地膜的覆盖面积

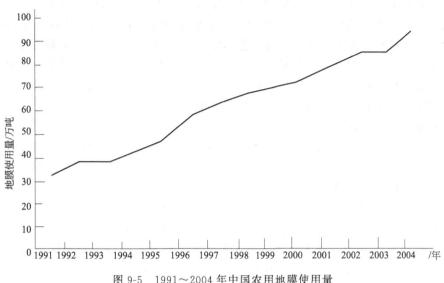

图 9-5　1991～2004 年中国农用地膜使用量

2. 塑料残膜的危害

据调查，长期使用地膜覆盖的农田中地膜残留量一般在 60～90kg/hm²，最高可达 165kg/hm²。据科学工作者对河北邯郸地区的地膜残留情况调查，棉田地膜残留率一般在 10%～20%之间，若按照这个比例计算，全国地膜年残留量从 1991 年的 3.2 万～6.4 万吨上升到 2004 年的 9.3 万～18.6 万吨，13 年间地膜年残留量增加了近 3 倍。农膜覆盖的农田见图 9-6。

图 9-6　农膜覆盖的农田

农膜的原料是人工合成的高分子化合物，这些物质的分子结构非常稳定，很难在自然条件下进行光降解和热降解，也不易通过细菌和酶等生物方式降解，一般情况下，残膜可在土壤中存留 200～400 年。随着地膜应用范围扩大，其副作用也随之显现出来，尤其是土壤中残膜的不断累积，残膜不仅污染土壤，妨碍耕作，破坏耕作层土壤结构，而且阻碍水肥输导，影响土壤通透性和作物生长发育，已经对农业环境构成重大威胁。

残留农膜对农业生产及环境都具有较大的危害，主要表现在以下几个方面。

(1) 对土壤特性的影响　由于地膜不易分解，残留在农田土壤中的地膜对土壤特性会产生一系列不利影响,最主要的是残留地膜在土壤耕作层和表层将阻碍土壤毛细管水、降水和灌溉水的渗透,影响土壤的吸湿性,从而阻碍农田土壤水分的运动,导致水分移动速度减慢,水分渗透量减少。研究显示,水分下渗速度与土壤中地膜残留量呈对数关系,当残留量达到 360kg/hm² 时,水分下渗速度明显减慢,只相当于对照的 2/3。残留在土壤中的地膜还可能使土壤孔隙度下降,通透性降低,在一定程度上破坏农田土壤空气的正常循环和交换,进而影响到土壤微生物正常活动,降低土壤肥力水平。

(2) 对农作物的危害

① 对农作物生长发育的抑制作用　残膜的聚集阻碍土壤毛细管水的运移和降水的渗透,对土壤容重、孔隙度和通透性都产生不良影响,造成土壤板结、地力下降。由于残膜影响和土壤理化性状的破坏,必然造成农作物种子发芽困难,根系生长发育受阻,农作物生长发育受抑制。同时,残膜隔离作用影响农作物正常吸收养分,影响肥料利用效率,致使产量下降。研究显示,当土壤中地膜残留量达到 37.5kg/hm² 时,小麦基本苗较对照减少 25%,冬前分蘖数较对照减少 17%,表现出苗慢、出苗率低、根系扎得浅,有些根系由于无法穿透残膜碎片而呈现弯曲横向发展,残留地膜对玉米、茄子、白菜和花生根系的生长具有明显的抑制作用。

② 对农作物产量的影响　大量研究结果显示,当土壤中地膜残留量达到一定数量时会影响作物生产环境和自身的生长发育,进而影响到农作物的产量。通过控制试验发现,当 2m² 耕地中埋入 2m²、4m²、8m² 的地膜后,小麦产量分别较对照减少 15.3%、30.8% 和 46.2%。残留地膜对花生产量有极显著的影响,尤其是单株结果数影响较大,减产率高达 32.9%。

(3) 对牛、羊等家畜的危害　残膜的碎片还会随农作物的秸秆和饲料混在一起,牛羊等家畜误食后,可导致肠胃功能不良,严重时会引起牲畜死亡。在甘肃梁平地区调查发现,一些牛羊由于误食残留在农田的地膜而死亡。在山东泗水县苗馆镇也出现多起羊、牛吞食了化纤塑料之类杂物而死亡的事例。

四、农村生活垃圾

1. 来源

农村生活垃圾主要包括厨房剩余物、包装废弃物、一次性用品废弃物、废旧衣服和鞋帽等。由于目前农村生活垃圾处理设施建设严重滞后甚至没有处理设施,部分农民环保意识又相对较差,许多难以回收利用的固体废物,如旧衣服、一次性塑料制品、废旧电池、灯管、灯泡等随意倒在田头、路旁、水边,许多天然河道、溪流成了天然垃圾桶。

2. 农村生活垃圾的危害

农村生活垃圾随意堆放不仅侵占了土地,而且还成为蚊蝇、老鼠和病原体的滋生场所。随着时间的推移,混合垃圾腐烂、发臭以及发酵甚至发生反应,不仅会释放出危害人体健康的气体,而且垃圾的渗滤液还会污染水体和土壤,进而影响农产品的品质。另外,农村自来水普及率偏低,饮用水大多取自浅井,因此,垃圾中的一些有毒物质的渗漏,如重金属,废弃农药瓶内残留农药等,随雨水的冲刷,迁移范围越来越广,最终通过食物链影响人们的身体健康。

五、农业废弃物资源化利用的意义

1. 消除日益严重的环境污染

农业废弃物的污染主要表现为:①秸秆焚烧和臭气引起的空气污染;②重金属、农药和兽药残留引起的土壤污染；③农业"白色污染"；④粪便等造成的水源污染；⑤农业废弃物引起细菌和病毒的传播。

合理利用农业废弃物资源可以有效地降低或者消除以上存在的环境污染问题。

2. 改善耕地土壤质量

近年来，我国耕地土壤有机质含量有下降趋势，土壤缓冲能力减弱，抗灾能力衰退，化肥利用率低，土壤肥力降低。实现农业废弃物的肥料化利用，生产有机肥料可以补充土壤养分，提高土壤中营养元素的有效性，并有助于改善土壤质地。

3. 解决农村能源短缺问题

我国农村人口占全国总人口的50%以上，生物能源一直是农村的主要能源之一，农村生活用能仍有57%依靠薪柴和秸秆。薪柴消费量超过合理采伐量的15%，导致大面积森林植被破坏，水土流失加剧和生态环境失衡。全国生态农业和生态家园建设的实践已经证明，有效利用农林废弃物和乡镇生活废弃物，发展农村沼气等能源工程和生态农业模式，可有效地促进生态良性循环，减轻对森林资源的破坏，减少土壤侵蚀和水土流失，保护生物多样性。

第二节 农业固体废物的预处理

农业固体废物通常需要预处理才能进行资源化处理。

一、农业固体废物的特点

从农业固体废物的来源与成分来看，有以下特点：数量大、成分多、面积广、治理难。近年来，一些难以自生自灭的废弃物，如包装废弃物、一次性用品废弃物等在农村大量地出现，如婴幼儿使用的一次性尿不湿、妇女卫生用品、废旧衣服和鞋帽等，尤其是塑料制品、玻璃、陶器、废旧电器、电池、磁带、光盘、玩具等在农业固体废物中的比例逐年增加。另外，随着农民生活条件的改善，液化气的普及利用和化肥的滥用，许多有机垃圾如秸秆和稻草等未被利用或还田，而是作为废弃物被随意丢弃，使农村生活垃圾数量和成分上发生很大变化。由于农民居住比较分散，不像城市那样集中，哪里有人或者住所，哪里就有固体废物的存在，其分布面积广，给集中治理带来了难度。

二、农业固体废物的处理现状

我国农村的固体废物存在着随意丢弃、随意焚烧的情况，基本上没有无害化处理。在农村，按传统的观念，主要是靠"垃圾堆"这种方式收集和堆放垃圾，然后再通过焚烧等方式解决。经济发展水平在很大程度上决定了农业固体废物的处理情况，在经济相对发达的地区，如深圳、上海、浙江及苏南的农村地区，垃圾处理状况要比其他农村地区乐观一些，很多地方都设置了固定垃圾池，有些地方还实行了上门收垃圾。但实践表明，由于受到资金筹集等方面的因素制约，固体废物污染仍然比较严重。在经济发展相对落后的地区，其农业固体废物一般不经处理而直接乱堆乱放，破坏了村容、侵占了土地、污染了地下水及河流，对农村环境造成了严重的影响，必须采取措施加以解决。

三、农业固体废物的预处理

我国农业固体废物预处理的方法主要有破碎、筛分、分选等几种方式。

1. 固体废物的破碎

(1) 定义 利用外力克服固体废物点间的内聚力而使大块固体废物分裂成小块的过程称为破碎。破碎是所有固体废物处理方法的必不可少的预处理工艺,是后续处理与处置必须经过的过程。通过外力克服固体废物点间内聚力使大块分裂为小块即破碎,进一步分裂为细粉即磨碎。

(2) 破碎意义 固体废物破碎后有利于"三化"处理:①固体废物经破碎之后,尺寸减小,粒度均匀,有助于固体废物的焚烧、堆肥和资源化利用处理;②固体废物经破碎之后,体积减小,容重和密实性增加,便于运输、压缩、贮存和高密度填埋及土地还原利用等;③固体废物经破碎之后,有助于不同组分单体分选与回收利用。破碎主要有压碎、拷碎、折断、磨碎、冲击破碎几种方式,详见图 9-7。

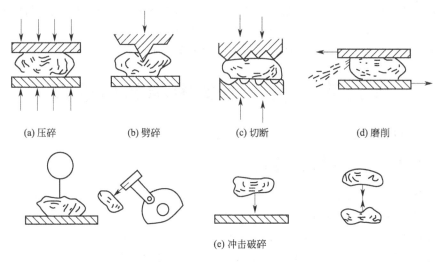

图 9-7 破碎方法

(3) 破碎机分类 根据破碎的原理不同和产品颗粒大小不同,破碎机分为很多型号。目前主要有颚式破碎机、反击式破碎机、立式冲击式破碎机、液压圆锥破碎机、环锤式破碎机、锤式破碎机、辊式破碎机、复合式破碎机等。

(4) 破碎流程 根据固体废物的性质、粒度大小,要求的破碎比和破碎机的类型,每段破碎流程可以有不同的组合方式。

① 单纯破碎工艺 简单、操控方便、占地少等优点,但只适用于对破碎产品粒度要求不高的场合。

② 带预筛分破碎工艺 相对减少了进入破碎机的总给料量,有利于节能。

③ 带检查筛分破碎工艺 可获得全部符合粒度要求的产品。

典型带预筛分和检查筛分破碎工艺见图 9-8。

2. 固体废物的筛分

(1) 定义 筛分是利用筛子将物料中小于筛孔的细粒物料透过筛面,而大于筛孔的粗粒物料留在筛面上,完成粗、细粒物料分离的过程。物料分层是完成分离的条件,细粒透筛是分离的目的。

(2) 筛分的原理 为了使粗细物料通过筛面而分离,必须是物料和筛面之间具有适当的

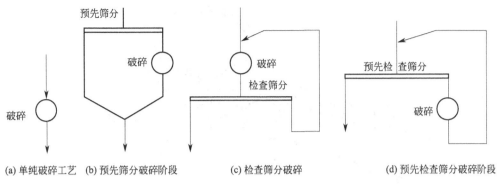

图 9-8 破碎基本工艺流程

相对运动,使筛面上的物料层处于松散状态,即按颗粒大小分层,形成粗粒位于上层,细粒位于下层的规则排列,细粒到达筛面并透过筛孔。同时,物料和筛面的相对运动还可使堵在筛孔上的颗粒脱离筛孔,但它们透筛的难易程度却不同。粒度小于筛孔尺寸 3/4 的颗粒,很容易通过粗粒形成的间隙到达筛面而透筛,称为"易筛粒";粒度大于筛孔尺寸 3/4 的颗粒,很难通过粗粒形成的间隙,而且力度越接近筛孔尺寸就越难透筛,这种颗粒称为"难筛粒"。

筛分常与粉碎相配合,使粉碎后的物料的颗粒大小可以近于相等,以保证合乎一定的要求或避免过分的粉碎。

3. 固体废物的分选

固体废物分选简称废物分选,目的是将有用的成分分选出来加以利用,并将有害的成分分离出来。根据物料的物理性质和化学性质分别采用不同的分选方法,包括人工分选、风力分选、水力分选、重力分选、磁力分选等。

(1) 风力分选 风力分选的基本原理是气流将较轻的物料向上带走或在水平方向带向较远的地方,而重物料则由于向上气流不能支承它而沉降,或是由于重物料的足够惯性而不被剧烈改变方向穿过气流沉降。被气流带走的轻物料再进一步从气流中分离出来,一般用旋流器分离。

(2) 水力分选 水力分选也叫水力跳汰,是在垂直变速水流中按密度分选固体废物的一种方法。它使磨细的混合废物中的不同密度的粒子群,在垂直脉动的水流中按密度分层,小密度的颗粒群位于上层,大密度的颗粒群位于下层,从而实现物料分离。

(3) 磁力分选 磁力分选是借助磁选设备产生的磁场使铁磁物质组分分离的一种方法。在固体废物的处理系统中,磁选主要用作回收或富集黑色金属,或是在某些工艺中用以排除物料中的铁质物质。磁力分选原理见图 9-9。

常用设备主要有磁鼓式分选机,它是将一个悬挂式的磁鼓装在一台物料传送机的一端。用一传送带输送固体废物,入选物料进入磁鼓的磁场以后,磁性物质被磁鼓吸着,并随磁鼓转动,到达非磁性区脱落,非磁性物质由于未被磁鼓吸着而与磁性物质分开。

四、农业固体废物收集运输

1. 农业固体废物的收集

农业固体废物的收集是将农民家中的垃圾、人畜粪便收集至垃圾箱中及将残留田间农膜、农作物秸秆收集到指定地点的过程。固体废物宜进行分类收集,分类是实现垃圾减量

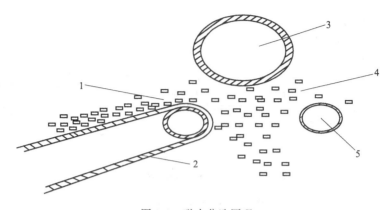

图 9-9 磁力分选原理
1—固体废物；2—传送带；3—固定式电磁铁；4—磁性物质；5—记录纸圈转筒

化、资源化、无害化的前提，分类越细，越有利于回收利用和处理。但是如果分类过细，又会造成劳动强度大、操作成本增加。因此，应综合考虑当地农业固体废物组成、农民生活习惯、处理设施及处理方式等情况，然后确定分类标准。厨余垃圾在收集之前，尽可能将大部分用作禽畜饲料，直接实现减量化和资源化；对于不属于养殖禽畜家庭产生的此类垃圾以及垃圾中难以用作禽畜饲料的部分，宜收集后进行集中处理。废弃物品中有一部分可进行回收资源化处理，考虑到农村经济条件，废弃物品中可回收成分有限，对其中难以回收的部分应收集后集中处理。

2. 农业固体废物的运输

农业固体废物的转运是将农民家庭附近固体废物收集箱中的固体废物运输至处理地点的过程。由于农村家庭大多高度分散，且固体废物产量相对较少，若直接用车辆从固体废物箱中运走固体废物，运输频率高则成本高，运输频率低则固体废物易于腐烂。因此，宜采用"村屯固体废物收集间、乡镇固体废物转运站"的转运模式。

第三节　农业固体废物的资源化处理

随着我国农民的生活水平逐日提高，农村生活垃圾的数量也与日俱增，生活垃圾的成分也越来越复杂，治理难度也不断增加。据调查，农村平均每天每人生活垃圾量为 0.8kg，全国农村一年的生活垃圾量接近 3 亿吨。

一、农村生活垃圾资源化处理

1. 生活垃圾的简单处理

目前，我国生活垃圾处理的主要方式是填埋和焚烧。大约有 90% 以上的垃圾都采用填埋处理方式。填埋虽然具有处理量大、无需进行垃圾分类、对技术设施要求较低、操作相对简单等优点，但是近 20 年填埋垃圾的实践暴露出不少问题：①占用大量的土地，多地方已无地可埋；②露天的垃圾堆存场臭气难闻，蚊蝇鼠害滋蔓，成了疾病的滋生地和传播源；③垃圾渗沥液属高浓度有机废水，严重污染地下水和地表水以及江河湖海；④沼气引起垃圾场爆炸；⑤垃圾发酵挥发出的气体含有致癌致畸物；⑥旧的灯管、废电池中含有铅、镉、砷、汞、镍、铬、锌、铜等重金属，会产生生物毒性和引起植物生长阻碍等。

2. 生活垃圾的科学处理

(1) 集中处理 主要方式为各村收集—乡镇中转—县城处理。也就是每个村建垃圾收集箱，乡镇建垃圾中转站，后运到县级垃圾处理场集中处理。该处理方式最大缺点是运行费用很高，对落后的山区政府无法承受。如浙江省丽江市莲都区共有22个乡镇街道、369个行政村，2006年农村生活垃圾总量约4万吨，每个乡镇建一座垃圾中转站投资660万元。运行费用按《浙江省城镇卫生有偿服务办法》和建设部《全国城市市容环境卫生统一劳动定额》人工工资平均800元/月计，垃圾中转费用4.14元/t，垃圾清运费202元/(t·km)。按莲都区4万吨垃圾，平均运距30km计，年垃圾中转费16.56万元，清运费242.4万元，合计258.6万元。

(2) 建小型焚烧炉 这种处理方式运行费用较小，但因小型焚烧炉直接排放，垃圾焚烧产生的二噁英对大气产生污染，危害人类的身体健康。

(3) 建设沤肥场 沤肥处理就是将生活垃圾堆积成堆，保温至70℃贮存、发酵，借助垃圾中微生物分解的能力，将有机物分解成无机养分。经过堆肥处理后，生活垃圾变成卫生的、无味的腐殖质。既解决垃圾的出路，又可达到再资源化的目的，但是生活垃圾堆肥量大，养分含量低，长期使用易造成土壤板结和地下水质变坏。所以，堆肥的规模不宜太大，适合小乡村垃圾处理。在农村地区重提垃圾堆肥，就是为了保护和改善农村地区生态环境，让农民的生产和生活环境得到显著改善。

二、农村畜禽粪便资源化处理

畜禽粪便中含有丰富的有机质，经处理和加工后可转化为肥料、饲料和燃料等资源，不仅可解决畜禽养殖场环境污染问题，而且具有显著的经济、社会和生态效益，对促进畜牧业可持续发展，实现农业生产的良性循环具有重要意义。

1. 畜禽粪便肥料化

目前规模化畜禽养殖场采用的清粪工艺主要有三种：水冲粪、水泡粪和干清粪工艺。干清粪工艺是将粪便一经产生便分流，干粪由机械或人工收集、清扫、集中、运走，尿与污水则从下水道流出，分别进行处理。这种工艺可以节约用水，减少废水和污染物排放量，可保持猪舍内清洁，无臭味，易于净化处理。固态粪便养分损失小，含水量低，肥料价值高、便于高温堆肥或制作高效生物活性有机肥，具有很好的市场前景。生物有机肥采用畜禽粪便经接种微生物复合菌剂，利用生化工艺和微生物技术，彻底杀灭病原菌、寄生虫卵，消除恶臭，对提高作物产量和品质、防病抗逆、改良土壤等具有显著功效。生物有机肥含有较高的有机质，还含有改善肥料或土壤中养分释放能力的功能菌，对缓解我国化肥供应中氮、磷、钾比例失调，解决我国磷、钾资源不足，促进养分平衡、提高肥料利用率和保护环境等功能都有重要作用。堆肥技术是我国民间处理养殖场粪便的传统方法。基本上是利用自然缓解条件堆肥，时间在30～50d，占地面积大、腐熟慢、效率低。

2. 畜禽粪便土地利用资源化

畜禽粪便是饲料经畜禽消化后未被吸收利用的残渣，其中除含有大量有机质和氮、磷、钾及其他微量元素外，还含有各种生物酶和微生物等。畜禽粪便在固、液分离后直接施加于农田进行土地处理和利用，即为土地处理直接还田技术。土地利用粪肥的最显著效益是肥料价值。土地在处理污物的同时,利用污物中的营养成分,使植物健康生长和增产,从而达到循环利用营养物质的目的。土地利用还田技术从经济和环境保护角度应遵循三个步骤:第一是确定粪便营养成分含量;第二是根据植物养分需求,以稳定施用率;第三是调整肥料施用率以补充粪便养分的不足。

3. 畜禽粪便饲料化

畜禽粪便中含有大量未消化的蛋白质、B族维生素、矿物质元素、粗脂肪和一定数量的碳水化合物,另外畜禽粪便中氨基酸品种比较齐全,且含量丰富。经过加工处理可成为较好的饲料资源。由于鸡粪含有较高的蛋白质和齐全的氨基酸种类,目前已成为非常规饲料资源。

处理鸡粪的主要方法有微波处理、高温干燥处理、生物发酵处理、青贮处理等。鸡粪高温干燥处理是通过高温烘干处理同时达到消毒、灭菌、除臭的目的,再制成干粉状饲料添加剂。鸡粪发酵处理是利用某些细菌和酵母菌通过好氧发酵有效利用鸡粪中的尿素,使其蛋白质含量达50%,氨基酸含量也大大提高。青贮方法是将鸡粪与适量玉米、麸皮和米糠等混合装缸或入袋厌氧发酵,使其具有酒香味,营养丰富、含粗蛋白20%和粗脂肪57%,高于玉米等粮食作物,是牛、猪和鱼的廉价而优质的再生饲料。

4. 畜禽粪便能源化

畜禽粪便能源化手段是进行厌氧发酵生产沼气,为生产生活提供能源,同时沼渣和沼液又是很好的有机肥料和饲料。进行沼气发酵,达到了粪便资源化、生态化、减量化和无害化的目的。其产生的沼气可用于生活和生产用能源,贮粮防虫、贮藏水果、大棚蔬菜进行二氧化碳气体施肥或温室提供热能;沼渣可作果园和花卉肥料或饲料,用于食用菌栽培、蚯蚓养殖、育秧等;沼液可用作饲料添加剂、喂鱼、追肥和无土栽培营养液。目前最有效的办法是将畜禽粪便和秸秆等一起进行发酵产生沼气,不仅能提供清洁能源,也解决我国广大农村燃料短缺和大量焚烧秸秆的矛盾。

5. 未来展望

将现有的资源化技术在一定程度上采取几种方法有机结合,进行科学组合,综合治理,使畜禽粪便得到多层次的循环利用,才能有效地解决养殖业的环境污染问题。多层次处理畜禽粪便工艺流程见图9-10。

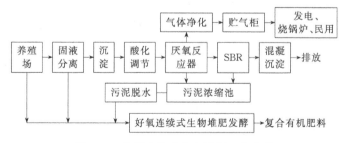

图9-10 多层次处理畜禽粪便工艺流程

三、农作物秸秆资源化处理

秸秆是农业生产过程中的副产品,也是一项重要的能量资源且每年的产量之大,使得其资源化处理势在必行。

1. 秸秆养畜过腹还田

秸秆饲料，就是将秸秆经过青贮、氨化、微贮处理后饲喂畜禽。通过养畜过腹还田，是一种具有很高综合效益的秸秆利用模式，受到群众的普遍欢迎。

(1) 青贮 将秸秆切成10cm长的小段后用粉碎机加工成长2～3cm的碎段，在青贮池内一层一层铺放，并按各种家畜对能量饲料的需求，加入适量的玉米粉、麦皮、米糠等精料，每层均反复踩实，用稀泥密封30d后即可饲用，贮存期达半年之久。

(2) 氨化处理 氨化处理的基本步骤：①首先将秸秆加工成类似粗糠的秸秆粉；②氨化贮窖深度不超过2m，每$1m^3$氨化饲料75kg左右；③秸秆粉、水和尿素的配制比例为100:(30～40):(3.5～4.5)；④秸秆粉每铺30cm按比例喷洒配制好的尿素溶液，每层均压实，当秸秆粉超过窖口呈抛物线时，经充分压实再用塑料薄膜封顶，最后用湿土压实踩实；⑤开窖取料要根据喂多少就取多少的原则，用后即封严窖口；⑥取出的氨化饲料要晾晒1～2天后方可饲喂家畜。

(3) 生化发酵处理 将秸秆经粉碎机粉碎后，加入发酵调制剂均匀拌和，填入塑料袋、水缸或水泥池内压实密封，使其软化、熟化。发酵成一种类似酿酒厂酿出的废渣即"醅糠"样物质。秸秆在发酵过程中可使粗纤维得到有效降解并经生化转化，合成氨基酸、脂肪酸、菌体蛋白及维生素等，产生醅酸等特殊风味，改良秸秆的营养价值。

2. 作为有机肥还田

(1) 机械化秸秆直接还田 农作物秸秆机械还田是以机械的方式，将田间收获后的农作物秸秆直接粉碎并均匀抛撒于地表，随即深耕翻埋，使之腐烂分解。其核心技术是采用各种秸秆还田机械将秸秆直接还田，使秸秆在土壤中腐烂分解为有机肥，以改善土壤团粒结构和保水、吸水、粘接、透气、保温等理化性状，增强土壤肥力和有机含量，使大量废弃的秸秆直接变废为宝。

(2) 利用生化快速腐熟技术制造有机肥施于田 其特点是用高新技术进行菌种培养和生产，用现代化设备控制温度、湿度、数量、质量和时间，经机械翻抛、高温堆腐、生物发酵等过程，将农作物秸秆等农业废弃物转换成优质有机肥。具有自动化程度高、腐熟周期短、产量高、无环境污染、科学配比、肥效高等优点，是当前大规模、高效率生产有机肥料的最佳途径。

(3) 利用新农艺措施使秸秆还田 目前，高效益的秸秆还田新农艺措施得到进一步扩大推广。如山东桓台的小麦、玉米套种秸秆还田技术，北京的麦秸粉碎覆盖免耕播种技术，西北地区的秸秆覆盖旱作技术，四川双流县的小麦免耕稻草覆盖栽培技术，江苏的麦秸全量自然还田高产高效稻作等技术以及先进的有机肥积造还田技术等。

3. 开发农村新能源

气化、产沼气是农作物秸秆转化为燃气的两种主要技术。

(1) 秸秆气化 将农作物秸秆缺氧燃烧，产出以CO为主要成分的可燃气体。秸秆气化技术及集中供气系统可使农村实现"一人烧火、全村做饭"，能大大提高农村生活质量。该技术在山东推广已有一定规模，河北、山西等地在示范推广。秸秆气化燃烧炉结构见图9-11。

(2) 秸秆厌氧发酵产出沼气 将农作物秸秆切成碎段适配人畜粪，在厌氧条件下发酵产生出含甲烷为主要成分的可燃气体。这些气体在稍高于常压的状态下，通过管道送往农户，使用起来类似于城市的管道煤气。

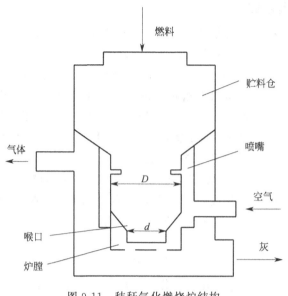

图 9-11 秸秆气化燃烧炉结构
d—喉口内径；D—气化炉内径

4. 秸秆的工业应用

农作物秸秆中，很多可用于工业原料及建筑和保温材料等。因此，在农村因地制宜，根据各类秸秆的不同性质特点，挖掘其利用潜力具有良好的前景。

我国秸秆资源利用情况见表 9-1。

表 9-1 目前我国秸秆资源的利用情况

用　　途	用量/亿吨	折合标煤/亿吨	占资源量比例/%
生活燃料	2.7964	1.1997	39.6
畜牧饲料	1.94		27.5
工业原料(造纸、手工业品等)	0.19		2.7
造肥还田	1.06		15.0
废弃或烧掉	1.07		15.2

（1）秸秆生产可降解的包装材料　植物秸秆是一种来源丰富的可再生资源。从原料特性来看，植物秸秆具有制作内包装材料的许多优点。不少植物秸秆本身就是优良的缓冲包装材料。此外，植物秸秆还可用来生产一次性餐具、瓦楞纸芯、秸秆纤维增强复合材料、植物纤维降解膜等。

（2）秸秆用做建筑装饰材料　秸秆与化学胶合剂混合，经热压可生产轻型建材，如秸秆轻体板、轻型墙体隔板、秸秆黏土砖等。秸秆人造板是利用秸秆为原料，以改性异氰酸酯为胶黏剂，在一定的温度压力下压制而成的一种人造板，因其使用的是改性异氰酸酯胶，在固化以后，不产生任何游离甲醛，是绝对的绿色环保材料。

（3）秸秆生产工业原料　植物秸秆可用来生产酒精、制作淀粉、生产饴糖、生产羧甲基纤维素、制取木糖醇、生产糠醛、制生物蛋白等。

（4）秸秆用作食用菌的培养基　由于作物秸秆中含有丰富的碳、氮、矿物质及激素等营养成分，加之资源丰富，成本低廉，很适合做多种食用菌的培养料。利用秸秆、棉籽皮、树枝叶等按一定比例粉碎混合栽培出的食用菌营养价值很高。

四、农用塑料残膜的资源处理

薄膜在塑料制品中种类繁多，使用寿命一般较短，是回收再生利用的主要品种之一。塑料薄膜回收的主要工艺流程见图 9-12。

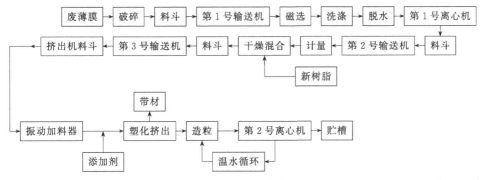

图 9-12 塑料薄膜回收工艺流程

农用薄膜主要有地膜和棚膜，地膜主要为 PE 膜，棚模有 PE、PE/EVA、PVC 膜。目前农用薄膜回收的基本途径主要有焚烧、卫生填埋、热分解、再生利用等。

1. 焚烧法

焚烧法又称为"能量回收法"，即将废旧塑料进行燃烧，并把所产生的热量用于发电等的方法。

目前我国还没有专业的塑料焚烧炉，焚烧的稳定性差、产生成复杂的废气和大量毒性极强的污染物，对大气环境造成二次污染，如多氯二苯并二噁英（PCDDS）和多氯二苯并呋喃（CDFS），因此要对燃烧排放的气体进行控制，防止二次污染物对大气环境的影响。

2. 卫生填埋法

与焚烧法相比，农用残膜的卫生填埋法具有建设投资少、运行费用低和回收沼气等优点，成为现在世界各国广泛采用的农用残膜的主要处理方法。

农用残膜密度小、体积大、占用空间大。而全国每年的农用残膜总量则估计高达几十万吨，这些垃圾若不经处理而直接填埋，不仅占用大量宝贵的土地资源，而且会给土壤、水体、大气等造成无法估算的损害。

3. 热分解法

热分解法是将分选且清洁过的农用残膜经热裂解制得燃烧料油、燃料气的方法。

很多专家认为，氢化作用可用于处理混合塑料制品。将混合的塑料碎片置入氢反应炉内，加以特定温度和压力，便能产生合成原油和瓦斯等原料。但是，高温裂解回收料油或单体的方法，设备投资较大，回收成本高，并且在反应过程中容易结焦，因此它的应用受到了限制。

4. 农用残膜的再生利用

农用残膜的再生利用可分为直接再生利用和改性再生利用两大类。直接再生利用是指将回收的废旧塑料制品经过分类、清洗、破碎、造粒后直接回工成型。改性再生利用则是指将再生料通过物理或化学方法改性（如复合、增强、接枝）后再加工成型，经过改性的再生塑料，机械性能得到改善或提高，可用于制作档次较高的塑料制品。目前再生利用是应用最为广泛的回收利用方法。

回收利用的方法主要是造粒。农用残膜经人工分拣、清洗、干燥后可生产塑料制品,如盆、桶、塑料法兰等。

农用薄膜回收工艺流程见图9-13。

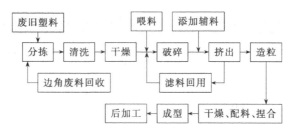

图 9-13 废旧农用薄膜生产工艺流程

农用残膜回收利用流程如下。

(1) 分拣 分拣是废旧塑料再生利用的重要工艺过程。通常分拣技术有以下几种:人工分选、磁力分选、风力分选、静电分选等。废弃塑料不同分选方法比较见表9-2。

表 9-2 废弃塑料不同分选方法比较

分选方法	主要用途	优缺点
人工分选	容易区分非塑料制品(纸张、金属件、木制品、石块等)、热塑性制品和热固性制品	效率低于机械分选,但其分选效果是机械分选无法代替的
磁力分选	有效清除金属碎屑	减少人力,但杂质较多
风力分选	分离密度差异较大塑料和碎石块、土沙块	对分离石块、沙粒效果较好,分离塑料误差大
静电分选	可分离PVC和金属	可获得单一的PVC提取物

(2) 清洗、干燥 农用薄膜一般较脏,且常夹带有泥土、沙石、草根、铁钉、铁丝等杂质,因此在回收利用时要除去这些杂质并清洗。清洗的方法有两种:手工和机械。该项目考虑到生产劳动力有保障,从降低成本因素考虑,可采用人工清洗,随着项目示范成功的推广,可不断改进工艺,添置机械自动化清洗装置。

清洗过程见图9-14。

图 9-14 农用薄膜的清洗过程

如有与农药接触严重的废弃地膜,需进一步用石灰水清洗,以中和去毒,再用冷水漂洗、晒干。

(3) 造粒 首先,把干净的废塑料采用人工(或喂料机)喂入切割压实机中。废塑料在切割压实机中被切碎、混合、加热、干燥和压实。接着,废塑料沿螺杆切向方向进入机筒并被螺杆熔融、混炼。在螺杆中部,熔体到达排气段。在这里熔体中的水分和分解物将从熔体中排出。除湿后的熔体将进入过滤器。在过滤器中,熔体可去除杂质及未熔融的塑料颗粒,以保证造出颗粒的质量。过滤完后,熔体稳定地挤入造粒头中造粒。随着造粒刀旋转切削,熔体被切成圆柱状颗粒,并在离心力的作用下甩向四周的水环里。熔体颗粒在水的冷却下形成扁豆状的固体颗粒,顺着水的流动进入螺旋输送中筛分及控水。接着带有少量水分的颗粒被送到离心干燥机中脱水。在离心力的作用下,颗粒被甩入风管里。由风送系统把干燥和冷却后的颗粒搜集起来,即完成废旧塑料造粒过程。造粒工艺流程见图9-15。

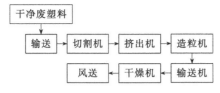

图 9-15　造粒工艺流程

（4）成型　农用地膜采用挤出吹塑的方法，卷曲成筒状薄膜；编织袋经过拉丝、编织、裁袋、缝织、印刷后制成成品。

 阅读资料

我们为拯救地球应做些什么

《青年博览》近期载文讲：人类每年从地球"榨取"的农牧产品，比地球能够天然补回的要多 20%，换言之，人类为种植业和养殖业而从地球每年抽取的养分，地球要 14.4 个月才能补充回来。

联合国计划开发署提醒人们："当资源都被用光的时候，人类也就毁了"。因此，提倡走生态发展之路，走可持续之路是当务之急，也就是要匡正"超用"地球资源现象，扩大天然资源的"生存根据地"，同时调整人类的消耗理念和生活习惯，让地球长期生存，提倡每个人作出自己力所能及的事。

文章指出"英国卫报"为配合地球峰会推出特刊文章，介绍了为拯救地球，人们在日常生活中都能为保护环境做一些简单而有所得的事情，并举出多种简单做法，摘选如下：

当您准备给家电更新换代的时候，选择环保型、节能型家电；

购买小型日光灯泡，它们的使用寿命是一般灯泡的 8 倍，更主要的是节能、少耗电；

购买本地产品，最好是自己产制，这样少浪费运输能源；

多去图书馆，少买书；

用缎带和布条包扎礼品，因为可继续利用，而且比纸或胶条更漂亮；

取消昂贵的健身俱乐部计划，每天走着去上班；

放慢开车速度，可节省燃料；

多穿一件衣服，少开中央空调；

少乘飞机，多坐火车，因为飞机产生的二氧化碳是火车的人均 3 倍；

经常清洁冰箱背面，因为布满灰尘的线圈要多消耗 30% 的能量；

把用废的干电池送到规定地方，集中处理，因为每节电池可能会毁坏一平方米的农用土地。

第十章 环境保护管理机制

环境管理是在环境保护的实践中产生,并在实践中不断发展起来的。随着环境问题不断对环境管理提出新的挑战,环境管理已逐渐形成了自己的学科——环境管理学。

第一节 环 境 管 理

环境管理包括两层含义,一是把环境管理当成一门学科看待,它是环境科学与管理科学交叉渗透的产物,是在环境管理实践基础上产生和发展起来的一门科学,它是研究环境问题,预防环境污染,解决环境危害,协调人类与环境冲突的学问;二是把环境管理当成一个工作领域看待,它是环境保护工作的一个最重要的组成部分,是环境管理学在环境保护实践中的运用,主要解决环境保护的实践问题,是政府环境保护行政主管部门的一项最重要的职能。

一、环境管理的含义及内容

1. 环境管理的基本概念

所谓环境管理是将环境与发展综合决策与微观执法监督相结合,运用经济、法律、技术、行政、教育手段,对损害环境质量的主体及其活动施加影响,以协调经济发展与环境之间的关系,达到既要发展经济满足人类的基本需要,又不超出环境的容许极限。

环境管理这一概念的变化,反映了人类对环境保护规律认识的深化程度。由此,可以得出以下结论。

(1) **环境管理的核心是对人的管理** 人与环境是对立统一的关系,在这一对矛盾中,人是矛盾的主体,是产生各种环境问题的根源。长期以来,环境管理通常将污染源作为管理对象,使环境管理工作长期处于被动局面。因此,环境管理只有对损害环境质量的人的活动施加影响,才能从根本上解决环境问题。

(2) **环境管理部门是国家重要的职能部门** 环境管理的好坏直接影响一个国家或一个地区可持续发展战略实施的成败,影响人与自然能否和谐相处,共同发展。它不仅仅是一个技术问题,也是一个重要的社会经济问题。

(3) **环境管理要协调发展与环境之间的关系** 主要是针对次生环境问题,采取积极有效的经济、行政、法律和教育手段,限制或禁止危害环境质量的活动,达到解决由于人类活动所造成的各类环境问题。

2. 环境管理目的和内容

环境管理目的是基于对环境问题的思考,人们改变自身一系列基本环境观念,从宏观到微观对人类自身的行为进行管理，控制人类与环境系统之间的物质流，以尽快的速度逐步恢复被损坏了的环境，并减少甚至消除新的发展活动对环境结构、状态、功能造成新的损害，保证人类与环境能够持久、协调发展。

环境管理的内容可以从两个方面进行划分。

(1) 从环境管理的范围来划分

① 资源环境管理　主要是自然资源的保护，包括不可更新资源的节约利用和可更新资源的恢复和扩大再生产。

② 区域环境管理　主要是协调区域社会经济发展目标与环境目标，进行环境影响预测，制定区域环境规划等。它是以行政区划分归属边界，以特定区域为管理对象，以解决该区域内环境问题为内容的一种环境管理。包括整个国土的环境管理，经济协作区和省、市、自治区的环境管理，城市环境管理以及水域环境管理等。

③ 部门环境管理　是以具体单位和部门为管理对象，以解决部门内环境问题为内容的一种环境管理。包括能源环境管理、工业环境管理、农业环境管理、交通运输环境管理、商业和医疗等部门的环境管理以及各行业、企业的环境管理等。

(2) 从环境管理的性质来划分

① 环境计划管理　是依据规划计划而开展的环境管理，环境计划管理首先要制定好各部门、各行业、各区域的环境保护规划，使之成为社会经济发展规划的有机组成部分，然后用环境保护规划指导环境保护工作，并根据实际情况检查和调整环境规划。

② 环境质量管理　是一种以环境标准为依据，以改善环境质量为目标，以环境质量评价和环境监测为内容的环境管理。是为了保护人类生存与健康所必需的环境质量而进行的各项管理工作。主要是组织制定各种环境质量标准、各类污染物排放标准、评价标准及其监测方法、评价方法，组织调查、监测、评价环境质量状况以及预测环境质量变化的趋势，并制定防治环境质量恶化的对策措施。

③ 环境技术管理　是一种通过制定环境技术政策、技术标准和技术规程，以调整产业结构，规范企业生产行为，促进企业技术改革与创新为内容，以协调技术经济发展与环境保护关系为目的的环境管理。

二、环境管理的基本职能

环境管理的基本职能，概括起来包括宏观指导、统筹规划、组织协调、监督检查、提供服务。

宏观指导指加强宏观指导的调控功能，环境管理部门宏观指导职能主要是政策指导、目标指导和计划指导。

统筹规划的职能主要包括环境保护战略的制定、环境预测、环境保护综合规划和专项规划。

组织协调包括环境保护法规方面的组织协调、环境保护政策方面的协调、环境保护规划方面的协调和环境科研方面的协调。

监督检查的内容包括环境保护法律法规执行情况的监督检查、环境保护规划落实情况的检查、环境标准执行情况的监督检查、环境管理制度执行情况的监督检查。

提供服务的内容有技术服务、信息咨询服务和市场服务。

三、环境管理的基本方法

1. 环境管理一般方法

一般程序大致可分为如下 5 个阶段：

① 经过深入调查研究，明确主要环境问题。

② 鉴别分析可能采取的对策，在明确问题基础上，提出环境管理可能采取的各种方案，然后进行费用和收益比较，通过鉴别与分析，明确可能采取的方案。

③ 制定计划/规划。根据方案，制定短期计划和长远规划。

④ 执行计划/规划。实施环境管理方案。

⑤ 调查评价及调整对策规划。对环境管理方案的执行情况进行调查分析，对其结果进行评价，对方案中不合理部分进行调整，重新制定环境规划。

上述各种步骤根据不同的环境问题，可以通过不同的方法进行，所要解决的环境问题不同，其步骤和相关顺序不尽相同。

2. 环境管理预防方法

环境预测有许多分类方法。根据预测方法的特点可分为定性预测、定量预测和模拟预测；根据预测的内容，可分为污染物排放量预测，环境污染趋势预测，生态环境变化趋势预测，经济社会发展的环境影响预测，区域政策的环境影响预测，还有科学技术发展的环境影响预测等。要实现科学预测，必须通过对过去和现状的调查及科学实验获得大量资料、数据，经过分析研究找出能反映事物的变化规律，借助数学、计算机技术等科学方法，进行信息处理和判断推理，对未来一定时间环境发展变化和趋势做出符合实际的预测。

3. 环境管理决策方法

环境管理决策就是决策理论与方法在环境保护领域的具体应用，是环境管理的核心。常用的环境管理决策方法有决策树法、决策矩阵法、单目标及多目标数学规划法等。科学的环境管理决策是提高社会、经济和环境效益的根本保证。

4. 环境管理系统分析方法

环境管理系统分析方法主要包括描述问题和收集整理数据、建立模型、优化三个步骤。在系统分析阶段建立的模型中，主要包括功能模型与评价模型两大类。功能模型能定量地表示系统的性能。对系统进行评价主要依据功能功用、时间、可靠性、可维护性和灵活性等因素加以综合考虑。因此，对解决面广、综合复杂的环境问题十分有效，常常能获得理想的效果。应用系统分析方法管理环境是环境管理向科学化、现代化方向发展的一个重要标志。

四、中国环境管理制度

从 1973 年第一次全国环境保护会议开始，特别是自 1979 年以来，中国环境管理制度日益丰富与完善，我国在环境保护的实践中，经过不断探索和总结，逐步形成了一系列符合中国国情的环境管理制度，并在环境监督管理中发挥了十分重要的作用。这些制度主要包括："老三项"制度即环境影响评价制度，"三同时"制度和排污收费制度，以及"新五项"制度即排污许可证制度、环境保护目标责任制、城市环境综合整治定量考核制度、污染集中处理制度和污染限期治理制度。

1. 环境影响评价制度

环境影响评价是对拟建设项目、区域开发计划及国际政策实施后可能对环境造成的影响进行预测和评估。环境影响评价制度是我国规定的调整环境影响评价中所发生的社会关系的一系列法律规范的总和，它是环境影响评价的原则、程序、内容、权利义务以及管理措施的法定化。

环境影响评价制度为项目决策、项目选址、产品方向、建设计划和规模，以及建成后的环境监测和管理提供了科学依据。20世纪80年代末，环境影响评价工作又从过去那种单一项目孤立评价，开始逐渐转向区域性的综合性评价，这种转变不仅适应了我国区域性经济开发需要，而且为环境污染的区域性防治，尤其是为推行区域总量控制技术奠定了坚实的基础。此外，也为经济合理地解决区域环境问题和大系统的多方案优化决策创造了条件。

2. "三同时"制度

"三同时"制度为我国独创，它来自20世纪70年代初防治污染工作的实践。这项制度的诞生标志着我国在控制新污染的道路上迈上了新的台阶。所谓"三同时"是指新建、扩建、改建项目和技术改造项目、自然开发项目，以及可能对环境造成损害的工程建设，其防治污染及其他公害的设施，必须与主体工程同时设计、同时施工、同时投产。

"三同时"制度是我国早期一项环境管理制度，在全面总结实践经验和教训基础上，1986年，又对其进行了修改和完善，并由国务院环境保护委员会、国家计委、国家经委联合颁布了《建设项目环境保护管理办法》。建设单位必须严格按照"三同时"制度的要求，在建设活动的各个阶段承担环境保护义务。如果违反了"三同时"制度的要求，就要承担相应的法律后果。

3. 排污收费制度

排污收费制度是对于向环境排放污染物或者超过国家排放标准排放污染物的排污者，根据规定征收一定的费用。《环境保护法》第二十八条规定："排放污染物超过国家或者地方规定排放标准的企业事业单位，依照国家缴纳标准排污费并负责治理"。征收的超标排污费必须用于污染的防治，不得用作他用。《水污染防治法》第十五条又进一步规定："企业事业单位向水体排放污染物（不超标的污水）的，按照国家规定缴纳排污费"。这项制度是运用经济手段有效地促进污染治理和新技术的发展，又能使污染者承担一定污染防治费用的法律制度。

4. 环境保护目标责任制

环境保护目标责任制是一种具体落实地方各级人民政府和有污染的单位对环境质量负责的行政管理制度，通过目标责任书确定一个区域、一个部门乃至一个单位环境保护的主要责任者和责任范围，运用定量化、制度化和目标管理方法，把贯彻执行环境保护这一基本国策作为各级领导的政绩考核内容，纳入到各级政府的任期目标之中，推动环境保护工作全面、深入地发展。

环境保护目标责任制的优点在于：有利于加强各级政府对环境保护的重视和领导；有利于把环境保护纳入国民经济和社会发展计划及年度工作计划；有利于协调政府各部门的环境保护工作，调动各方面的积极性；有利于区域综合防治，实现大环境的改善；有利于环保管理工作的科学化、定量化和规范化；有利于加强环保机构建设，强化环保部门的监督管理职能；有利于动员全社会对环境保护的参与和监督，提高环境保护工作的透明度。

5. 城市环境综合整治定量考核制度

所谓城市环境综合整治，就是把城市环境作为一个系统、一个整体，运用系统工程的理论和方法，采取多功能、多目标、多层次的综合战略、手段和措施，对城市环境进行综合规划、综合管理、综合控制，以最小的投入，换取城市环境质量优化，做到"经济建设、城乡建设、环境建设同步规划、同步实施、同步发展"，以使复杂的城市环境问题得到有效的解决，实现城市的可持续发展。

6. 排污许可证制度

排污许可证制度是任何单位欲向环境中排放污染物，应向有关机关（一般是环境保护行政主管部门）申报所排放污染物的种类、性质、数量、排放地点和排放方式等，经审查同意，发给许可证后方可排放。

排污许可证制度是以改善环境质量为目标，以污染物总量控制为基础，对排污的种类、数量、性质、去向、方式等的具体规定，是一项具有法律含义的行政管理制度。

7. 污染集中控制制度

污染集中控制就是区域环境综合防治的概念，是指污染控制走集中与分散相结合，以集中控制为主的发展方向，以便充分发挥规模效应的作用。即在一个地区内，综合考虑资源开发利用，生产布局和污染物处理等各种因素，采用系统分析的办法，找出解决本地区环境问题的最优方案，以花费最少的代价，取得最佳的效果。

污染集中控制有利于集中人力、物力、财力解决重点污染问题，有利于利用新技术，提高污染治理效果，有利于提高资源利用率，加速有害废物资源化，有利于减少防治污染的总投入，有利于改善和提高环境质量。污染集中处理的资金仍然按照"谁污染谁治理"的原则。主要由排污单位和受益单位以及城市建设费用解决。对一些危害严重、不易集中治理的污染源，以及一些大型企业或远离城镇的企事业，仍应进行分散的点源治理。

8. 污染限期治理制度

污染限期治理就是在污染源调查、评价的基础上，以环境保护规划为依据，突出重点，分期分批地对污染危害严重、群众反映强烈的污染物、污染源、污染区域采取限定治理时间、治理内容及治理效果的强制性措施，是人民政府保护人民的利益对排污单位和个人采取的法律手段。

限期治理制度是中国环境管理中一项行之有效的措施，它带有一定直接强制性，要求排污单位在特定"期限"内对污染物进行治理，并且达到规定指标，否则排污单位就要承担更严重的责任。它是减轻或消除现有污染源的污染、改善环境质量状况的一项环境法律制度。

第二节　环境保护法规

一、环境保护法的基本概念

环境保护法是调整人们在开发、利用、保护和改善环境活动中所产生的各种社会关系的法律规范总和，其目的是为了协调人类与环境的关系，保护人体健康，保障经济社会的持续发展。

环境保护法应当包含以下几个方面的内容。

① 环境保护法的目的是要在人类与环境之间建立起一种协调和谐的关系，达到保护人体健康，创造和保持人类与自然得以在一种建设性的和谐中生存的各种条件。

② 环境保护法实现上述目的，主要是通过保护和改善环境，防治污染和其他公害等途径进行的。保护和改善环境与防治污染和其他公害是环境保护法的两项最基本任务。

③ 从形式上看，由于环境保护工作的特殊性，环境保护法是由一系列有关的法律法规共同组成的，是若干法律规范的总称。

二、环境保护法本质、目的和任务

1. 环境保护法本质

环境保护法本质有一定的特殊性，这一特殊性是由环境保护法具有科学技术性特点决定的。环境保护法在调整环境保护社会关系时，更多地涉及经济和环境科学技术方面的问题，不同性质、不同社会制度国家的环境立法，在一些基本原则、基本制度方面，具有较多的一致性，制定出来的法律规范有很大一部分是技术性规范，尤其是环境标准法规具有很强的科学技术性，在不同社会制度国家之间可以共同适用。各国的环境保护法更多的是受自然法则和生态规律制约。

2. 环境保护法目的

我国环境保护法根本目的是为了保障人体健康，促进社会主义现代化建设的发展。我国环境保护法的目的分为两个方面。

(1) 保障人体健康，维护广大人民群众的环境权益　环境保护法反映人民群众在环境方面的意志和要求，并着重保障人民群众的身体健康，同各种危害环境、损害人民群众身体健康的行为作斗争，为人民群众创造一个清洁、适宜的生活和劳动环境。保障人民群众的身体健康，是环境保护法最根本的目的。

(2) 促进经济持续发展，满足人民群众日益增长的物质和文化生活需要　环境保护法通过对资源的合理配置，对自然环境和自然资源的合理使用，以及禁止各种破坏环境和资源的违法行为，对社会主义经济的持续发展起到促进作用。

3. 环境保护法任务

环境保护法主要是用来解决已经出现或将要出现的各种环境问题。环境保护法的任务也主要是防止污染和其他公害及保护和改善生活环境与生态环境，这也是环境保护法的直接目的。

(1) 防治环境污染和其他公害　随着现代工业的发展，环境污染和其他公害问题已经成为首要的环境问题，它不仅严重危害人们的身体健康和其他生物的生存和发展，同时也开始制约现代经济的发展。因此，必须尽快解决这个问题，控制污染和其他公害的发生和蔓延。在我国，除了《环境保护法》对防治污染和其他公害进行综合法律规定外，还有大量的单行法律法规对环境污染和其他公害作专门的防治规定：如《水污染防治法》专门规定防治水污染，《环境噪声污染防治法》专门规定防治噪声污染。

(2) 保护和改善生活环境和生态环境，合理地利用自然资源　环境保护法也承担起保护和改善环境的任务，把保护和改善环境与防治环境污染并重。包括对水、土地、矿藏、森林、草原、渔业、野生动植物等自然资源的保护，以及对农业环境、城市环境、特殊区域环境的保护等，禁止各种破坏环境的行为。在保护和改善环境方面，我国《环境保护法》作了基本原则规定，同时《土地管理法》、《矿产资源法》、《野生动物保护法》、《森林法》、《草原法》、《油业法》、《水法》等法律，对土地、矿产、野生动物、森林、草原、渔业、水等重要的自然资源，以单行法的形式进行专门的法律保护。

三、中国环境保护法律体系

根据1996年6月中华人民共和国国务院新闻办公室发布的《中国的环境保护》，到1995年底，我国除制定了《中华人民共和国环境保护法》外，针对特定的环境保护对象制定颁布了近20项环境保护专门法和环境保护相关的资源保护法，同时中国政府还制定了30多项环境保护行政规章，地方人民政府相应制定和颁布了六百多项环境保护地方性法规，另外中国还颁布了364项各类国家环境标准，这些法规初步形成了我国环境保护法律体系的框架。

我国环境保护法律法规体系由下列各部分构成。

（1）宪法关于环境保护的条文　现行1982年宪法第二十六条第一款："国家保护和改善生活环境，防治污染和其他公害"。体现了国家环境保护的总政策。

（2）环境保护基本法　1989年12月颁布的《中华人民共和国环境保护法》是我国环境保护的基本法。

（3）环境保护单行法　目前，我国环境保护单行法在环境保护法律法规体系中数量最多，占有重要的地位。主要有：《中华人民共和国水污染防治法》、《中华人民共和国大气污染防治法》等。

（4）环境保护行政法规　国务院出台了一系列环境保护行政法规，几乎覆盖了所有环境保护行政管理领域，如《中华人民共和国水污染防治法实施细则》、《建设项目环境保护管理条例》等。

（5）环境保护地方性法规及规章　有立法权的地方权力机关和地方政府机关依据《宪法》和相关法律，根据当地实际情况和特定环境问题制定的，在本地范围内实施，具有较强的可操作性。目前我国各地都存在着大量的环境保护地方性法规及规章。

（6）环境保护国际公约　是指我国缔结和参加的环境保护国际公约、条约及议定书等。目前我国已缔结及参加了大量的环境保护国际公约，如《关于持久性有机污染物的斯德哥尔摩公约》等。

四、环境保护法适用范围

环境保护法适用范围是指环境保护法在什么地方和什么时间对什么人适用。我国《环境保护法》第三条规定："本法适用于中华人民共和国领域和中华人民共和国管辖的其他海域"。这是我国环境保护法适用范围的总规定。

1. 地域的适用范围

地域的适用范围是指环境保护法在哪些地域范围内发挥效力，也称为空间的适用范围。在一个主权国家内，环境保护法的地域适用范围为主权所及的全部领土，包括陆地、水域和领空。此外，还包括延伸意义上的领土，如驻外使馆和在领域外的本国船舶和飞机。

2. 人的适用范围

人的适用范围是指环境保护法对哪些人适用。我国环境保护法人的适用范围，总的原则是适用于环境保护法生效领域内所有的人,包括中国公民、外国公民(包括无国籍人)。

3. 时间的适用范围

环境保护法的生效时间是指环境保护法颁布以后何时发生法律效力。从我国环境保护法的规定来看,环境保护法的生效时间主要有以下几种情况。

① 环境保护法的生效时间一般为该法公布时间,即法律一公布便发生法律效力,如《放射性同位素与射线装置放射防护条例》第三十七条规定:"本条例自发布之日起施行"。

② 另行规定生效时间,如《大气污染防治法》是1987年9月5日颁布的,但该法第四十一条规定:"本法自1988年6月1日起施行"。我国目前已经颁布的环境保护法律,大多都是采用另行规定生效时间方式,包括《海洋环境保护法》、《水污染防治法》等。

③ 有的环境保护法规在其条文中对该法的生效时间未作规定,如国务院《关于加强乡镇、街道企业环境管理的规定》,其生效时间未作说明。在这种情况下,我们一般以该法颁布日期为该法生效时间。

五、环境保护法的法律责任

(一)环境法律责任

1. 环境法律责任的概念

环境法律责任是指违反环境保护法律、法规的单位或个人,对其造成的或可能造成环境污染与破坏行为所应当承担的法律后果。

2. 环境法律责任的构成要件

(1) **环境法律责任主体** 是指依法享有权利和承担义务的环境与资源保护法律关系的参加者,又称为"权义主体"或"权利主体"。在我国,包括国家、国家机关、企业事业单位、其他社会组织和公民,在其实施加害或违法行为时,应承担一定法律责任。

(2) **法律责任的客体** 环境保护法律关系中权利和义务所指向的对象,包括行为和物两种。行为是指参加法律关系的主体的行为,包括作为和不作为。在环境与资源保护法律关系中,主体的权利和义务常常表现为从事一定的行为或不得从事一定的行为,具有连续性和反复性的特点。物通常表现为自然界的各种环境要素和社会财富。

(3) **法律责任的主观方面** 法律责任主体在实施违法行为时的主观心理状态,有故意和过失两种情况。故意是指对危害的结果直接追求或持放任态度。过失是指应当预见到,但因为疏忽大意或过于自信没有预见到。

(4) **法律责任的客观方面** 指行为的违法性和社会危害性。

3. 环境法律责任的特点

① 综合性,是指多种特定的法律责任组合在一起的综合型的法律责任。
② 严厉性,环境污染和破坏具有较大的社会危害性,必须予以严厉的法律制裁。
③ 承担环境法律责任的独特性。

(二)环境行政责任

1. 行政责任的概念

行政责任是指违反了环境保护法,实施了破坏或者污染环境的单位(法人和其他组织)或者个人所应承担的行政方面的法律责任。

2. 行政责任的构成要件

行政责任的构成要件指承担违反环境保护法的行政责任者所必须具备的条件，包括行为违法，行为有危害后果，违法行为与危害后果之间有因果关系，行为人有过错等。

(1) 行为违法 指行为人（单位或个人）实施了违反环境保护法的行为。这是承担行政责任的第一个必要条件。

(2) 行为有危害后果 指违法行为造成了破坏或者污染环境、损害人体健康、农作物死亡等后果。这是承担行政责任的第二个条件。

(3) 行为人有过错 过错是行为人实施违法行为时的心理状态，分故意（直接故意、间接故意）和过失（疏忽大意过失、过于自信过失）两种。"故意"是指行为人明知自己的行为会造成破坏或者污染环境的后果，并且或者放任其发生。"过失"是指行为人应当预见自己的行为可能发生破坏或者污染环境的后果，却因疏忽大意没有预见，或者已经预见到而轻信可以避免，以致产生破坏或者污染环境的后果。

3. 行政制裁

行政制裁分为行政处罚、行政处分和纪律处分三类。

(1) 行政处罚 指环境保护监督管理部门，对违反环境保护法但又不构成刑事惩罚的单位或者个人，实施的一种行政制裁。

(2) 行政处分 是指国家机关、企业事业单位按照行政隶属关系，依法对在保护和改善环境、防治污染和其他公害中违法失职，但又不构成刑罚的所属人员的一种行政惩罚措施。

(3) 纪律处分 国家行政机关或者监察机关，对企业中有环境保护违纪行为但不够刑事惩罚的直接责任的主管人员和其他直接责任人员中由国家行政机关任命的人员的行政惩罚措施。

（三）环境民事责任

1. 环境污染民事责任概念

环境污染民事责任是指单位或者个人因污染危害环境而侵害了公共财产或者他人的人身、财产所应承担的民事方面的法律责任，也称公害民事责任。公害民事责任的特点主要是一种财产责任，造成财产损失是承担民事责任的必要条件，财产损失包括直接损失和间接损失。是平等双方当事人一方对另一方所承担的责任。公害民事责任的范围与环境污染危害造成的损失相当。公害民事责任的构成要件不含致害人的过错。

2. 承担民事责任的形式

《民法通则》第一百三十四条规定了一般民事责任的承担方式是：①停止侵害；②排除妨碍；③消除危险；④返还财产；⑤恢复原状；⑥修理、重作、更换；⑦赔偿损失；⑧支付违约金；⑨消除影响，恢复名誉；⑩赔礼道歉。

其中，前八种为财产责任形式，它们都适用于破坏环境与自然资源的民事责任。

环境污染的民事责任形式，根据《环境保护法》第四十一条第一款的规定，包括排除危害和赔偿损失两种。

(1) 赔偿损失 赔偿损失是指国家强令污染危害环境的单位或者个人，以自己的财产弥补对他人（直接受到损害者）所造成的财产损失这样一种民事责任形式。因民事责任规范只调整因环境污染造成人身伤害所导致的财产损失，和因环境污染直接造成的财产损失。至于人身受伤害本身的法律责任则由《刑法》加以调整。

(2) 排除危害 排除危害是指国家强令造成或者可能造成环境污染危害者,排除可能发生的危害或者停止已经发生的危害并消除其影响的一种民事责任形式。

(四) 环境刑事责任

1. 环境刑事责任的定义

环境保护法中的刑事责任是指个人或者单位因违反环境保护法,严重污染或者破坏环境资源,造成或者可能造成公私财产重大损失或人身伤亡的严重后果,触犯刑法构成犯罪所应负的刑事方面的法律责任。

2. 犯罪构成要件

犯罪构成要件是指刑法所规定的组成犯罪构成有机整体的必要条件。这些要件是任何一种犯罪都必须具备的,包括犯罪主体、犯罪主观方面、犯罪客体、犯罪客观方面。

(1) 犯罪主体 是指实施了危害社会行为的单位和个人(达到法定年龄并具有责任能力)。

(2) 犯罪主观方面 是指实施危害社会行为者主观上有罪过,即故意或者过失犯罪。故意是任何一种犯罪构成的必要条件。故意犯罪应当负刑事责任;过失实施危害社会的行为,法律有规定的才负刑事责任。

(3) 犯罪客体 是指《刑法》所保护而被犯罪行为侵害或威胁的社会权益。破坏环境资源保护罪类的犯罪客体,是指环境保护法规定并为《刑法》所保护的环境保护权益。包括清洁、舒适的环境权益;合理开发、利用并可持续发展的自然资源权益等。

(4) 犯罪客观方面 是指行为者实施污染、破坏环境的犯罪行为以及其所造成的危害后果。例如,破坏环境资源保护罪类中的向环境排放、倾倒或者处置有毒有害物质造成重大环境污染事故的行为等。在破坏环境资源保护罪的各种具体犯罪中,危害后果是大多数犯罪构成的必要条件。

上述犯罪构成的四个要件,是有机的整体,缺一不可。

第三节 环 境 标 准

环境标准是国家环境保护法律法规体系的重要组成部分,是开展环境管理工作最基本、最直接、最具体的法律依据,是衡量环境管理工作员简单、最标准的量化标准。

一、环境标准及其作用

环境标准是指国家为了保护人群健康、保护社会财富和维护生态平衡,就环境质量、污染物排放、环境监测方法,以及其他需要的事项,按照国家规定的程序,制定和批准的各种技术指标与规范的总称。

1. 环境标准是环境保护法规的重要组成部分

国家环境标准由国家环境保护部组织制定、审批、发布;地方环境标准由省级人民政府组织制定、审批、发布。

据统计,世界上制定环境标准的国家中,有一半以上国家环境标准是法制性标准。同样,中国环境标准具有法规约束性,它是为控制人们生产和生活活动造成的环境污染而制定的。在《中华人民共和国环境保护法》、《大气污染防治法》、《水污染防治法》、《海洋环境保护法》和《噪声污染防治法》等法规中，都规定了实施环境标准的条款。

2. 环境标准是环境保护规划的体现

我国环境质量标准就是将环境规划总目标依据环境组成要素和控制项目在规定时间和空间内予以分解并定量化的产物。具有鲜明的阶段性和区域性特征的规划指标。

3. 环境标准是环境保护行政主管部门依法行政的依据

环境标准是强化环境管理的核心，环境质量标准提供了衡量环境质量状况的尺度，污染物排放标准为判别污染源是否违法提供了依据。

4. 环境标准是推动环境保护科技进步的一个动力

标准的实施还可以起到强制推广先进科技成果的作用，加速科技成果转化为生产力的步伐，使切合我国实际情况的无废、少废、节能、节水及污染治理新技术、新工艺、新设备尽快得到推广应用。

二、环境标准体系

我国的环境标准由"五类三级"组成。"五类"指五种类型的环境标准：环境质量标准、污染物排放标准、环境基础标准、环境监测方法标准及环境标准样品标准。"三级"指环境标准的三个级别：国家环境标准、国家环境保护部标准及地方环境标准。根据我国《环境保护标准管理办法》规定，我国的环境标准体系主要分为国家环境标准、地方环境标准两级和环境质量标准、污染物排放标准、环保基础标准和环保方法标准四类。

1. 国家环境标准

国家环境标准是指由国家专政机关批准颁发，在全国范围内或者在特定区域内适用的环境标准，如《环境空气质量标准》（GB 3095—2012）、《城市区域环境噪声标准》（GB 3096—2008）等。

按照我国标准化法规定，国家标准有强制性标准和推荐性标准之分。强制性标准是保障人体健康，人身、财产安全的标准和法律、行政法规规定强制执行的标准。在国家环境标准中，有关环境质量标准和污染物排放标准属于强制性标准。

2. 地方环境标准

地方环境标准是指由省、自治区、直辖市人民政府批准颁发，在该人民政府行政区域内适用的环境标准，例如《北京市废气排放标准》。该类标准在本行政区域内属于强制性标准。一般而言，当地方执行国家污染物排放标准不适应当地环境污染物排放标准特点与要求时，省、自治区、直辖市人民政府就可以考虑制定地方污染物排放标准。在国家与地方环境标准的适用上，法律规定地方污染物排放标准优先。

3. 环境质量标准

环境质量标准是在一定时间、空间范围内，为了保护人群健康、社会物质财富和维持生态平衡，而对有害物质或因素所作的限定。

目前，我国环境质量标准主要对有害物质或因素所允许的浓度，以及在一定条件下环境应达到的目标值作出规定。如《环境空气质量标准》、《海水水质标准》、《地面水环境质量标准》、《土壤环境质量标准》、《景观娱乐用水水质标准》等。

环境质量标准在整个环境标准中处于核心地位，环境质量标准是国家环境政策目标的综合反映和体现，是国家实行环境保护规划、控制污染，以及分级、分类管理环境和科学评价环境质量的基础，是制定污染物排放标准的主要科学依据。

4. 污染物排放标准

制定污染物排放标准，是为了实现环境质量标准目标，结合经济、技术条件和环境特点，对排入环境的有害物质和产生危害的各种因素所作的控制规定。中国污染物排放标准主要对污染物种类、数量和浓度作出具体规定，如《污水综合排放标准》、《恶臭污染排放标准》、《水电厂大气污染物排放标准》、《锅炉大气污染排放标准》等。

5. 环保基础标准

环保基础标准是在环境保护工作范围内，对有指导意义的符号、指南、原则等所做的规定，它是制定其他环保标准的技术基础。基础标准的内容有名词术语、符号代号、标记方法、标准编排方法等。

6. 环保方法标准

环保方法标准是在环境保护工作范围内，以抽样、分析、试验等方法为对象而制定的标准，它是制定、执行环境质量标准、污染物排放标准的基础。方法标准的内容有：分析方法、取样技术、标准制定程序、模拟公式、操作规程、工艺规程、设计规程和施工规程等。

三、制定环境标准的原则

环境标准的制定必须遵循以下原则。

1. 以人为本的原则

保护人体健康和改善环境质量是制定环境标准的主要目的，也是制定标准的出发点和归宿，是各类环境标准都要贯彻的主要原则。

2. 科学性、政策性原则

制定环境标准要有充分的科学依据，要体现国家关于环境保护的方针、政策、法律、法规和符合我国国情，促进环境效益、经济效益、社会效益的统一；使标准的依据和采用的技术措施达到技术先进、经济合理、切实可行。

3. 与国家的技术水平、社会经济承受能力相适应的原则

基准和标准是两个不同的概念。环境质量基准是由污染物或因素与人或生物间的剂量反应关系确定的，不考虑人为因素，也不随时间变化。而环境质量标准是以环境质量基准为依据，综合考虑社会、经济、技术等诸因素制定的，可以根据情况变化不断修改、补充。

4. 实用性、可行性原则

标准要定在最佳实用点上，即从实际需要出发，落实"最佳实用技术"（BPT法）、"最佳可行技术"（BAT法）和"最佳实验技术"（BDT法）。BPT法是指工艺和技术可靠，从经济条件上国内能普及的技术；BAT法是指技术上证明可靠、经济上合理，属于代表工艺改革和污染治理方向的技术。BDT法是指国内现有平均技术水平。

5. 因地制宜、区别对待原则

我国各地自然条件和经济发展情况不同，环境容量不同，加之国家标准中有些项目并未

做规定,所以允许地方环保部门根据当地的环境特点、技术经济条件,制定地方环保标准。

四、环境标准的实施与监督

"组织实施标准"是指有计划、有组织、有措施地贯彻执行标准的活动。县级以上地方人民政府环境保护行政主管部门负责组织实施。

"对标准实施监督"是指对标准贯彻执行情况进行督促检查处理的活动。

1. 环境质量标准的实施

① 在实施环境质量标准时,应结合所辖区域环境要素的使用目的和保护目的划分环境功能区,对各类环境功能区按照环境质量标准的要求进行相应标准级别的管理。

② 县级以上地方人民政府环境保护行政主管部门在实施环境质量标准时,应按国家规定,选定环境质量标准的监测点位或断面。经批准确定的监测点位、断面不得任意变更。

③ 各级环境监测站和有关环境监测机构应按照环境质量标准和与之相关的其他环境标准规定的采样方法、频率和分析方法进行环境质量监测。

④ 承担环境影响评价工作的单位应按照环境质量标准进行环境质量评价。

⑤ 跨省河流、湖泊以及由大气传输引起的环境质量标准执行方面的争议,由有关省自治区、直辖市人民政府环境保护行政主管部门协调解决,协调无效时,报国家环境保护部协调解决。

2. 污染物排放标准的实施

县级以上人民政府环境保护行政主管部门在审批建设项目环境影响报告书(表)时,应根据下列因素或情形确定该建设项目应执行的污染物排放标准。

① 建设项目所属的行业类别、所处环境功能区、排放污染物种类、污染物排放去向和建设项目环境影响报告书(表)批准的时间。

② 建设项目向已有地方污染物排放标准的区域排放污染物时,应执行地方污染物排放标准,对于地方污染物排放标准中没有规定的指标,执行国家污染物排放标准中相应的指标。

③ 实行总量控制区域的建设项目,在确定排污单位应执行的污染物排放标准的同时,还应确定排污单位应执行的污染物排放总量控制指标。

④ 建设从国外引进的项目,其排放的污染物在国家和地方污染物排放标准中无相应污染物排放指标时,该建设项目引进单位应提交项目输出国或发达国家现行的该污染物排放标准及有关技术资料,由市(地)人民政府环境保护行政主管部门结合当地环境条件和经济技术状况,提出该项目应执行的排污指标,经省、自治区、直辖市人民政府环境保护行政主管部门批准后实行,并报国家环境保护部备案。

3. 国家环境监测方法标准的实施

① 被环境质量标准和污染物排放标准等强制性标准引用的方法标准具有强制性,必须执行。

② 在进行环境监测时,应按照环境质量标准和污染物排放标准的规定,确定采样位置和采样频率,并按照国家环境监测方法标准的规定测试与计算。

③ 对于地方环境质量标准和污染物排放标准中规定的项目,如果没有相应的国家环境监测方法标准时,可由省、自治区、直辖市人民政府环境保护行政主管部门组织制定地方统

一分析方法，与地方环境质量标准或污染物排放标准配套执行。相应的国家环境监测方法标准发布后，地方统一分析方法停止执行。

④ 因采用不同的国家环境监测方法标准所得监测数据发生争议时，由上级环境保护行政主管部门裁定，或者指定采用一种国家环境监测方法标准进行复测。

4. 国家环境标准样品的实施

在下列环境监测活动中应使用国家环境标准样品：
① 对各级环境监测分析实验室及分析人员进行质量控制考核；
② 校准、检验分析仪器；
③ 配制标准溶液；
④ 分析方法验证以及其他环境监测工作。

5. 国家基础标准与国家环境保护行业标准的实施

在下列活动中应执行国家基础标准或国家环境保护行业标准：
① 使用环境保护专业用语和名词术语时，执行环境名词术语标准；
② 使用排污口和污染物处理、处置场所图形标志时，执行国家环境保护图形标志标准；
③ 环境保护档案、信息进行分类和编码时，采用环境档案、信息分类与编码标准；
④ 制定各类环境标准时，执行环境标准编写技术原则及技术规范；
⑤ 划分各类环境功能区，执行环境功能区划分技术规范；
⑥ 进行生态和环境质量影响评价时，执行有关环境影响评价技术导则及规范；
⑦ 进行自然保护区建设和管理时，执行自然保护区管理的技术规范和标准；
⑧ 对环境保护专用仪器设备进行认定时，采用有关仪器设备国家环境保护部标准。

6. 环境标准的监督

(1) 实施监督部门

① 国家环境保护部负责对地方环境保护行政主管部门实施环境标准情况进行检查监督，在全国环保执法检查中要将环境标准执行情况作为一项重要内容。

② 县级以上人民政府环保部门在向同级人民政府和上级环保部门汇报环保工作时，应将标准执行情况作为一项重要内容。

(2) 实施监督方式 标准实施的监督可分为自我监督和管理性监督。

自我监督主要由排污单位及其主管部门承担，其基本出发点主要是"达到标准规定要求"。我国重点排污单位绝大部分有自我监控力量，具有一定水平的仪器、设备、人员，长期以来，对自身排污行为积累了大量资料、数据，以往环保部门对企业自我监督重视不够，应当说，这部分力量属于标准实施监督系统的一个重要组织部分，从守法的高度加以强化，也正是目前国外环境管理的一个特点。

管理性监督主要由各级环保行政主管部门负责，体现对标准实施的监察与督导。其基本出发点是"达标"，采用的手段一般为监督性监测和检查、抽查。对环境质量标准的实施监督，一般为固定采样点位，固定频率的例行监测，以相应标准进行质量评定。对排放标准的实施监督，往往采用抽样测试检查制度，对排污单位的排污行为以相应标准进行判定。方法、样品标准一般通过监测质量控制考核活动进行监督检查。

总体来说，环境标准实施监督系统应形成归口管理实施—自我监督—管理性监督的运行机制。

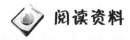

人口、资源与环境问题

人类在进入20世纪50年代后，世界各国相继面临着人口、资源和环境问题。人口激增、资源枯竭和环境恶化已经成为威胁人类生存和发展的重大问题。人类的生存和发展受到环境因素的影响和制约。

从目前全球人口态势看，人口数量正加速增长，特别是自第二次世界大战结束以来，世界人口增长迅猛。从人类产生到公元1800年前后，人类经过了大约300万年漫长的发展，人口数量才首次突破10亿大关；到1930年人口数量超过了20亿；1960年地球上的人口数量增加到了30亿；随后，人口增长速度进一步加快，1975年人口数量就增加到了40亿；1987年世界人口正式步入50亿。目前，世界人口已经达到70亿。人口的增长，特别是发展中国家的人口迅速增长已经给许多国家的经济和社会的发展带来沉重的包袱。

人口的过快增长意味着人类对资源的需求不断增加和对资源的消耗日益加大。对于可再生资源，如果人类的利用超过了资源的再生能力，资源的再生能力就会退化和消失，从而导致资源的消失。对于不可再生资源，其总量在地球上的储量是一定的。如果人类对资源的消耗过大，不仅会影响到本代人的生存，而且会使后代人失去生存的条件和发展的基础。

在人类大规模开发和利用自然资源的同时，人类对生态环境的破坏达到了前所未有的程度。大气中二氧化碳日益增多，生物多样性不断减少。冰川消退，海平面上升，土地荒漠化加剧都给人类的生存和发展造成潜在的威胁。随着经济的高速增长，世界上许多地区的污染问题也日趋严重。在发达国家，公害事件已引起民众公愤，为了减少矛盾，又将有污染的工业转移到不发达国家进行生产。

第十一章 可持续发展理论

自 2003 年英国提出低碳经济概念、2009 年哥本哈根气候谈判会议以后，低碳经济的概念迅速普及，低碳经济备受国际社会的广泛关注，也得到了迅猛发展。低碳经济其实没有约定俗成的定义，低碳经济的概念在不断丰富和发展。一般来讲，低碳经济是低碳发展、低碳产业、低碳技术。它以低能耗、低排放、低污染为基本特征，以应对碳基能源对气候变暖影响为基本要求，以实现经济社会的可持续发展为基本目的。

第一节 低碳经济概述

低碳经济是一种发展新理念，是一种发展新模式，是一个规制世界经济社会发展的新规则，也是一个涉及能源、环境、经济系统的综合性问题。

一、低碳经济概述

1. 低碳经济的提出背景

伴随着生物质能、风能、太阳能、水能、化石能、核能等的使用，人类逐步从原始文明走向农业文明和工业文明，全球人口和经济规模也不断增长。在相当长的时间里，世界经济发展主要依靠大量消耗高碳能源资源来推动，然而这一过程的代价是巨大的。20 世纪下半叶以来，高碳能源的大量开发和使用带来了严重的环境问题，包括光化学烟雾、酸雨危害以及大气中二氧化碳（CO_2）浓度升高带来的全球气候变暖等问题，这些问题对人类的生存和发展提出了严峻挑战。与高碳能源相对，水能、风能、太阳能以及生物质能这些可再生、可循环利用的能源则属于"低碳"的可再生清洁能源，对应的经济发展方式称为"低碳经济"。

发展低碳经济就是要解决长期以来高碳排放给人类社会发展带来的不可持续的影响，构建以低能耗、低污染、低排放、可持续为基本特征的经济发展模式，大幅减少二氧化碳等温室气体的排放，保护人类社会赖以生存的生态和气候环境，促进人类社会的可持续发展。

2. 低碳经济概念的提出

低碳经济的概念首先由英国提出。2003 年 2 月 24 日，英国首相布莱尔发表了题为《我们未来的能源——创建低碳经济》的白皮书。在白皮书中，布莱尔首相从英国对进口能源高度依赖和作为京都议定书缔约国有义务降低温室气体排放的实际需要出发，逐步建立低碳经济社会。布莱尔宣布到 2050 年英国能源发展的总体目标是：从根本上把英国变成一个低碳经济的国家；着力于发展、应用和输出先进技术，创造新的商机和就业机会；同时在支持世界各国经济朝着有益于环境的、可持续的、可靠的和有竞争性的能源市场方面发展，最终使英国成为欧洲乃至世界的先导。

3. 低碳经济的内涵

所谓低碳经济，是指在可持续发展理念指导下，通过技术创新、制度创新、产业转型等多种手段，尽可能地减少煤炭、石油等高碳能源消耗，减少温室气体排放，达到经济社会发展与生态环境保护双赢的一种经济发展形态。

低碳经济作为一种新经济模式，包含三方面。

① 低碳经济是相对于高碳经济而言的，是相对于基于无约束的碳密集能源生产方式和能源消费方式的高碳经济而言的。因此，发展低碳经济的关键在于降低单位能源消费量的碳排放量（即碳强度），通过碳捕捉、碳封存、碳蓄积降低能源消费的碳强度，控制二氧化碳排放量的增长速度。

② 低碳经济是相对于新能源而言的，是相对于基于化石能源的经济发展模式而言的。因此，发展低碳经济的关键在于促进经济增长与由能源消费引发的碳排放"脱钩"，实现经济与碳排放错位增长（碳排放低增长、零增长乃至负增长），通过能源替代、发展低碳能源和无碳能源控制经济体的碳排放弹性，并最终实现经济增长的碳脱钩。

③ 低碳经济是相对于人为碳通量而言的，是一种为解决人为碳通量增加引发的地球生态圈碳失衡而实施的人类自救行为。因此，发展低碳经济的关键在于改变人们的高碳消费倾向和碳偏好，减少化石能源的消费量，减缓碳足迹，实现低碳生存。

二、低碳经济的发展模式与途径

1. 发展模式

低碳经济的发展模式就是在实践中运用低碳经济理论组织经济活动，将传统经济发展模式改造成低碳型的新经济模式。具体来说，低碳经济发展模式就是以低能耗、低污染、低排放和高效能、高效率、高效益为基础，以低碳发展为发展方向，以节能减排为发展方式，以"碳中和"技术为发展方法的绿色经济发展模式。

2. 实现途径

低碳经济的实现途径可概括为能源结构调整、产业结构调整及消费结构调整三个方面。一是优化能源结构，提高能源效率。二是优化产业结构，推进清洁生产。为了降低经济的能耗强度和碳排放强度，需要加快产业结构的优化升级，从结构上实现经济的低碳、高效发展。三是优化消费结构，建设低碳城市。

具体的低碳经济发展模式与途径见表 11-1。

表 11-1 低碳经济发展模式与途径

项目	内容	措施	具 体 表 现
发展模式	发展方向	低碳发展	在保证经济社会健康、快速和可持续发展的条件下最大限度减少温室气体的排放
	发展方式	节能减排	在尽可能地减少能源消耗量的前提下，获得与原来等效的经济产出，或以原来同样数量的能源消耗量获得比原来更有效的经济产出。减排既包括污染物排放的减少，还包括温室气体排放的减少
	发展方法	碳中和技术	合理计算二氧化碳排放总量，通过植树造林（增加碳汇）、二氧化碳捕捉和埋存等方法把排放量吸收掉，以达到环保的目的

续表

项目	内容	措施	具 体 表 现
发展途径	减少碳源	能源结构调整	开发利用可再生能源,优化能源结构,提高能源效率。提高太阳能、风能、核能、生物质能、水能等非化石能源的占比,在工业和生活的各个环节中使用节能技术,减少能源使用而实现碳减排
		产业结构调整	优化产业结构,推进清洁生产,加快产业结构的优化升级,从结构上实现经济的低碳、高效发展
		消费结构调整	改变城市能源供给结构,逐步提高新能源在城市能源结构中的比例;开发低碳建筑空间,提倡低碳出行方式,有效降低每个家庭的碳排放量;强化资源型城市的经济转型,摒弃以牺牲环境为代价换取经济增长的做法
	增加碳汇	生物固碳	增加植树造林,严禁滥砍滥伐,扩大植被
		充分发挥碳汇潜力	加强森林经营管理、减少毁林、保护和恢复森林植被等活动,充分发挥碳汇潜力,吸收和固定大气中的二氧化碳
	技术创新	加强国际经济技术合作,大力发展高效设备技术	新型水泥、钢铁制造技术,二氧化碳捕捉及封存技术(CCS)、超高效柴油汽车、燃料电池汽车、生物燃料飞机、超高效空调、发光二极管(LED)照明、清洁煤技术(ICCC)/燃料电池、陆地风电、近海风力发电

三、低碳经济发展的历程

1. 国外低碳经济发展的历程

目前,发达国家在低碳经济发展和低碳技术研发方面先行。欧盟在低碳经济发展方面整体水平最高,英国是低碳经济的先驱和最积极的倡导者,意大利的低碳经济发展的制度设计很有特色;日本在低碳经济发展道路上走得很坚定,倡导创建低碳社会;美国尽管在低碳经济发展方面也一直暗自发力,但政府长期以各种理由对减排承诺和行动保持较为消极的态度,并且因没有批准《京都议定书》而受到国际社会的普遍批评。

(1) 英国 英国是全球低碳经济最积极的倡导者和实践者,也是先行者。2005 年,英国建立了 3500 万英镑的小型示范基金。2008 年,英国颁布了《气候变化法案》,在这一法案中,英国承诺,到 2020 年将削减 26%~32% 的温室气体排放;到 2050 年,将实现温室气体降低 60% 的长期目标。政府在政策法规建设方面的许多做法均具有开创性,创造了多个世界第一:英国不仅是全球率先推出并开始征收气候变化税的国家,还是第一个温室气体减排目标立法的国家,同时也是世界上第一个立法约束"碳预算"的国家。通过激励机制促进低碳经济发展是英国气候政策的一大特色,具体包括:实施气候变化税制度、设立碳基金、推出气候变化协议、启动温室气体排放贸易机制等,这些政策是一个相互联系的有机整体。

(2) 意大利 意大利政府、科研单位和企业以及社会各界,都有大力发展低碳经济,甚至是零碳经济的积极性。其采取的政策措施也十分丰富而有效。意大利政府主要是通过节能减排的政策和措施以及技术开发来影响意大利的经济政策和经济发展。

(3) 美国 2007 年 7 月,美国参议院提出了《低碳经济法案》,表明低碳经济的发展道路有望成为美国未来的重要战略选择。奥巴马出任总统后,高度重视,提出新能源政策,实施"总量控制和碳排放交易"计划,设立国家建筑物节能目标,预计到 2030 年,所有新建房屋都实现"碳中和"或"零碳排放";成立芝加哥气候交易所,开展温室气体减排量交易。2009 年 2 月,美国出台了《美国复苏与再投资法案》,投资总额达到 7870 亿美元。该法案将发展新能源为重要内容，包括发展高效电池、智能电网、碳贮存和碳捕获、可再生能源如风能和太阳能等。

2009年3月，由美国众议院能源委员会向国会提出了《2009年美国绿色能源与安全保障法案》。该法案由绿色能源、能源效率、温室气体减排、向低碳经济转型等4个部分组成。该法案构成了美国向低碳经济转型的法律框架。

2009年6月，美国众议院通过了《美国清洁能源和安全法案》。这是美国第一个应对气候变化的一揽子方案，不仅设定了美国温室气体减排的时间表，还设计了排放权交易，试图通过市场化手段，以最小成本来实现减排目标。

美国政府正加大对美国国内发展低碳经济的补贴和投资，并将每年出资数百亿美元，帮助发展中国家获得清洁能源和适应气候变化。

(4) 德国 2006年8月，德国推出了第一个涵盖所有政策范围的《德国高技术战略》，包括实施气候保护高技术战略，以期持续加强创新力量，使德国在未来的技术市场上位居世界前列。另外，生态税是德国提高能源使用效率、改善生态环境和实施可持续发展计划的重要政策之一。德国政府还通过《可再生能源法》保证可再生能源的地位，对可再生能源发电进行补贴，平衡了可再生能源生产成本高的劣势，使可再生能源得到了快速发展。同时，德国政府还极力主张将空运列入欧洲二氧化碳排放量交易系统中，支持"欧洲航空一体化"建议，希望通过一体化将航空领域产生的二氧化碳减少10%。

(5) 日本 日本作为低碳经济的倡导者，旨在实现低碳社会，在低碳经济发展道路上走得很坚定。早在2004年，日本环境省就发起了"面向2050年的日本低碳社会情景"研究计划，其目标是到2050年日本的温室气体排放量比目前减少60%~80%，从而实现低碳社会。2007年6月，日本内阁会议制定《21世纪环境立国战略》，确定了综合推进低碳社会、循环型社会和与自然和谐共生的社会建设的目标。2008年5月，日本环境省全球环境研究基金项目组发布了《面向低碳社会的12大行动》，其中对住宅、工业、交通、能源转换等都提出了预期减排目标，并提出了相应的技术和制度支持。同年6月，日本首相福田康夫提出了防止全球变暖的政策，即著名的"福田蓝图"，这是日本低碳战略形成的正式标志。2009年4月，日本环境省公布了名为《绿色经济与社会变革》的政策草案。其目的是通过实行减少温室气体排放等措施，强化日本的低碳经济。

综上所述，尽管各国在低碳经济的策略选择及其策略重点上有所不同，但他们在一定程度上都获得了成功，甚至成为某些区域或领域的典型。

2. 我国低碳经济发展的历程

(1) 我国在发展低碳经济进程中的主要大事 自2003年以来，国务院先后发布了《节能中长期专项规划》、《关于做好建设节能型社会近期重点工作的通知》、《关于加快发展循环经济的若干意见》、《关于节能工作的决定》等政策性文件。

2006年底，科技部、中国气象局、国家发改委、国家环保总局等六部委联合发布了我国第一部《气候变化国家评估报告》。

2007年6月，中国正式发布了《中国应对气候变化国家方案》。

2007年7月，温家宝总理主持召开国家应对气候变化及节能减排工作领导小组第一次会议，研究部署应对气候变化工作，组织落实节能减排工作。

2007年9月8日，国家主席胡锦涛在亚太经合组织第15次领导人会议上，提出了四项建议，明确主张"发展低碳经济"，令世人瞩目。他在这次重要讲话中，一共说了4次

"碳":"发展低碳经济"、"研发和推广低碳能源技术"、"增加碳汇"、"促进碳吸收技术发展"。同月,国家科学技术部部长万钢在2007年中国科协年会上呼吁要大力发展低碳经济。

2007年12月26日,国务院新闻办发表《中国的能源状况与政策》白皮书,着重提出能源多元化发展,并将可再生能源发展正式列为国家能源发展战略的重要组成部分。

2008年1月,清华大学在国内率先正式成立低碳经济研究院,重点围绕低碳经济、政策及战略开展系统和深入的研究,为中国及全球经济和社会可持续发展出谋划策。

2008年6月27日,胡锦涛总书记在中央政治局集体学习上强调,必须以对中华民族和全人类长远发展高度负责的精神,充分认识应对气候变化的重要性和紧迫性,坚定不移地走可持续发展道路,采取更加有力的政策措施,全面加强应对气候变化能力建设,为我国和全球可持续发展事业进行不懈努力。

2011年3月,中国政府正式公布了"十二五"规划纲要,纲要围绕"十二五"时期我国经济社会发展的主要目标、战略重点、重大举措等进行了讨论研究。纲要明确了"十二五"以科学发展为主题,以加快转变经济发展为主线,把绿色低碳发展作为重要的政策导向。

(2) 我国发展低碳经济面临的问题

① 产业结构不合理,能源效率低　进入21世纪以来,我国经济连续高速增长过多地依靠投资拉动和高耗能行业为主的重工业,尽管在过去的几十年里,我国已在能源利用上取得GDP翻两番而能源消费仅翻一番的令世界瞩目的成绩,但能源效率低依然是制约我国经济社会发展的突出矛盾。我国一吨煤产生的效率仅相当美国的28.6%,欧盟的16.8%,日本的10.3%;单位能耗仅能创造不到0.7美元的GDP,而世界平均水平为3.2美元,日本更是达到了10.5美元,分别是我国的4.6倍和15倍。同时资源浪费现象严重,工业用水重复利用率要比发达国家低15%~25%,我国矿产资源的总回收率大概是30%,与美国、澳大利亚、德国、加拿大等发达国家相比差距较大。我国综合能源利用效率约33%,比发达国家低10%,使用效率若能达到先进国家水平,则相当于可节约4.3亿吨标准煤。

② 节能和减排任务艰巨,污染严重　除了能源消费过程中的污染物排放外,能源在开采、炼制及供应过程中,也会产生大量有害气体。目前,煤炭约占能源消费构成近70%,石油占23.45%,天然气仅占3%,能源资源条件决定了我国以煤为主的能源消费结构在短期内难以改变,这也决定了我国节能减排任务的艰巨性和长期性。

③ 科技水平相对落后,研发能力有待提高　作为发展中国家,我国经济由"高碳"向"低碳"转变的最大制约,是整体科技水平落后,技术研发能力有限。尽管联合国气候变化框架公约规定,发达国家有义务向发展中国家提供技术转让,但实际情况与之相去甚远,我国不得不主要依靠商业渠道引进。向低碳经济转变的巨额投入显然是尚不富裕的、发展中的我国的沉重负担。

④ 能源结构不合理,资源选择有限　"富煤、少气、缺油"的资源条件,决定了我国能源结构以煤为主,低碳能源资源的选择有限。电力中,水电占比只有20%左右,火电占比达77%以上,"高碳"占绝对的统治地位。据计算,每燃烧1t煤炭会产生4.12t的二氧化碳气体,比石油和天然气每吨多30%和70%,而据估算,未来20年我国能源部门电力投资将达1.8万亿美元。火电的大规模发展对环境的威胁不可忽视。

3. 我国发展低碳经济的途径

(1) 强化经济激励政策　完善市场机制建设经济激励政策是各国普遍采用的政策,包括税收、补贴、价格和贷款等政策。目前，我国低碳经济的发展缺少这些强有力的经济激励政策和相应的健全的市场机制，因此，要借鉴发达国家已有做法，择机推出气候变化税、开征碳税，尤其需要完善碳排放交易市场。

(2) 重视技术的自主研发，加强国际合作 低碳技术是低碳经济发展的动力和核心。目前中国的低碳技术还处在相对落后的水平，各大行业实现低碳化发展的难题都基本集中在技术支撑上。低碳技术的开发主要依赖于两个途径：一是自主研发；二是直接引进。对于先进低碳技术的引入，从理论上说发展中国家具有一定的优势，但在实践中，受多种因素的影响，发达国家向发展中国家的技术转让往往有所保留。因此，发展中国家必须加强低碳技术的自主研发能力。

(3) 完善法律制度结构，构建完整的法律体系 低碳经济发展需要有完备的法律体系来保障和促进。目前我国发展低碳经济的法律体系仍不健全，即缺少统领全局的法律。因此，我们可以借鉴国外的立法经验：一方面，建立和完善基本的法律体系，以此明确政府、企业、公众在推行低碳经济方面的义务和职责，逐步将低碳经济发展工作纳入法制化的轨道；另一方面，应逐渐发布一系列符合各地实际情况、具有可操作性的实施细则，逐步建立起应对气候变化的完整的法律法规体系，以此形成低碳经济发展的长效保障机制。

第二节　可持续发展理论

一、可持续发展理论的产生

20 世纪 60 年代以前的报纸或书刊几乎找不到"环境保护"这个词，也就是说环境保护在那时并不是一个存在于社会意识和科学讨论中的概念。直至海洋生物学家蕾切尔·卡逊出版了《寂静的春天》，人们才意识到环境问题的存在。该著作讨论了杀虫剂 DDT 的危害，DDT 破坏了从浮游生物到鱼类到鸟类直至人类的生物链，使人患上慢性白细胞增多症和各种癌症。蕾切尔认为所谓的"控制自然"是一个愚蠢的提法，那是生物学和哲学尚处于幼稚阶段的产物。

《寂静的春天》引起了公众对环境问题的注意，各种环境保护组织纷纷成立，环境保护问题提到了各国政府面前，从而促使联合国于 1972 年 6 月 12 日在瑞典斯德哥尔摩召开了"人类环境大会"，并由各国签署了"人类环境宣言"，环境保护事业由此开始。

由欧美学术界、企业界、政界人士组成的未来学研究机构——罗马俱乐部，首先将"全球问题"研究称作"人类困境研究"。1972 年，罗马俱乐部的报告《增长的极限》出版，再次表达了自然平衡的思想，才使人们对人类与自然共同生存的问题重新进行思考，并从"自然平衡"进一步引发出更加积极的"可持续发展"理论。同年，世界环境大会于瑞典斯德哥尔摩召开，提出了"合乎环境要求的发展"、"无破坏情况下的发展"、"生态的发展"、"连续的或持续的发展"等关于发展的概念。在以后的有关会议和文件中，逐渐选定了"可持续发展"的提法。

1987 年联合国环境与发展委员会在其学术报告《共同的未来》中对"可持续发展"做出明确的界定，定义为"既满足当代人的需要，又不对后代人满足其需要的能力构成危害的发展"；并提出了"今天的人类不应以牺牲今后几代人的幸福而满足其需要"的总原则，从此"可持续发展"开始广泛使用。

1994年联合国计划开发署提出了可持续人类发展的新概念，将可持续发展的概念进一步拓展到了社会领域。

二、可持续发展的内涵及思想

可持续发展战略作为一个全新的理论体系，正在逐步形成和完善，其内涵与实质也引起了全球范围的广泛关注和探讨。各个学科从各自的角度对可持续发展进行了不同的阐述，至今尚未形成比较一致的定义和公认的理论模式。尽管如此，其基本含义和思想内涵却是相一致的。

1. 可持续发展的定义

完整的可持续发展是指人与人之间、人与自然之间的互利共生、协同进化和发展。

可持续发展是使经济、社会、科技、人口、资源、环境相互协调、持续不断的发展，把发展的负面效应和代价减到最低程度，使地球的资源和环境不致遭到严重破坏，既达到发展经济的目的，又保持人类赖以生存的自然资源和环境，既满足当代人的需求，又能使子孙后代安居乐业、继续发展的新的发展方式。

2. 可持续发展战略的基本思想

可持续发展战略的基本思想主要包括三个方面。

(1) 可持续发展鼓励经济增长　可持续发展不仅要重视经济增长的数量，更要追求经济增长的质量。数量的增长是有限的，而依靠科学技术进步，提高经济活动中的效益和质量，采取科学的经济增长方式才是可持续的。因此，可持续发展要求重新审视如何实现经济增长。要达到具有可持续意义的经济增长，必须审计使用能源和原料的方式，改变传统的以"高投入、高消耗、高污染"为特征的生产模式和消费模式，实施清洁生产和文明消费，从而减少每单位经济活动造成的环境压力。

(2) 可持续发展的标志是资源的永续利用和良好的生态环境　经济和社会发展不能超越资源和环境的承载能力。可持续发展以自然资源为基础，同生态环境相协调。它要求在严格控制人口增长、提高人口素质和保护环境、资源永续利用的条件下，进行经济建设，保证以可持续的方式使用自然资源和环境成本，使人类的发展控制在地球的承载力之内。要实现可持续发展，必须使自然资源的耗竭速率低于资源的再生速率，必须通过转变发展模式，从根本上解决环境问题。

(3) 可持续发展的目标是谋求社会的全面进步　发展不仅仅是经济问题，单纯追求产值的经济增长不能体现发展的内涵。在人类可持续发展系统中，经济发展是基础，自然生态保护是条件，社会进步才是目的。而这三者又是一个相互影响的综合体，只要社会在每一个时间段内都能保持与经济、资源和环境的协调，这个社会就符合可持续发展的要求。显然，在新的世纪里，人类共同追求的目标，是以人为本的自然-经济-社会复合系统的持续、稳定、健康的发展。

三、自然资源的可持续利用

1. 自然资源的概念

自然资源有狭义和广义两种理解。狭义的自然资源只是指可以被人类利用的自然物。广义的自然资源则要延伸到这些自然物所赖以生存、演化的生态环境。最有代表性的广义解释是联合国环境规划署于1972年提出的:"所谓自然资源,是指在一定时间条件下,能够产生经济价值以提高人类当前和未来福利的自然环境因素的总和"。

2. 自然资源与人类生存发展的关系

自然资源是社会和经济发展必不可少的物质基础,是人类生存和生活的重要物质源泉。同时,自然资源为社会生产力发展提供了劳动资料,是人类自身再生产的营养库和能量来源。要使社会生产得以正常进行,经济得到较快发展,就要求人类在开发利用自然资源的过程中,正确对待作为社会生产和经济发展基础的自然资源,按照资源生态系统的特性和运动规律来组织社会生产和规定经济发展的方向和速度。

3. 中国资源历史与现状

公元3世纪以前,中国大地基本保持原始的状态,自然资源丰富、生态环境优越。在周朝的时候,黄土高原森林覆盖率达到50%以上,东北、四川、云南地区更好一些,林木覆盖高达80%~90%。战国时期,我国黄河、长江流域土地肥沃,水草丰美,人们展开了大规模的农耕活动,足见土地资源的丰富,自秦朝以后由于人口增多,为解决粮食问题人们对该流域大肆开垦,导致严重的水土流失,黄河变浊。唐朝初年,就出现了所谓的"四海之内,高山绝壑"的景象,在元朝之前各个王朝都设了山林川泽保护机构,元朝则未设此机构,这对自然资源保护更为不利。明清以后,森林遭到毁灭性破坏,许多林区被毁。黄河泥沙在明代含量达到60%,清代达到70%,清朝200多年间,黄河决口200多次。

(1) 资源的人均占有量相对不足 截至2010年底,中国已发现171种矿产资源,查明资源储量的有159种,包括石油、天然气、煤、铀、地热等能源矿产10种,铁、锰、铜、铝、铅、锌、金等金属矿产54种,石墨、磷、硫、钾盐等非金属矿产92种,地下水、矿泉水等水气矿产3种。中国矿产资源人均探明储量占世界平均水平的58%,位居世界第53位。石油、天然气人均探明储量分别仅相当于世界平均水平的7.7%和8.3%,铝土矿、铜矿、铁矿分别相当于世界平均水平的14.2%、28.4%和70.4%;镍矿、金矿分别相当于世界平均水平的7.9%、20.7%;一般认为非常丰富的煤炭人均占有量仅为世界平均水平的70.9%,铬、钾盐等矿产储量更是严重不足。

(2) 中国资源结构不理想,质量相差悬殊 我国土地资源中难以利用的土地面积比例高,中国境内有流动沙丘0.45亿公顷,戈壁0.56亿公顷,海拔4000m以上难以利用的高山1.93亿公顷,难以利用的土地面积达2.93亿公顷,占国土面积的30.68%,耕地资源中质量好的一等耕地约占40%,中下等耕地和有限制耕地占60%。草地资源中干旱、半干旱地区与山区分布面积大,质量较差。

4. 我国资源分布不均衡,资源开发利用受到制约

我国矿产分布不均的情况十分明显。如煤炭集中于晋、陕、蒙三省区,占全国保有储量的68%;磷矿集中于云、贵、川、鄂四省,占全国保有储量的70%。此外,还有一些大型矿床分布于我国边远地区。这种分布格局,使矿产资源的开发利用严重地受到交通运输条件的制约,也给运输、基础设施建设带来巨大的压力。

5. 我国自然资源的可持续利用

(1) 水资源的可持续利用 水已经是制约世界经济发展、人民生活水平提高的重要因素,将直接牵系着全球几十亿人的切身利益,牵系着人类社会的荣辱兴衰。地球上水的分布见表11-2。

表 11-2　地球上水的分布

水的分布	估计数量/km³	水的分布	估计数量/km³
海洋水	1350000000	地下水	8200000
陆地水	35977800	冰盖/冰川中的水	27500000
河水	1700	生物体内的水	1100
湖泊淡水	100000	大气水	13000
内陆湖咸水	105000	总水量	1421968600
土壤水	70000		

目前，人类水资源可持续发展所采取的行动主要有以下几方面。

① 控制人口增长。只有控制住人口数量，才能削减人类对水需求的紧张形势。

② 改变观念。切实把水作为一种稀有资源来管理，采取各种措施减少渗漏，循环用水。

③ 运用高新技术。代替或改进传统的工农业用水方式用比较先进的喷灌、滴灌技术来代替传统的农业漫灌技术，现代工业应该对水资源循环利用，各企业自身配有净化设备，将废水改良成为农业用水。

④ 兴修水利，拦洪蓄水，植树造林，涵蓄水源。在充分考虑到生态环境影响前提下兴修水利，可以变害为利，对水资源进行合理分配，合理使用。扩大森林覆盖率即是提高了水源涵养量，是一举多得的事情。

⑤ 发展水产淡水业，变海水为淡水。21世纪很可能出现一个新型的大行业——未来水产业，各种海水淡化装置相继问世，利用核能来进行海水去盐正引起人们的兴趣。世界上出产淡化海水最多的国家是沙特阿拉伯，海湾国家处理的海水可以满足自身需要的 2/3，然而资金投入过大，并非是任何一个国家都能负担得起的。

(2) 土地资源的可持续利用　我国是土地资源相对贫乏、土地质量较差的国家。国土面积中干旱、半干旱土地大约占一半，山地、丘陵和高原占 66%，平原仅占 34%。而且随着人口的不断增长，工矿、交通、城市建设用地不断增加，人均耕地不断减少。与此同时，由于人类不合理的生产活动，致使水土流失严重，土地沙化、盐渍化和草场退化面积不断扩大而损失掉大片的良田。

因此，合理地利用和保护有限的土地资源是关系我国社会、经济和生态环境可持续发展的关键。我国土地的利用情况见表 11-3。

表 11-3　我国土地的利用情况

土地利用情况	面积/×10⁴km²	所占百分比/%	土地利用情况	面积/×10⁴km²	所占百分比/%
森林	122	12.7	高原荒漠、高山雪原	19	2.0
耕地	100	10.4	水面	27	2.8
草原	356	37.2	沼泽	11	1.2
居住环境(公交、城镇)	67	6.9	其他	104	10.9
沙漠、荒原	153	15.9			

合理地开发利用土地资源，维持土地数量相对稳定，保持土壤肥力的久用不衰是提高社会经济效益，促进生态良性循环，保证人类生存和发展的千秋大计，就我国而言，应采取以下措施。

① 制定土地利用规划，加强土地管理　按照自然规律和经济规律，宜农则农，宜林则林，宜牧则牧，宜渔则渔，积极发展多种经营，建立起一个既符合生态平衡，又能充分发挥资源生产潜力的生态环境。养地和用地相结合，严禁掠夺式的经营方式，逐渐改变粗放经营为集约经营。对于已退化的土地按照固有规律加以调控和治理，如采取退耕还林、还牧，渍

水地发展水产养殖等措施，提高土地的利用率。

② 健全土地管理政策和法规　通过健全土地管理政策和法规，控制城乡建设用地和滥占滥用耕地的风气，切实保护耕地。

③ 改造中低产田，提高质量和耕地生产力　开展荒漠化土地综合整治与管理，加强水土流失综合防治和水土保持生态工程建设，推广节水灌溉技术，以防止土地的盐碱化。

④ 提高农业科技应用水平　减少肥料对环境的污染，研制新品种化肥，改善化肥使用方法，提倡使用有机肥；推广应用低残留、高效、低毒农药和无残留化学农膜，控制高残留、高毒性农药和高残留化学农膜的使用。

⑤ 适度控制工业和城市用地，尽量避免占用耕地，做好矿山土地复垦和生态恢复工作。

(3) 森林资源的可持续利用　根据第七次全国森林资源清查（2004～2008年）结果，全国森林面积19545.22万公顷，森林覆盖率20.36%，活立木总蓄积149.13亿立方米，森林蓄积137.21亿立方米。森林面积列世界第5位，森林蓄积列世界第6位，人工林面积居世界首位。尽管我国在森林资源方面取得了不小成就，但与世界森林覆盖率相比，我国平均相比水平仍低6.64%。

我国林业发展的总战略即总任务是：切实保护和经营好现有森林；大力造林、育林、扩大森林资源；永续、合理利用森林资源；充分发挥森林的多种功能和效益，逐步满足社会主义建设和人民生产生活的需要。

为了这个目标的实现，宜采取以下主要措施。

① 端正指导思想，改革管理体制　首先要认识森林资源对国家富强、人民幸福的极端重要性，认识我国森林资源少，采育失调、长期赤字的特点，把青山常在、永续利用作为发展林业的基本指导思想。不能只注重森林的直接经济价值而忽视其巨大的生态价值，在此前提下，不断改革管理体制，把市场经济体制引入林业管理之中。

② 做好调查设计，实行森林资源的档案化管理　森林资源的调查和设计是基础性的工作，我们应在摸清森林资源现状的情况下，应用计算机技术、遥感技术等建立森林资源动态监测管理系统，实行档案化管理（如应用GIS系统进行的类似工作）。对某地区的自然资源、自然环境条件、社会经济条件、人类生产活动等情况进行系统分析，确定出最佳的管理办法，以取得较大的社会、生态和经济效益。使森林的经营、利用建立在严格的科学基础之上。

③ 调整结构布局　根据林业区划研究，以保持生态平衡，实现最佳经济效益为原则，确定不同的发展重点，全国分为五大区域：东北、内蒙地区，以培育用材林为主；西南、甘肃南部地区，以培养水源涵养林、水土保持林为主，兼顾木材生产；南方9省区，以发展经济林和速生丰产林为主；中原地区，以农田防护林、薪炭林和四旁绿化为主；西北、华北北部、东北西部地区，以营造防风固沙林、水土保持林和涵养水源的防护林为主。同时，进一步完善"三北"防护林体系，长江中上游防护林体系，沿海防护林和农田防护林体系建设。

④ 认真贯彻《森林法》，坚持以法治林　严禁乱砍滥伐，毁林开荒，毁林滥牧等，及时处理毁林案件，把爱林护林作为人人遵守的公约，形成良好的社会风气。

⑤ 加强对森林的管护，防止火灾、病虫害的发生。要不断增加资金和人力、物力的投入，有效地防止森林火灾和森林病虫害的发生。

⑥ 加速培养林业人才。林业的大致方针确定之后，执行得好坏，关键在于人才。因此，要加强林业科技人才和管理人才的培养和合理使用。

(4) 草地资源的可持续利用　2012年，全国草原面积近4亿公顷，约占国土面积的41.7%。其中可利用草地面积约3.3亿公顷，占全国陆地总面积的1/3以上，为耕地面积的2

倍多。内蒙古、新疆、青海、西藏、四川、甘肃、云南、宁夏、河北、山西、黑龙江、吉林和辽宁等13个牧区省（区）共有草原面积3.37亿公顷，占全国草原总面积的85.8%；其他省（市）共有草原面积0.56亿公顷，占全国草原总面积的14.2%。我国的草原面积仅次于澳大利亚而居世界第二位，但我国人均占有草地仅0.29hm²，不足世界人均面积的一半。

由于特殊的自然地理环境，我国草地类型主要为：温性草原类、温性荒漠类、暖性灌草丛类、热性灌草丛类、草甸类、高寒草甸类、高寒草原类、高寒荒漠类及沼泽类。在各类型草地中，处于温带及高寒条件下的居多，草场生产力低下。

草地资源的可持续利用宜采取以下主要措施：

① 合理放牧并进行草地封育　根据不同的草地类型及其不同的生产力，做好草地放牧利用规划，以草定畜，防止超载。对那些过度放牧而严重退化的草地进行复壮和天然更新，适当地封育，时间最少1~2年，在封育期间可实行轮牧。

② 建立草库仑　草库仑是牧区合理利用草地和改良草地的重要方法之一。实践证明，只要建设和管理得当，其效益是很显著的。

③ 严禁盲目开荒　在我国西北部地区，草地土壤母质多系疏松的砂黄土，加之多风少雨，草地开垦后，粮食产量每公顷只有几百公斤，干旱时更低甚至颗粒无收，这样不仅丧失了草地，还引发严重的沙化和水土流失。因此，要加大退耕还牧的力度。除此之外，还应严禁大量樵柴和铲草皮。控制滥挖甘草对草地的破坏。

④ 进行草地改良并建立人工草地　进行大面积的草地改良是提高草地生产力和解决饲草不足的途径之一。改良的主要方法是补播、灌溉、施肥、翻耕、清除残留枯秆和消灭毒草。

(5) 野生动植物资源的可持续利用　当今物种和生态系统所受的威胁是有记载历史以来最大的。所有这些威胁实质上是由人类对生物资源的管理不当所引起的。伴随着人类文明的进程，野生动植物灭绝的速度越来越快。据近两千年来的记录统计，约有110多种兽类和130多种鸟类从地球上消失了。其中1/3是19世纪以前消失的；1/3是19世纪绝种的；1/3是近五十年以来被消灭的。目前全世界估计有2.5万种植物和1000多种脊椎动物处于绝灭的危险中。人们预测，若不采取紧急的保护措施，到本世纪末，地球上将会有50万~100万种物种面临灭绝。

生物多样性的保护，一般有两个方法：一是就地保护，多用于保护特殊的种群或整个生态系统；另一种是迁地保护，多用于保护种质或种源。

① 生物多样性的就地保护　主要是通过区域的生物区系调查和分析，确定不同区域的生物多样性中心，建立自然保护区、国家公园、禁猎区等，通过保护生态环境的办法来保护生物多样性。一是生物多样性代表的物种，且种类比较丰富的区域；二是生物特有种多的区域；三是保存完好的、具有特殊生态系统类型的区域。

② 生物多样性的迁地保护

生物多样性的迁地保护是就地保护的补充和完善，是生物多样性保护工作不可缺少的方法和手段，它主要是通过动物园、植物园（树木园）、野生生物繁殖或驯养中心、种子库来完成。

我国在生物多样性保护方面做了大量的工作，截至2012年底，全国共建立各种类型、不同级别的自然保护区2669个，总面积约14979万公顷（其中自然保护区陆地面积约14338万公顷），自然保护区陆地面积约占全国陆地面积的14.94%。国家级自然保护区363个，面积约9415万公顷，占全国自然保护区总面积的62.85%，占陆地国土面积的9.8%。

(6) 矿产资源的可持续利用　地质勘查工作证明，中国是世界上为数不多的矿产资源比较丰富、矿种比较齐全配套的国家之一。目前已发现矿产168种，有探明储量的矿产153

种。其中，能源矿产 7 种，金属矿产 54 种，非金属矿产 89 种，水气矿产 3 种。已发现矿床、矿点 20 余万个，如果把某些建筑材料矿产，如花岗岩、砂岩等也包括在内，矿床数量将更多，平均每 10000 平方公里陆地国土面积有 200 多个矿床、矿点。已发现的油气田 400 余处，固体矿产地约 2 万个。中国是最早开发利用矿产资源的国家之一，目前矿产开发规模已跃居世界第三位。

矿产资源开发面临的最大挑战之一是环境问题。在开发矿产资源取得巨大经济和社会效益的同时，引发的环境污染和生态破坏日趋严重，并呈发展趋势。在世界上，一些发达国家在治理与防止由于矿产开发而引起的环境问题方面有明显的进展，在经历了先污染、后治理过程后，走向了防止与治理结合的道路。而发展中国家由于经济状况所限，大多是处于以牺牲环境来获取矿产资源，破坏环境的势头有增无减。我国目前也处于这种状态，局部有改善，总体还在恶化。具体体现在以下几个方面。

① 大气污染，酸雨严重　我国能源结构主要是煤，而绝大部分燃煤未经脱硫处理，是大气污染的主要源头。

② 水位下降，水质恶化　我国地下水资源不足，但矿产开采需要疏干排水，每年仅采煤排放的矿井水就达到 22 亿吨，同时，选矿又需大量用水（每选 1t 矿，约需 5t 水），使地区周围地下水供需失衡，水位大幅下降，全国 300 多个缺水城市，矿业城镇就占了 80%。由于大量排放有害矿井水及选矿厂排放的含有重金属和化学药剂的废水，对水系及土地造成了直接污染。另外，还造成地面裂隙、沉降、海水入侵等环境问题。

③ 挤占土地　据 1994 年调查，全国矿山开采占用土地总面积 586.7 万公顷，全国矿山破坏土地面积约为 156 万公顷。自 1957～1990 年，因矿山占地而损失的耕地就占全国耕地损失的 49%。全国矿山占用林地约 105.9 万公顷，占用草地面积 26.5 万公顷。另外，巨量的尾矿及采剥排弃物，每年超过 5 亿吨，据统计，截至 1993 年，累计已存放约 70 亿吨，直接占用和破坏土地 1.7 万～2.3 万平方公里，而且每年以 200～300 平方公里的速度在增加。

④ 堆积尾矿，污染环境　矿山的尾矿及固体废物还对周围环境造成破坏，如破坏植被，造成空气、土壤污染、土地退化、沙化、盐渍化，有毒成分造成水体污染、尾矿坝失修而造成的崩塌淹没村镇与农田等。

我国矿产资源的可持续利用主要表现在以下几个方面。

① 加强矿产勘查工作，建立地勘工作新体制　根据经济建设的需要与地质条件的可能，最大限度地保证国民经济急需的主要矿产有相应的探明储量和地质资料。建立适应市场经济体制的新对策，对基础性、公益性、战略性地质工作由国家承担；商业性的地质工作进入市场，由企业来承担。

② 建立矿产资源的资产化管理制度　有效地抑制对矿产资源的乱挖滥采，保证矿业秩序的全面好转，实现矿产资源的合理开发利用。矿产资源的保证程度，涉及国家的安全，在和平时期为保证国家经济和社会发展及稳定，除了本国的政治因素外，获取足够的资源保证是重要的物质基础。在战争期间，关键性的战略矿产资源更是国家取得战争胜利的重要保证条件之一。因此，必须有严格的矿产资源储备的制度与系统。

③ 提高对矿山"三废"的综合开发利用水平　努力做到矿山尾矿、废石、废水、废气的"资源化"和对周围环境的"无害化"；实现矿山闭坑后，矿山环境整治、复垦工作的制度化。

④ 健全法律、法规体系　使矿产资源开发、地质环境保护和地质勘查工作及各项管理纳入法制轨道。

⑤ 依靠科技、推动找矿　要加强矿产资源形成的基础理论与规律研究，进行矿床地质科学与其他基础地质科学和基础学科的交叉，联合研究，建立更接近客观实际的成矿理论，更有效地指导找矿。

四、环境保护与可持续发展

人类在经过漫长的奋斗历程后，在改造自然和发展社会经济发面取得了辉煌的业绩的同时，生态破坏与环境污染，对人类的生存和发展已经构成了现实威胁。保护和改善生态环境，实现人类社会的持续发展，是全人类紧迫而艰巨的任务。因此，环境保护是实现社会发展的前提，保护环境，确保人与自然的和谐，是经济能够得到进一步发展的前提，也是人类文明延续的保证。

环境保护与可持续发展之间的关系有以下几个方面。

① 可持续发展把环境保护作为实现发展的重要内容。因为环境保护不仅可以为发展创造出许多直接或间接的经济效益，而且可以为发展保驾护航。向发展提供适宜的环境与资源。

② 可持续发展把环境保护作为衡量发展质量、水平和发展程度的客观标准之一。因为现代的发展与现实越来越依靠环境与资源的支撑，人们在没有充分认识可持续发展之前，环境资源迅速衰减，能为发展提供的支撑越来越有限了，越是高速发展，环境与资源越显得重要。

③ 环境保护可以保证可持续发展最终目标的实现。因为现代的发展早已不是仅仅满足于物质和精神消费。同时把为建设舒适、安全、清洁、优美的环境作为实现的重要目标进行不懈努力。

 阅读资料

可持续发展的历史渊源

可持续发展对当今人类来说似乎是一个新概念，但可持续发展的思想在古代早已有之。

早在古希腊时期出现的适度人口思想就带有浓厚的可持续发展思想。著名思想家色诺芬（公元前 430～前 354 年）认为人口和土地需要有一定的比例关系，如果人口多而耕地少，那么人口会出现过剩，人口过剩就意味着浪费。哲学家柏拉图和亚里士多德也主张限制人口增长，使人口数量保持适当的规模，以维持人口和土地的平衡。

在中国，早在先秦时期就出现了保护生态环境的思想。根据史料记载，大禹极力主张在草木生长和动物繁衍之时，人类不得介入。孔子也曾说：："钓而不纲，戈不射宿"。春秋时期齐国首相管仲认为治国安邦须善待资源和环境，他说：："为人君而不能谨守其山林菹泽草莱，不可以立为天下王"。

在近代社会，英国经济学和人口学家马尔萨斯（1766～1834 年）可以说是论述人口和资源关系最具有代表性的人物。他首先看到了人口迅速增长和粮食需求不足的巨大矛盾，并提出限制人口增长是解决这一矛盾的根本途径。无产阶级革命家恩格斯也十分注重对生态环境的保护，他在论述劳动在从猿到人转变的过程中的作用时曾说过："我们必须记住：我们统治自然界，决不像征服者统治异民族一样，决不像站在自然界以外的人一样，相反的，我们连同我们的肉、血和头脑都是属于自然界，存在于自然界的"。可见，恩格斯的话包含了丰富的可持续发展思想。

参 考 文 献

[1] 吴菊珍编著. 环境保护概论. 北京：中国环境科学出版社，1999.
[2] 王友保编著. 环境保护和资源利用. 合肥：安徽师范大学出版社，2010.
[3] 马越编著. 环境保护概论. 北京：中国轻工业出版社，2011.
[4] 张颖，王晓辉编著. 农业固体废弃物资源化利用. 北京：化学工业出版社，2006.
[5] 周海燕，钱春军，张美兰编著. 生活垃圾集运及设备维修300问. 北京：化学工业出版社，2013.
[6] 史君洁，史力编著. 垃圾污泥无害化低价高效利用. 北京：化学工业出版社，2013.
[7] 刘明华，林春香编著. 再生资源导论. 北京：化学工业出版社，2013.